普通高等院校工程训练系列规划教材

机械工程创新实训教程

钟美鹏 王国华 胡旭兵 主编

清华大学出版社
北京

内 容 简 介

全书共分5篇14章，每章均选取生产中应用的实例，结合生产实践，以教学要求为基础，以实际应用为主线，将抽象零散的内容连接起来，形象地阐述每一章节的内容及作用。根据机械工程创新实训教学的需要，本书附有机械工程创新实训报告。

本书的编写体系和内容以培养学生的综合能力为目标，可作为本科院校，特别是应用型本科院校机械工程创新实训的实习教材，也可作为高职院校的实习教学参考读物。

图书在版编目(CIP)数据

机械工程创新实训教程/钟美鹏，王国华，胡旭兵主编. —北京：清华大学出版社，2018(2024.7重印)
(普通高等院校工程训练系列规划教材)
ISBN 978-7-302-50188-6

Ⅰ. ①机… Ⅱ. ①钟… ②王… ③胡… Ⅲ. ①机械工程－高等学校－教材 Ⅳ. ①TH

中国版本图书馆CIP数据核字(2018)第105731号

责任编辑：赵 斌
封面设计：傅瑞学
责任校对：王淑云
责任印制：丛怀宇

出版发行：清华大学出版社
网　址：https://www.tup.com.cn，https://www.wqxuetang.com
地　址：北京清华大学学研大厦A座　　邮　编：100084
社 总 机：010-83470000　　邮　购：010-62786544
投稿与读者服务：010-62776969，c-service@tup.tsinghua.edu.cn
质量反馈：010-62772015，zhiliang@tup.tsinghua.edu.cn

印 装 者：三河市龙大印装有限公司
经　销：全国新华书店
开　本：185mm×260mm　　**印　张**：16.5　　**字　数**：402千字
版　次：2018年5月第1版　　**印　次**：2024年7月第8次印刷
定　价：48.00元

产品编号：079910-02

序言

改革开放以来，我国贯彻科教兴国、可持续发展的伟大战略，坚持科学发展观，国家的科技实力、经济实力和国际影响力大为增强。如今，中国已经发展成为世界制造大国，国际市场上已经离不开物美价廉的中国产品。然而，我国要从制造大国向制造强国和创新强国过渡，要使我国的产品在国际市场上赢得更高的声誉，必须尽快提高产品质量的竞争力和知识产权的竞争力。清华大学出版社和本编审委员会联合推出的"普通高等院校工程训练系列规划教材"，就是希望通过工程训练这一培养本科生的重要环节，依靠作者们根据当前的科技水平和社会发展需求所精心策划与编写的系列教材，培养出更多视野宽、基础厚、素质高、能力强和富于创造性的人才。

我们知道，大学、大专和高职高专都设有各种各样的实验室，其目的是通过这些教学实验，使学生不仅能比较深入地掌握书本上的理论知识，而且能更好地掌握实验仪器的操作方法，领悟实验中所蕴涵的科学方法。但由于教学实验与工程训练存在较大的差别，因此，如果我们的大学生不经过工程训练这样一个重要的实践教学环节，当毕业后步入社会时，就有可能感到难以适应。

对于工程训练，我们认为这是一种与社会、企业及工程技术的接口式训练。在工程训练的整个过程中，学生所使用的各种仪器设备都是来自社会、企业的产品，有的还是现代企业正在使用的主流产品。这样，学生一旦步入社会，步入工作岗位，就会发现他们在学校所进行的工程训练与社会、企业的需求具有很好的一致性。另外，凡是接受过工程训练的学生，不仅为学习其他相关的技术基础课程和专业课程打下了基础，而且同时具有一定的工程技术素养。这样就为他们进入社会与企业，更好地融入新的工作群体，展示与发挥自己的才能创造了有利的条件。

近10年来，国家和高校对工程实践教育给予了高度重视，我国的理工科院校普遍建立了工程训练中心，拥有前所未有的、极为丰厚的教学资源，同时面向大量的本科学生群体。这些宝贵的实践教学资源，像数控加工、特种加工、先进的材料成型、表面贴装、数字化制造等硬件和软件基础设施，与企业发展及工程技术发展密切相关。而这些涉及多学科领域的教学基础设施，又可以通过教师和工程技术人员的创造性劳动，转化和衍生出我国社会与企业所迫切需求的课程与教材，使国家投入的宝贵资源发挥其应有的教育教学功能。

为此，本系列教材的编写，将贯彻下列基本原则：

(1) 努力贯彻教育部和财政部有关“质量工程”的文件精神，注重课程改革与教材改革配套进行。

(2) 符合教育部工程材料及机械制造基础课程教学指导组所制定的课程教学基本要求。

(3) 在整体将注意力投向先进制造技术的同时，要力求把握常规制造技术与先进制造技术的关联，掌握制造基础知识。

(4) 先进的工艺技术，是发展我国制造业的关键技术之一。因此，在教材的内涵方面，要着力体现工艺设备、工艺方法、工艺创新、工艺管理和工艺教育的有机结合。

(5) 注重培养学生独立获取知识的能力，增强学生的工程实践能力和创新思维能力。

(6) 融会实践教学改革的最新成果，体现知识的基础性和实用性，以及工程训练和创新实践的可操作性。

(7) 慎重选择主编和主审，慎重选择教材内容，严格遵循国家技术标准。

(8) 注重各章节间的内部逻辑联系，力求做到文字简练，图文并茂，便于自学。

本系列教材的编写和出版，是我国高等教育课程和教材改革中的一种尝试，一定会存在许多不足之处。希望全国同行和广大读者不断提出宝贵意见，以便我们编写出的教材更好地为教育教学改革服务，更好地为培养高质量的人才服务。

普通高等院校工程训练系列规划教材编审委员会

主任委员：傅水根

2008 年 2 月于清华园

机械工程创新实训是工科类学生获得机械制造基本知识的必修课。通过学习和操作技能的训练，学生可获得机械加工的基本知识，并具备相应的动手能力，为后续课程的学习打下良好的基础。学生在机械工程创新实训的过程中，通过独立的实践操作，即可将有关机械工程创新实训的基本理论、基本知识、基本方法与实践有机地结合起来。因此，机械工程创新实训可以有针对性地提高学生的创新意识，为培养学生的综合能力打下理论与实践基础。根据机械工程创新实训的教学要求，考虑到学校各专业的特点及教学大纲的变化，本教材在编写过程中注重把握机械工程创新实训与工程材料和机械制造基础这两门课程的分工配合，全书共分5篇14章。每个章节均选取了生产中应用的实例，结合生产实践，以教学要求为基础，以实际应用为主线，把抽象零散的教材内容连接起来，形象地阐述每一章节的内容及作用。本教材在材料牌号、技术条件、技术术语等方面均采用最新国家标准和法定计量单位，编写中注重程序化，即教师教课与学生学习按规范化的程序进行，教师讲一点，学生练一点，如此反复进行。这种程序化的教与学的结合，既有助于教师教学，又有助于学生学习。

本书由嘉兴学院教师钟美鹏、王国华和胡旭兵三人主编。限于编者的水平，书中欠妥之处在所难免，敬请广大读者批评指正。

嘉兴学院副教授：钟美鹏

2018年3月于嘉兴学院

第1篇 知识储备

第2篇 冷 加 工

第3篇 热 加 工

第5篇 机械工程创新实训

知识储备

机械工程创新实训基本理论知识

基本要求

（1）了解金属材料的分类、牌号和应用；

（2）了解热处理的目的和作用、常用热处理方法和热处理工艺过程；

（3）了解常用热处理生产设备的基本结构和操作方法。

1.1 金属材料的性能

1.1.1 工艺性能与使用性能

金属材料的性能一般分为工艺性能和使用性能两类。

所谓工艺性能是指机械零件在加工制造过程中，金属材料在所定的冷、热加工条件下表现出来的性能。金属材料工艺性能的好坏，决定了它在制造过程中加工成形的适应能力。由于加工条件不同，要求的工艺性能也就不同，如铸造性能、可焊性、可锻性、热处理性能、切削加工性等。

所谓使用性能是指机械零件在使用条件下，金属材料表现出来的性能，它包括机械性能、物理性能、化学性能等。金属材料使用性能的好坏，决定了它的使用范围与使用寿命。

1.1.2 金属材料的机械性能

在机械制造业中，一般机械零件都是在常温、常压和非强烈腐蚀性介质中使用的，且在使用过程中各机械零件都将承受不同载荷的作用。金属材料在载荷作用下抵抗破坏的性能，称为机械性能，也称为力学性能。

金属材料的机械性能是零件设计和选材时的主要依据。外加载荷性质不同（例如拉伸、压缩、扭转、冲击、循环载荷等），对金属材料要求的机械性能也将不同。常用的机械性能包括强度、塑性、硬度、冲击韧性、多次冲击抗力和疲劳极限等。

（1）强度　强度是指金属材料在静载荷作用下抵抗破坏（过量塑性变形或断裂）的性能。由于载荷的作用方式有拉伸、压缩、弯曲、剪切等形式，所以强度也分为抗拉强度、抗压强度、抗弯强度、抗剪强度等。各种强度间常有一定的联系，使用中一般以抗拉强度作为最基本的强度指标。

（2）塑性　塑性是指金属材料在载荷作用下，产生塑性变形（永久变形）而不破坏的能力。

（3）硬度　硬度是衡量金属材料软硬程度的指标。目前生产中最常用的测定硬度的方法是压入硬度法，它是用一定几何形状的压头在一定载荷下压入被测试的金属材料表面，根据被压入程度来测定其硬度值。

常用的方法有布氏硬度（HB）、洛氏硬度（HRA、HRB、HRC）和维氏硬度（HV）等。

（4）疲劳　前面所讨论的强度、塑性、硬度都是金属在静载荷作用下的机械性能指标。实际上，许多机器零件都是在循环载荷下工作的，在这种条件下零件会产生疲劳。

（5）冲击韧性　以很大速度作用于机件上的载荷称为冲击载荷，金属在冲击载荷作用下抵抗破坏的能力叫做冲击韧性。

1.1.3　常用金属材料

工业上将碳的质量分数小于2.11%的铁碳合金称为钢，钢具有良好的使用性能和工艺性能，因此获得了广泛的应用。

1. 钢的分类

钢的分类方法很多，常用的有以下几种。

（1）按化学成分分　碳素钢可以分为低碳钢（碳的质量分数<0.25%）、中碳钢（碳的质量分数为0.25%～0.6%）、高碳钢（碳的质量分数>0.6%）；合金钢可以分为低合金钢（合金元素总的质量分数<5%）、中合金钢（合金元素总的质量分数为5%～10%）、高合金钢（合金元素总的质量分数>10%）。

（2）按用途分　结构钢（主要用于制造各种机械零件和工程构件）、工具钢（主要用于制造各种刀具、量具和模具等）、特殊性能钢（具有特殊的物理、化学性能的钢，可分为不锈钢、耐热钢、耐磨钢等）。

（3）按品质分　普通碳素钢（$W_P \leqslant 0.045\%$，$W_S \leqslant 0.05\%$）、优质碳素钢（$P \leqslant 0.035\%$，$S \leqslant 0.035\%$）、高级优质碳素钢（$W_P \leqslant 0.025\%$，$W_S \leqslant 0.025\%$），此处 W_P 和 W_S 分别表示元素P和S的质量分数。

2. 碳素钢的牌号、性能及用途

碳素结构钢的牌号用“Q+数字”表示，其中“Q”为屈服点的“屈”字的汉语拼音字首，数字表示屈服强度的数值。若牌号后标注字母，则表示钢材质量等级不同。

优质碳素结构钢的牌号用两位数字表示钢的平均碳的质量分数的万分数，例如，20钢的平均碳的质量分数为0.2%。

表1-1所示为常见碳素结构钢的牌号、机械性能及其用途。

3. 合金钢的牌号、性能及用途

为了提高钢的性能，在碳素钢基础上特意加入合金元素所获得的钢称为合金钢。

合金结构钢的牌号用“两位数（平均碳的质量分数的万分数）+元素符号+数字（该合金元

素的质量分数,小于1.5%不标出;1.5%~2.5%标2;2.5%~3.5%标3,以此类推)”表示。

表1-1 常见碳素结构钢的牌号、机械性能及其用途

类别	常用牌号	机械性能			用　　途
		屈服点 σ_s/MPa	抗拉强度 σ_b/MPa	伸长率 δ/%	
碳素结构钢	Q195	195	315~390	33	塑性较好,有一定的强度,通常轧制钢筋、钢板、钢管等。可作为桥梁、建筑物等的构件,也可用作螺钉、螺帽、铆钉等
	Q215	215	335~410	31	
	Q235A	235	375~460	26	
	Q235B				
	Q235C				可用于重要的焊接件
	Q235D				强度较高,可轧制成形钢、钢板,作构件用
	Q255	255	410~510	24	
	Q275	275	490~610	20	
优质碳素结构钢	08F	175	295	35	塑性好,可制造冷冲压零件
	10	205	335	31	冷冲压性与焊接性能良好,可用作冲压件及焊接件,经过热处理也可以制造轴、销等零件
	20	245	410	25	
	35	315	530	20	经调质处理后,可获得良好的综合机械性能,用来制造齿轮、轴类、套筒等零件
	40	335	570	19	
	45	355	600	16	
	50	375	630	14	
	60	400	675	12	主要用来制造弹簧
	65	410	695	10	

对合金工具钢的牌号而言,当碳的质量分数小于1%,用“一位数(表示碳质量分数的千分数)+元素符号+数字”表示;当碳的质量分数大于1%时,用“元素符号+数字”表示。(注:高速钢碳的质量分数小于1%,其碳的质量分数也不标出)。

常用合金钢的牌号、机械性能及其用途如表1-2所示。

表1-2 常见合金钢的牌号、机械性能及其用途

类别	常用牌号	机械性能			用　　途
		屈服点 σ_s/MPa	抗拉强度 σ_b/MPa	伸长率 δ/%	
低合金高强度结构钢	Q295	≥295	390~570	23	具有高强度、高韧性、良好的焊接性能和冷成形性能。主要用于制造桥梁、船舶、车辆、锅炉、高压容器、输油输气管道、大型钢结构等
	Q345	≥345	470~630	21~22	
	Q390	≥390	490~650	19~20	
	Q420	≥420	520~680	18~19	
	Q460	≥460	550~720	17	
合金渗碳钢	20Cr	540	835	10	主要用于制造汽车、拖拉机中的变速齿轮、内燃机上的凸轮轴、活塞销等机器零件
	20CrMnTi	835	1080	10	
	20Cr2Ni4	1080	1175	10	
合金调质钢	40Cr	785	980	9	主要用于汽车和机床上的轴、齿轮等
	30CrMnTi	—	1470	9	
	38CrMoAl	835	980	14	

4. 铸钢的牌号、性能及用途

铸钢主要用于制造形状复杂，具有一定强度、塑性和韧性的零件。碳是影响铸钢性能的主要元素，随着碳的质量分数的增加，屈服强度和抗拉强度均增加，而且抗拉强度比屈服强度增加得更快，但当碳的质量分数大于 0.45%时，屈服强度很少增加，而塑性、韧性却显著下降。所以，在生产中使用最多的是 ZG230-450、ZG270-500、ZG310-570 三种。

常用碳素铸钢的成分、机械性能及其用途如表 1-3 所示。

表 1-3 常见碳素铸钢的成分、机械性能及其用途

钢号	化学成分			机械性能					应用举例
	C	Mn	Si	屈服点 σ_s/MPa	抗拉强度 σ_b /MPa	伸长率 δ/%	断面收缩率 ψ/%	冲击韧性 a_k /(J/cm^2)	
ZG200-400	0.20	0.80	0.50	200	400	25	40	600	机座、变速箱壳
ZG230-450	0.30	0.90	0.50	230	450	22	32	450	机座、锤轮、箱体
ZG270-500	0.40	0.90	0.50	270	500	18	25	350	飞轮、机架、蒸汽锤、水压机、工作缸、横梁
ZG310-570	0.50	0.90	0.60	310	570	15	21	300	联轴器、汽缸、齿轮、齿轮圈
ZG340-640	0.60	0.90	0.60	340	640	10	18	200	起重运输机中齿轮、联轴器等

5. 铸铁的牌号、性能及用途

铸铁是碳的质量分数大于 2.11%，并含有较多 Si、Mn、S、P 等元素的铁碳合金。铸铁的生产工艺和生产设备简单，价格便宜，具有许多优良的使用性能和工艺性能，所以应用非常广泛，是工程上最常用的金属材料之一。

铸铁按照碳存在的形式可以分为白口铸铁、灰口铸铁、麻口铸铁；按铸铁中石墨的形态可以分为灰铸铁、可锻铸铁、球墨铸铁、蠕墨铸铁。

表 1-4 所示为常见灰铸铁的牌号、力学性能及其用途。

表 1-4 常见灰铸铁的牌号、力学性能及其用途

牌号	铸件壁厚	力学性能		用途举例
		抗拉强度 σ_b/MPa	硬度/HBS	
HT100	2.5～10	130	110～166	适用于载荷小、对摩擦和磨损无特殊要求的不重要的零件，如防护罩、盖、油盘、手轮、支架、底板、重锤等
	10～20	100	93～140	
	20～30	90	87～131	
HT150	2.5～10	175	137～205	适用于承受中等载荷的零件，如机座、支架、箱体、刀架、床身、轴承座、工作台、带轮、阀体、飞轮、电动机座等
	10～20	145	119～179	
	20～30	130	110～166	

续表

牌号	铸件壁厚	力学性能		用途举例
		抗拉强度 σ_b/MPa	硬度/HBS	
HT200	2.5～10 10～20 20～30	220 195 170	157～236 148～222 134～200	适用于承受较大载荷和要求一定气密性或耐腐蚀性等较重要的零件，如汽缸、齿轮、机座、飞轮、床身、汽缸体、活塞、齿轮箱、刹车轮、联轴器盘、中等压力阀体、泵体、液压缸、阀门等
HT250	4.0～10 10～20 20～30	270 240 220	175～262 164～247 157～236	
HT300	10～20 20～30 30～50	290 250 230	182～272 168～251 161～241	适用于承受高载荷、耐磨和高气密性的重要零件，如重型机床、剪床、压力机、自动机床的床身、机座、机架、高压液压件、活塞环、齿轮、凸轮、车床卡盘、衬套、大型发动机的汽缸体、缸套、汽缸盖等
HT350	10～20 20～30 30～50	340 290 260	199～298 182～272 171～257	

1.2 钢的热处理

1.2.1 钢的热处理工艺

热处理是一种重要的金属加工工艺，它是将固态金属或合金，采用适当的方式进行加热、保温和冷却，改变其表面或内部的组织结构，以获得所需要的组织结构与性能的一种工艺方法。

热处理是机械零件及工模具制造过程中的重要工序之一，通过热处理可以使金属具有优良的机械性能，高的强度、硬度、塑性和弹性等，从而扩大了材料的使用范围，提高了材料的利用率，延长使用寿命。因此，在汽车、拖拉机及各类机床上有70%～80%的钢铁零件要进行热处理，工模具、量具和轴承等则全部需要进行热处理。在热处理时，由于零件的成分、形状、大小、工艺性能及使用性能不同，因此采用不同的加热速度、加热温度、保温时间以及冷却速度。常用的热处理方法有普通热处理(退火、正火、淬火和回火，如图1-1所示)，表面热处理(表面淬火、化学热处理)和特殊热处理等。

热处理分预备热处理和最终热处理两种。预备热处理的目的是消除前道工序所遗留的缺陷和为后续加工准备条件；最终热处理则是为了满足零件的使用性能要求。

1.2.2 钢的退火和正火

1. 退火

退火是将金属或合金加热到某一温度(对碳素钢而言为740～880℃)，保温一定时间，然后随炉冷却或埋入导热性差的介质中缓慢冷却的一种工艺方法。退火的主要目的是降低材料硬度，改善其切削加工性，细化材料内部晶粒，均匀组织及消除毛坯在成形(锻造、铸造、

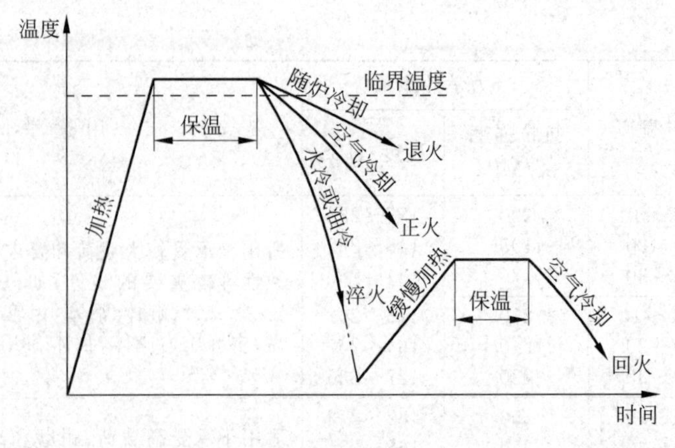

图 1-1 碳钢常用热处理方法示意图

焊接)过程中所造成的内应力，为后续的机械加工和热处理做好准备。常用的退火方法有消除中碳钢铸件缺陷的完全退火、改善高碳钢切削加工性能的球化退火和去除大型铸锻件应力的去应力退火等。

2. 正火

正火是将金属或合金加热到某一温度(对碳素钢而言为 760～920℃)，保温一定时间，然后出炉，在空气中冷却的一种工艺方法。由于正火的冷却速度稍快于退火，经正火后的零件，其强度和硬度较退火零件要高，而塑性、韧性略有下降。此外由于正火采用空冷，消除内应力不如退火工艺彻底。但有些塑性和韧性较好、硬度低的材料(如低碳钢)，可以通过正火处理代替退火处理，提高零件硬度，改善其切削加工性能，这对于缩短生产周期，提高劳动生产率及加热炉使用率均有较好的实用意义。对某些使用要求不太高的零件，可通过正火，提高强度、硬度，并把正火作为零件的最终热处理。

1.2.3 钢的淬火和回火

1. 淬火

淬火是将钢件加热到临界温度以上(对碳素钢而言为 770～870℃)，保温一定时间，然后快速冷却，以得到高硬度组织的一种工艺方法。

淬火的主要目的是提高零件的强度和硬度，增加耐磨性。淬火是钢件强化的最经济有效的热处理工艺，几乎所有的工模具和重要零部件都需要进行淬火处理。淬火后必须继之以回火，才能获得具有优良综合机械性能的零件。

影响淬火质量的主要因素是淬火加热温度、冷却剂的冷却能力及零件投入冷却剂中的方式等。一般情况下，常用非合金钢的加热温度取决于钢的含碳量。淬火保温时间主要根据零件有效厚度来确定。过长的保温时间，会增加钢的氧化脱碳，过短将导致组织转变不完全。零件进行淬火冷却所使用的介质叫做淬火介质。水最便宜而且冷却能力较强，适合于尺寸不大、形状简单的碳素钢零件的淬火。浓度为 10%的 NaCl 和 10%的 NaOH 的水溶液与纯水相比，能提高冷却能力。油也是一种常用的淬火介质，早期采用动、植物油脂进行淬火。

目前工业上主要采用矿物油，如锭子油、全损耗系统用油（俗称机油）、柴油等，多用于合金钢的淬火。此外还必须注意零件浸入淬火冷却剂的方式。如果浸入方式不当，会使零件因冷却不均而导致硬度不均，产生较大的内应力，发生变形，甚至产生裂纹。

2. 回火

经过淬火的钢虽有较高的硬度，但韧性、塑性较差，组织不稳定，有较大的内应力，为了降低淬火后的脆性，消除内应力和获得所需要的组织及综合机械性能，淬火后的钢都要进行回火处理。

将淬火后的零件，重新加热到某一温度范围，保温一定时间后，冷却到室温的热处理工艺称为回火。

通过回火可以消除或部分消除在淬火时存在的内应力，调整硬度，降低脆性，获得具有较高综合力学性能的零件。

回火操作主要是控制回火温度。回火温度越高，工作韧性越好，内应力越小，但硬度、强度下降得越多。根据回火加热温度的不同，回火常分为低温回火、中温回火和高温回火。

(1) 低温回火　回火温度为150～250℃。低温回火可以减小零件的淬火应力及脆性，保持高硬度及高耐磨性。低温回火广泛用于要求硬度高、耐磨性好的零件，如各类高碳工具钢、低合金工具钢制作的刃具，冷变形模具、量具，滚珠轴承及表面淬火件等。

(2) 中温回火　回火温度为350～450℃。中温回火可以使零件内应力进一步减小，组织基本恢复正常，因而具有很高的弹性，又具有一定的韧性和强度。中温回火主要用于各类弹簧、热锻模具及某些要求较高强度的轴、轴套、刀杆的处理。

(3) 高温回火　回火温度为500～650℃。高温回火可以使零件淬火后的内应力大部分消除，获得强度、韧性、塑性都较好的综合机械性能。生产中通常把淬火加高温回火的处理称为调质处理。对于各种重要的结构件，特别是在交变载荷下工作的零件，如连杆、螺栓、齿轮、轴等都需经过调质处理后再使用。

回火决定了零件最终的使用性能，直接影响零件的质量和寿命。

1.2.4 表面热处理

对于在动载荷和强烈摩擦条件下工作的零件，如齿轮、凸轮轴、床身导轨等，要求表面具有高硬度、高耐磨性，而心部要求有足够的塑性和韧性。这些要求很难通过选材来解决，可以采用表面热处理方法，仅对零件表面进行强化热处理，以改变表面组织和性能，而心部基本上保持处理前的组织和性能。

常用的钢的表面热处理有表面淬火及化学热处理等。

1. 表面淬火

表面淬火是将零件表面快速加热到淬火温度，然后迅速冷却，仅使表面层获得淬火组织的热处理方法。淬火后需进行低温回火，以降低内应力，提高表面硬化层的韧性及耐磨性能。根据热源不同，表面淬火可分为火焰加热表面淬火和感应加热表面淬火两种。火焰加热表面淬火是指应用氧-乙炔（或其他可燃气体）火焰对零件表面进行加热，随后淬火的工艺。火焰加热表面淬火设备简单，操作简便，成本低，且不受零件体积大小的限制，但因氧-

乙炔焰火温度较高，零件表面容易过热，而且淬火层质量控制比较困难，影响了这种方法的广泛使用。感应加热表面淬火是目前应用较广的一种表面淬火方法，它是利用零件在交变磁场中产生感应电流，将零件表面加热到所需的淬火温度，而后喷水冷却的淬火方法。感应加热表面淬火，淬火质量稳定，淬火层深度容易控制。这种热处理方法生产效率极高，加热一个零件仅需几秒至几十秒即可达到淬火温度。由于这种方法加热时间短，故零件表面氧化、脱碳极少，变形也小，还可以实现局部加热、连续加热，便于实现机械化和自动化。但高频感应设备复杂、成本高，故适合于形状简单、大批量生产的零件。

2. 化学热处理

化学热处理与其他热处理方法不同，它是利用介质中某些元素（如碳、氮、硅、铝等）的原子在高温下渗入零件表面，从而改变零件表面的成分和组织，以满足零件的特殊需要的热处理方法。通过化学热处理一般可以强化零件表面，提高零件表面的硬度、耐磨性、耐蚀性、耐热性及其他性能，而心部仍保持原有性能。常用的有渗碳、渗氮、碳氮共渗（或称氰化）以及渗金属元素（如铝、硅、硼等）。

渗碳是将钢件置于渗碳介质中加热并保温，使碳原子渗入钢件表面，增加表层碳含量及获得一定碳浓度梯度的工艺方法。渗碳适用于碳的质量分数为0.1%～0.25%的低碳钢或低碳合金钢，如20、20Cr、20CrMnTi等。零件渗碳后，碳的质量分数从表层到心部逐渐减少，表面层碳的质量分数可达0.8%～1.05%，而心部仍为低碳。渗碳后再经淬火加低温回火，使表面具有高硬度、高耐磨性，而心部具有良好塑性和韧性，使零件既能承受磨损和较高的表面接触应力，同时又能承受弯曲应力及冲击载荷。渗碳用于在摩擦冲击条件下工作的零件，如汽车齿轮、活塞销等。

渗氮是在一定温度下将零件置于渗氮介质中加热、保温，使活性氮原子渗入零件表层的化学热处理工艺。零件渗氮后表面形成氮化层，氮化后不需淬火，钢件的表层硬度高达950～1200HV，这种高硬度和高耐磨性可保持到560～600℃工作环境温度下而不降低，故氮化钢件具有很好的热稳定性，同时具有高的抗疲劳性和耐蚀性，且变形很小。由于上述特点，渗氮在机械工业中获得了广泛应用，特别适宜于许多精密零件的最终热处理，例如磨床主轴、精密机床丝杠、内燃机曲轴以及各种精密齿轮和量具等。

3. 其他热处理

(1) 真空热处理　在气压低于1.01×10^5Pa的环境中进行的热处理称为真空热处理。其特点是：零件在真空中加热表面质量好，不会产生氧化、脱碳现象；加热时无对流传热，升温速度快，零件截面温差小，热处理后变形小；减小了零件的清理和磨削工序，生产率较高。

(2) 激光热处理　它是利用激光对零件表面扫描，在极短的时间内零件被加热到淬火温度，当激光束离开零件表面时，零件表面的高温迅速向基体内部传导，表面冷却且硬化。其特点是：加热速度快，不需要淬火冷却介质，零件变形小；硬度均匀且超过60HRC；硬化深度能精确控制；改善了劳动条件，减小了环境污染。

(3) 形变热处理　形变热处理是将塑性变形和热处理工艺有机结合，以提高材料机械性能的复合工艺。它是将热加工成形后的锻件（轧制件等），在锻造温度和淬火温度之间进行塑性变形，然后立即淬火冷却的热处理工艺。其特点是：零件同时受形变和相变，使内部组织更为细化；有利于位错密度增高和碳化物弥散度增大，使零件具有较高的强韧性；简化了生产流程，节省了能源、设备，具有很高的经济效益。

（4）离子轰击热处理　离子轰击热处理是利用阴极（零件）和阳极间的辉光放电产生的等离子体轰击零件，使零件表层的成分、组织及性能发生变化的热处理工艺。常用的是离子渗氮工艺，离子渗氮表面形成的氮化层具有优异的力学性能，如高硬度、高耐磨性、良好的韧性和疲劳强度等，并使得离子渗氮零件的使用寿命成倍提高。此外，离子渗氮节约能源，操作环境无污染。其缺点是设备昂贵，工艺成本高，不适于大批量生产。

1.2.5 热处理常用设备

热处理设备可分为主要设备和辅助设备两大类。主要设备包括热处理炉、热处理加热装置、冷却设备、测量和控制仪表等。辅助设备包括检测设备、校正设备和消防安全设备等。

1. 热处理炉

常用的热处理炉有箱式电阻炉、井式电阻炉、盐浴炉等。

（1）箱式电阻炉　箱式电阻炉是利用电流通过布置在炉膛内的电热元件发热，通过对流和辐射对零件进行加热，如图 1-2 所示。它是在热处理车间应用很广泛的加热设备，适用于钢铁材料和非钢铁材料（有色金属）的退火、正火、淬火、回火及固体渗碳等的加热，具有操作简便、控温准确、可通入保护性气体防止零件加热时的氧化、劳动条件好等优点。

（2）井式电阻炉　如图 1-3 所示，井式电阻炉的工作原理与箱式电阻炉相同，其炉口向上，因形如井状而得名，常用的有中温井式炉、低温井式炉和气体渗碳炉 3 种。井式电阻炉采用吊车起吊零件，能减轻劳动强度，故应用较广。

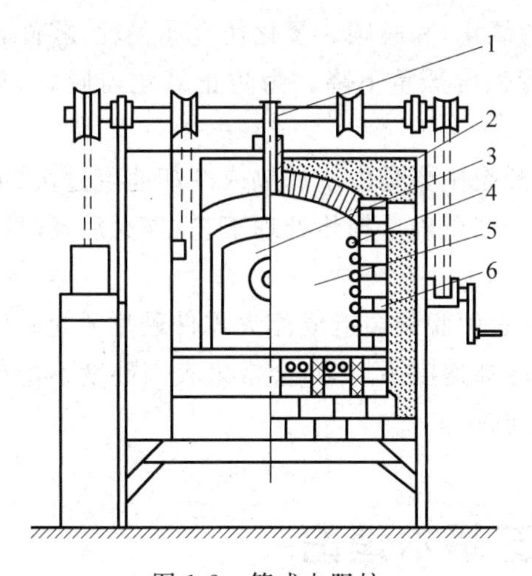

图 1-2　箱式电阻炉

1—热电偶；2—炉壳；3—炉门；
4—电阻丝；5—炉膛；6—耐火砖

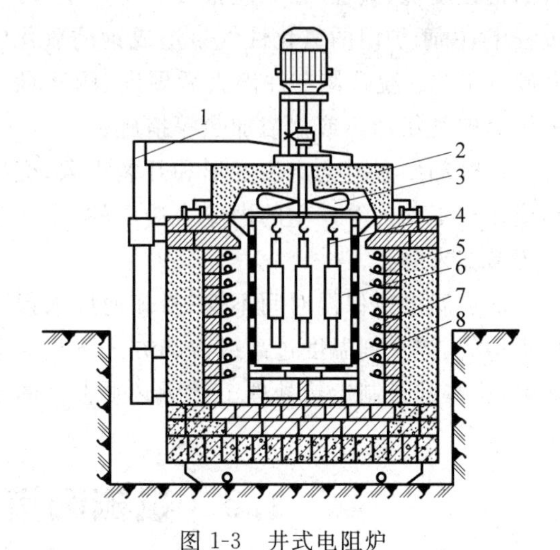

图 1-3　井式电阻炉

1—炉盖升降机构；2—炉盖；3—风扇；4—零件；
5—炉体；6—炉膛；7—电热元件；8—装料筐

中温井式炉主要应用于长形零件的淬火、退火和正火等热处理，其最高工作温度为 950℃。与箱式炉相比，井式炉热量传递较好，炉顶可装风扇，使温度分布较均匀，细长零件垂直放置可克服零件水平放置时因自重引起的弯曲。

(3) 盐浴炉　盐浴炉是利用熔盐作为加热介质的炉型。盐浴炉结构简单,制造方便,费用低,加热质量好,加热速度快,因而应用较广。但在盐浴炉加热时,存在着零件的扎绑、夹持等工序,使操作复杂、劳动强度大、工作条件差,同时存在着启动时升温时间长等缺点。因此,盐浴炉常用于中、小型且表面质量要求高的零件。

2. 控温仪表

加热炉的温度测量和控制主要是利用热电偶和温度控制仪表及开关器件进行的。热电偶是将温度转换成电势,温度控制仪是将热电偶产生的热电势转变成温度的数字显示或指针偏转角度显示。热电偶应放在能代表零件温度的位置,温控仪应放在便于观察又避免热源、磁场等影响的位置。

另外,常用的冷却设备有水槽、水浴锅、油槽等。检测设备包括布氏硬度计、洛式硬度计、金相显微镜、制样设备及无损检测设备等。

1.2.6 热处理常见缺陷

热处理工艺选择不当会对零件的质量产生较大影响。如淬火工艺的选择对淬火零件的质量影响较大,如果选择不当,容易使淬火件机械性能不足或产生过热、晶粒粗大和变形开裂等缺陷,严重的会造成零件报废。

加热不当,会造成过热、过烧、表面氧化和脱碳等问题。过热使零件的塑性、韧性显著降低,冷却时产生裂纹,过热可通过正火予以消除。过烧是加热温度接近开始熔化温度,过烧后的钢强度低、脆性大,只能报废。生产上应严格控制加热温度和保温时间。钢在高温加热过程中,由于炉内的氧化性气氛造成钢的氧化(铁的氧化)和脱碳。氧化使金属消耗,零件表面硬度不均;脱碳使零件淬火后硬度、耐磨性、疲劳强度严重下降。为防止氧化与脱碳,常采用保护气氛加热或盐浴加热等措施。

在冷却中有时会产生变形和开裂现象,变形和开裂主要是由于加热或冷却速度过快、加热或冷却不均匀等产生的内应力造成的,生产中常采用正确选择热处理工艺、淬火后及时回火等措施来防止。

加热温度或保温时间不够、冷却速度太慢,零件表面脱碳会造成淬火零件硬度不足;加热不均匀、淬火剂温度过高或冷却方式不当会造成冷却速度不均匀,会带来表面硬度不均等缺陷,这些都是制定热处理工艺所必须考虑的基本问题。

1.3 机械制造工艺基本理论

1.3.1 机械加工工艺过程基本概念

机械制造中与产品生成直接有关的生产过程常被称为机械制造工艺过程,主要包括毛坯和零件成形(铸造、锻压、冲压、焊接、压制、烧结、注塑、压塑等)、机械加工(切削、磨削、特种加工等)、材料改性与处理(热处理、电镀、转化膜、涂装、热喷涂等)和机械装配(把零件按一定的关系和要求连接在一起,组合成部件和整台机械产品,包括零件的固定、连接、调整、平衡、检验和试验等工作)。

采用机械加工方法直接改变毛坯的形状、尺寸、各表面间相互位置及表面质量,使之成为合格零件的过程,称为机械加工工艺过程。它由按一定顺序排列的若干个工序组成,而每个工序又可分为安装工位及走刀等。

(1) 工序 是指由一个或一组工人在同一台机床或同一个工作地,对一个或同时对几个工件所连续完成的那一部分机械加工的工艺过程。

(2) 安装 在一道工序中,工件每经一次装夹后所完成的那部分工序称为安装(图 1-4 为多工位加工孔)。

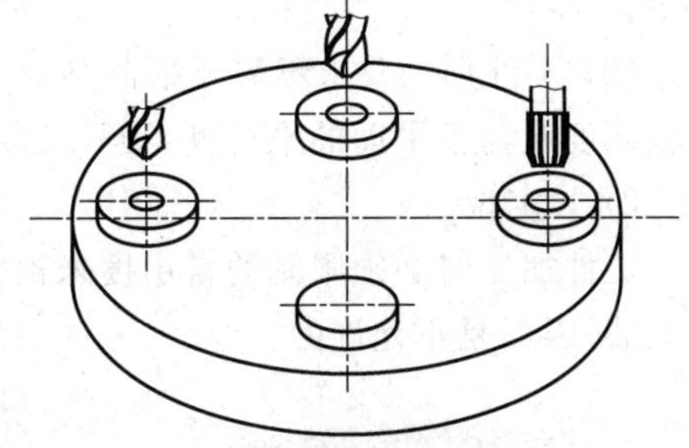

图 1-4 多工位加工孔

(3) 工位 工件在机床上占据每一个位置所完成的那部分工序称为工位。

(4) 工步 指在加工表面不变、切削刀具不变的情况下所连续完成的那部分工序(在一个工步内若有几把刀具同时加工几个不同表面,称此工步为复合工步,如图 1-5 所示)。

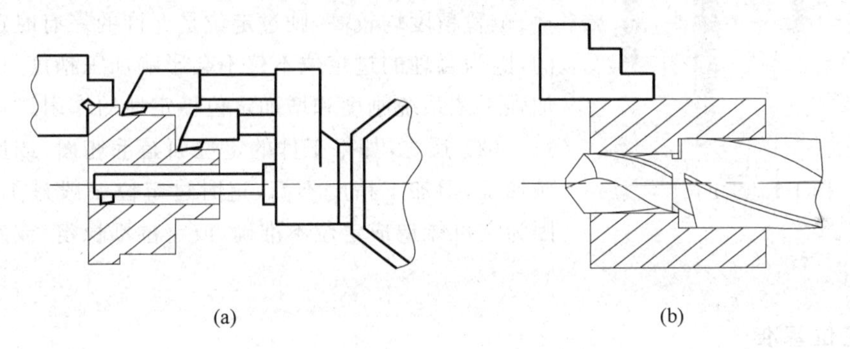

图 1-5 复合工步

(a) 立轴转塔车床的一个复合工步;(b) 钻孔、扩孔复合工步

(5) 走刀 同一加工表面加工余量较大,可以分作几次工作进给,每次工作进给所完成的工步称为一次走刀。

1.3.2 定位与定位基准

1. 定位

为了使工件的待加工表面加工后能获得要求的尺寸、位置精度,必须使工件在机床或夹具中占据一个正确的位置,即定位。在加工过程中,工件在各种力的作用下应保持定位后的正确位置不变动,这就需要夹紧的操作。

任何一个物体在空间直角坐标系中都有 6 个自由度,要确定其空间位置,就需要限制其 6 个自由度,将 6 个支承抽象为 6 个点,6 个点限制了工件的 6 个自由度,这就是 6 点定位原理。

1）完全定位与不完全定位

工件的6个自由度均被限制，称为完全定位。工件6个自由度中有一个或几个自由度未被限制，称为不完全定位。不完全定位主要有两种情况：

（1）工件本身相对于某个点、线是完全对称的，则工件绕此点、线旋转的自由度无法被限制（即使被限制也无意义）。如球体绕过球心轴线的转动，圆柱体绕自身轴线的转动等。

（2）工件加工要求不需要限制某一个或某几个自由度。如加工平板上表面，要求保证平板厚度及与下平面的平行度，则只需限制3个自由度就够了。

2）欠定位

工件加工时必须限制的自由度未被完全限制，称为欠定位。欠定位不能保证工件的正确安装，因而是不允许的。

图1-6　过定位

3）过定位

工件某一个自由度（或某几个自由度）被两个（或两个以上）约束点约束，称为过定位（见图1-6）。过定位是否允许，要视具体情况而定：

（1）如果工件的定位面经过机械加工，且形状、尺寸、位置精度均较高，则过定位是允许的。有时还是必要的，因为合理的过定位不仅不会影响加工精度，还会起到加强工艺系统刚度和增加定位稳定性的作用。

（2）反之，如果工件的定位面是毛坯面，或虽经过机械加工，但加工精度不高，这时过定位一般是不允许的，因为它可能造成定位不准确，或定位不稳定，或发生定位干涉等情况。

2．定位基准

在加工时用于工件定位的基准称为定位基准，又可进一步分为：粗基准、精基准和附加基准。

（1）粗基准　使用未经机械加工表面作为定位基准，称为粗基准。

（2）精基准　使用经过机械加工表面作为定位基准，称为精基准。

（3）附加基准　零件上根据机械加工工艺需要而专门设计的定位基准。如用作轴类零件定位的顶尖孔，用作壳体类零件定位的工艺孔或工艺凸台（见图1-7）等。

粗基准的选择对保证加工余量的均匀分配和加工面与非加工面（作为粗基准的非加工面）的位置关系具有重要影响。选择原则如下：

（1）保证相互位置要求原则　如果首先要求保证工件上加工面与不加工面的相互位置要求，则应以不加工面作为粗基准。

（2）余量均匀分配原则　如果首先要求保证工件某重要表面加工余量均匀时，应选择该表面的毛坯面作为粗基准。

（3）便于工件装夹原则　要求选用的粗基准面尽可能平整、光洁，且有足够大的尺寸，不允许有锻造飞边、铸造浇、冒口或其他缺陷。也不宜选用铸造分型面作粗基准。

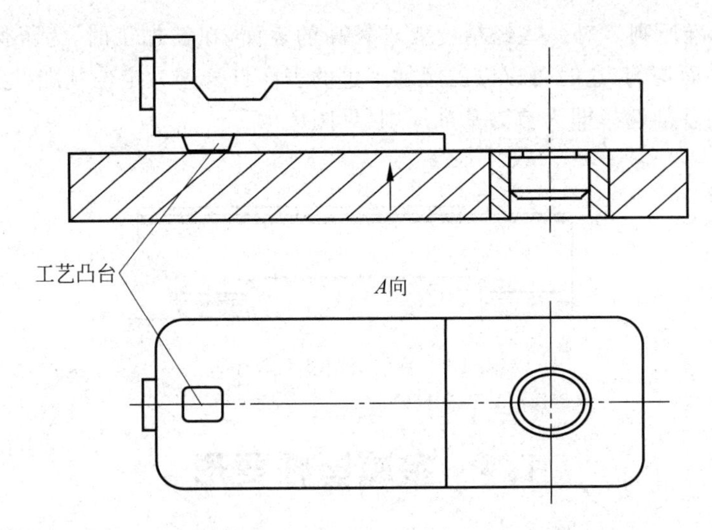

图 1-7 小刀架上的工艺凸台

(4) 粗基准一般不得重复使用原则。

选择精基准时，应重点考虑如何减少工件的定位误差，保证加工精度，并使夹具结构简单，工件装夹方便，具体原则为：

(1) 基准重合原则　选用被加工面设计基准作为精基准，如果首先要求保证工件上加工面与不加工面的相互位置要求，则应以不加工面作为粗基准。

(2) 统一基准原则　当工件以某一表面作精基准定位，可以方便地加工大多数(或全部)其余表面时，应尽早将这个基准面加工出来，并达到一定精度，以后大多数(或全部)工序均以它为精基准进行加工。在实际生产中，经常使用的统一基准形式有：

① 轴类零件常使用两顶尖孔作统一基准；

② 箱体类零件常使用一面两孔(一个较大的平面和两个距离较远的销孔)作统一基准；

③ 盘套类零件常使用止口面(一端面和一短圆孔)作统一基准；

④ 套类零件用一长孔和一止推面作统一基准。

采用统一基准原则好处如下：

① 有利于保证各加工表面之间的位置精度；

② 可以简化夹具设计，减少工件搬动和翻转次数。

采用统一基准原则常常会带来基准不重合问题。此时，需针对具体问题进行具体分析，根据实际情况选择精基准。

(3) 互为基准原则　对某些位置精度高的表面，可以采用互为基准和反复加工的方法保证其位置精度，这就是互为基准原则。如生产卧式铣床主轴(见图 1-8)。

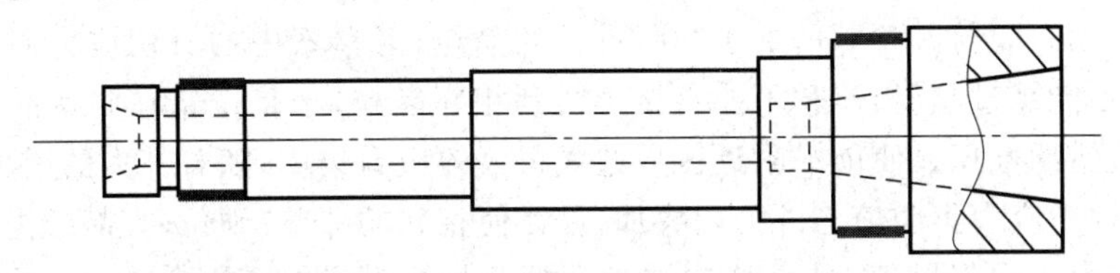

图 1-8 生产卧式铣床主轴

(4) 自为基准原则　对一些经精度要求较高的表面，在精加工时，为了保证加工精度，要求加工余量小而均匀，这时可以以已经加工过的表面自身作为定位基准，这就是自为基准原则。导轨磨削基准选择即为自为基准原则(见图 1-9)。

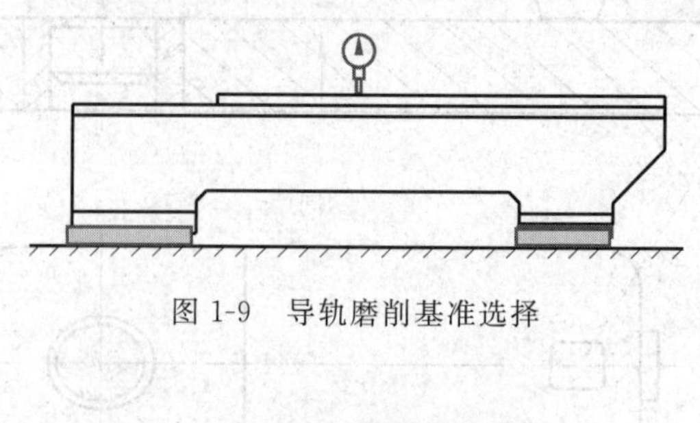

图 1-9　导轨磨削基准选择

1.4　金属塑性变形

在常温和低温下，单晶体塑性变形的主要方式是滑移和孪生。由于孪生变形仅发生在低温、高速加载的场合，且多见于像 Zn、Mg 等密排六方结构的金属，与滑移变形相比不很重要，故此处仅介绍滑移。

滑移是金属塑性变形的一种最主要方式，是在切应力的作用下晶体的一部分相对于另一部分沿一定晶面和晶向发生相对滑动。产生滑移的晶面和晶向，分别称为滑移面和滑移方向，滑移过程如图 1-10 所示。

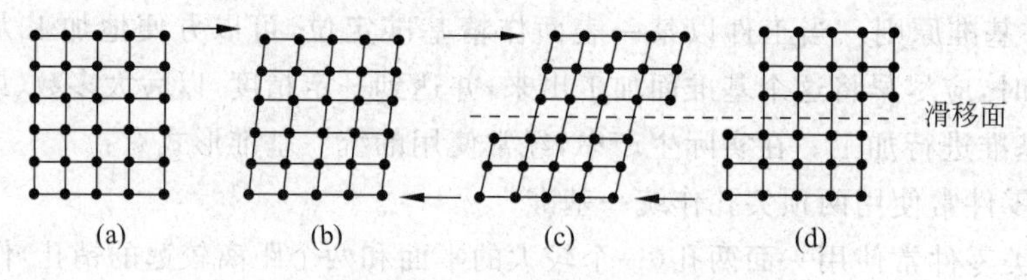

图 1-10　单晶体变形过程

(a) 未变形；(b) 弹性变形；(c) 弹塑性变形；(d) 塑性变形

实际使用的金属材料几乎都是多晶体。多晶体是由许多形状、大小、取向各不相同的单晶体——晶粒所组成。多晶体塑性变形的基本方式与单晶体一样，也是滑移和孪生。但是由于多晶体各晶粒之间位向不同和晶界的存在，使得各个晶粒的塑性变形互相受到阻碍与制约，所以多晶体的塑性变形比单晶体要复杂得多，并具有一些新的特点。

多晶体中各个晶粒的位向不同，在一定外力作用下不同晶粒的各滑移系的分切应力值相差很大，因此各晶粒不可能同时发生塑性变形。那些受最大或接近最大分切应力位向的晶粒，即处于"软位向"的晶粒首先达到临界分切应力，率先开始滑移，滑移面上的位错沿着滑移面进行活动。而与其相邻的处于"硬位向"的晶粒，滑移系中的分切应力尚未达到临界值，导致位错不能越过晶界，滑移不能直接延续到相邻晶粒，于是位错在到达晶界时受阻并逐渐堆积。位错的堆积致使前沿附近区域造成很大的应力集中，随着外力的增加，应力集中也随之增大，这一应力集中值与外力相叠加，最终使相邻的那些"硬位向"晶粒内的某些滑移系中的分切应力达到临界值，进而位错被激发而开始运动，并产生了相应的滑移。与此同时，已变形晶粒发生转动，由原软位向转至较硬位向，而不能继续滑移。这样塑性变形便从一个晶粒传递到另一个晶粒，一批批晶粒如此传递下去，便使整个试样产生了宏观的塑性变形。

由上述可知，晶界对塑性变形起阻碍作用，晶界是滑移的主要障碍，能使变形抗力增大。因此，晶界有强化作用，多晶体的塑性变形抗力显著高于单晶体，而且晶粒越细，晶界越多，其强化效果越显著，这种用细化晶粒提高金属强度的方法称为细晶强化。

金属经冷塑性变形后，显微组织发生明显的改变。随着金属外形的变化，其内部晶粒的形状也会发生变化。如在轧制时，随着变形量的增加，原来的等轴晶粒沿轧制方向逐渐伸长，晶粒由多边形变为扁平形或长条形，如图 1-11 所示。

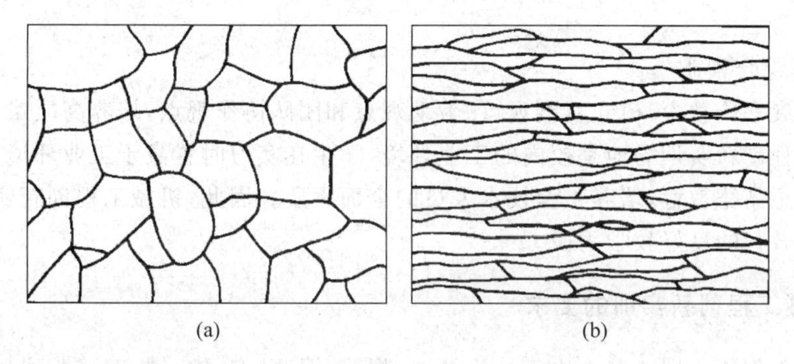

图 1-11 变形前后晶粒形状变化示意图

(a) 变形前；(b) 变形后

再结晶通常是指冷变形的金属材料加热到足够高的温度时，通过新晶核的形成及长大，最终形成无应变的新晶粒组织的过程。由于原子扩散能力增大，变形金属的显微组织彻底改组，被拉长、破碎的晶粒转变为均匀、细小的等轴晶粒。新晶粒位向与变形晶粒(即旧晶粒)不同，但晶格类型相同，故称为"再结晶"。

从金属学角度看，区分热加工与冷加工的界限不是金属是否加热，而是金属的再结晶温度。在再结晶温度以上进行塑性变形称为热加工；在再结晶温度以下进行塑性变形称为冷加工。

1.5 机械工程创新实训简介

1.5.1 机械工程创新实训的目的和要求

1. 机械工程创新实训的目的

机械工程创新实训是学生进行工程训练、培养工程意识、学习工艺知识、提高工程实践能力的重要的实践性教学环节；是学生学习机械制造系列课程必不可少的先修课程；也是建立机械制造生产过程的概念，获得机械制造基础知识的奠基课程和必修课程。其目的是：

1) 了解基础知识

建立起对机械制造生产基本过程的感性认识，学习机械制造的基础工艺知识，了解机械制造生产的主要设备。

在实习中，学生要学习机械制造的各种主要加工方法及其所用主要设备的基本结构、工作原理和操作方法，并正确使用各类工具、夹具、量具，熟悉各种加工方法、工艺技术、图纸文件和安全技术，了解加工工艺过程和工程术语，使学生对工程问题从感性认识上升到理性认识。这些实践知识将为以后学习有关专业技术基础课、专业课及毕业设计等打下良好的基础。

2）培养实践动手能力

通过直接参加生产实践，操作各种设备，使用各类工具、夹具、量具，独立完成简单零件的加工制造全过程，以培养学生具有对简单零件初步选择加工方法和分析工艺过程的能力，并具有操作主要设备和加工作业的技能，初步奠定技能型、应用型人才应具备的基础知识和基本技能。

3）提高综合素质

全面开展素质教育，树立实践观点、劳动观点和团队协作观点，培养高质量人才。

机械工程创新实训场地是校内的工业环境，学生在实习时置身于工业环境中，接受实习指导人员思想品德教育，培养工程技术人员的全面素质。因此，机械工程创新实训是强化学生工程意识教育的良好教学手段。

2. 机械工程创新实训的要求

机械工程创新实训的基本内容分为铸造、焊接、锻压、车、铣、刨、磨、钻、钳工等工种。本课程通过实际操作、现场教学、专题讲座、综合训练、实验、演示、实习报告或作业以及考核等方式，丰富教学内容，完成实践教学任务。

本课程的主要要求是：

(1) 使学生掌握现代制造的一般过程和基本知识，熟悉机械零件的常用加工方法及其所用的主要设备和工具，了解新工艺、新技术、新材料在现代机械制造中的应用。

(2) 使学生具有对简单零件初步选择加工方法和进行工艺分析的能力，在主要工种方面应能独立完成简单零件的加工制造，并掌握一定的工艺实验和工程实践能力。

(3) 培养学生具有生产质量和经济观念，理论联系实际、一丝不苟的科学作风，热爱劳动、热爱公物的基本素质。

1.5.2 机械工程创新实训安全技术

在实习劳动中要进行各种操作，制作各种不同规格的零件，因此，常要开动各种生产设备，接触到焊机、机床、砂轮机等。为了避免触电、机械伤害、爆炸、烫伤等工伤事故，实习人员必须严格遵守工艺操作规程。只有施行文明生产实习，才能确保实习人员的安全和保障。

为了保证师生人身及设备安全，使教学实习顺利进行，在实习期间学生必须严格遵守《安全守则》，做到安全实习、文明实习。具体有以下几点：

(1) 学生下车间前都必须进行安全教育。分组进入工段时，由工段指导老师结合该工段的具体情况进行现场教育。

(2) 学生进入车间，必须穿戴好规定的劳保服饰。不准穿短裤、汗背心、凉鞋，女生不准穿裙子、高跟鞋。不该戴手套的岗位绝对禁止戴手套。

(3) 学生应在认真听取指导老师对本机床结构、性能及安全保养规程的全面介绍后，再进行一定时间的练习，方可开始操作。

(4) 两人以上操作一台机床者，应分先后，轮换操作。暂不操作者，应在旁观察，不能乱动手柄或离开岗位。

(5) 在车间实习期间，不能由于好奇而乱开动机床或扳动机床各操作手柄。不能随便串岗，影响其他同学的实习。

(6) 电器发生故障，应及时报告指导老师，任何人不准自行处理。

(7) 使用砂轮磨刀时，应严格按砂轮机的安全操作规程进行。

(8) 带状或粉末状的铁屑，应用铁铲和刷子清除，绝不能直接用手清除或用嘴吹。

(9) 如发生事故，应首先切断电源，保护好现场，并及时向指导老师报告。

(10) 各机床若指导老师不在场，则不准开机操作。

另外，学生到实验室实习期间，必须遵守学校和金工实验室的各项规章制度。

(1) 讲文明，讲礼貌，尊敬师傅，虚心学习，集中精力，努力完成教学实习任务。

(2) 遵守实验室劳动纪律。不迟到、不早退、病事假者必须事先向实习指导老师办理请假手续，未经允许，不准擅离岗位，如有发生以旷课论处。

(3) 爱护公物，注意节约，人为造成损坏或遗失工具、量具和设备者，必须主动赔偿。

(4) 加工零件，要严格按照图纸技术要求和指导老师规定的加工工艺进行。

(5) 安排在指定的机床设备上进行实习，未经许可不得任意动用其他设备。

(6) 下班前，必须擦净机床设备和工作台，保持室内整齐清洁。

(7) 实习结束，应按教学要求进行考核。

冷加工

钳　工

基本要求

(1) 了解钳工在机械制造维修中的作用、特点以及各种类型的加工过程；
(2) 了解划线、锯割、锉削、钻孔、扩孔、铰孔、螺纹加工、装配等方法；
(3) 了解钳工的各种工具、量具的使用和测量方法；
(4) 正确使用工具、量具、独立完成钳工的各种基本操作。

2.1 钳工概述

2.1.1 钳工的工作范围

钳工基本操作包括划线、凿削、锯割、锉削、钻孔、扩孔、锪孔、铰孔、攻螺纹、套螺纹、装配、刮削、研磨、矫正和弯曲、铆接以及作标记等。

钳工的工作范围主要有：

(1) 用钳工工具进行修配及小批量零件的加工。
(2) 精度较高的样板及模具的制作。
(3) 整机产品的装配和调试。
(4) 机器设备(或产品)使用中的调试和维修。

2.1.2 钳工的加工特点

钳工是一个技术工艺比较复杂、加工程序细致、工艺要求高的工种。它具有使用工具简单、加工多样灵活、操作方便和适应面广等特点。虽然目前有各种先进的加工方法，但很多工作仍然需要钳工来完成，钳工在保证产品质量中起到重要作用。

2.1.3 钳工常用的设备和工具

钳工常用的设备有钳工工作台、台虎钳、砂轮机、钻床、手电钻等。常用的手用工具有划线盘、錾子、手锯、锉刀、刮刀、扳手、螺钉旋具、锤子等。

1. 钳工工作台

钳工工作台简称钳台，用于安装台虎钳，进行钳工操作。钳台分为单人使用和多人使用两种，用硬质木材或钢材做成。钳台要求平稳、结实，台面高度一般以装上台虎钳后钳口高度恰好与人手肘齐平为宜。

2. 台虎钳

台虎钳是钳工最常用的一种夹持工具。凿切、锯割、锉削以及许多其他钳工操作都是在台虎钳上进行的。钳工常用的台虎钳有固定式和回转式两种。图 2-1 所示为回转式台虎钳的结构图。台虎钳主体用铸铁制成，由固定部分和活动部分组成。台虎钳固定部分由转盘锁紧螺钉固定在转盘座上，转盘座内装有夹紧盘，放松转盘锁紧手柄，固定部分就可以在转盘座上转动，以变更台虎钳方向。转盘座用螺钉固定在钳台上。连接手柄的螺钉穿过活动部分旋入固定部分上的螺母内。扳动手柄使螺杆从螺母中旋出或旋进，从而带动活动部分移动，使钳口张开或合拢，以放松或夹紧零件。

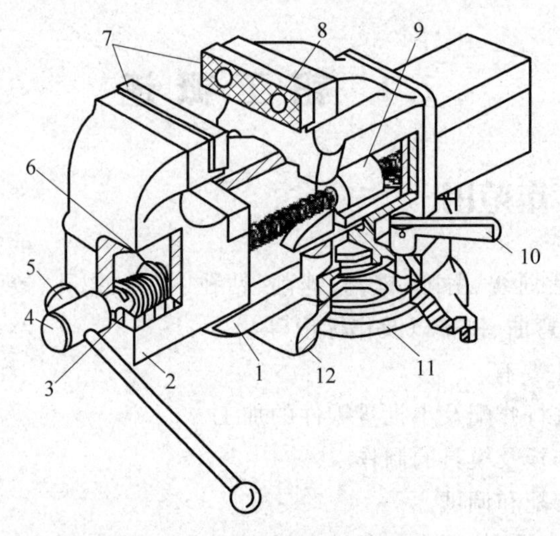

图 2-1 回转式台虎钳构造

1—固定部分；2—活动部分；3—弹簧；4—螺杆；5—手柄；6—挡圈；7—钳口；8—螺钉；9—螺母；10—转盘锁紧手柄；11—夹紧盘；12—转盘座

为了延长台虎钳的使用寿命，台虎钳上端咬口处用螺钉紧固着两块经过淬硬的钢质钳口。钳口的工作面上有斜形齿纹，使零件夹紧时不致滑动。夹持零件的精加工表面时，应在钳口和零件间垫上纯铜皮或铝皮等软材料制成的护口片(俗称软钳口)，以免夹坏零件表面。台虎钳规格以钳口的宽度来表示，一般为 100～150mm。

3. 钻床

钻床是用于孔加工的一种机械设备，它的规格用可加工孔的最大直径表示，其品种、规格颇多，其中最常用是台式钻床(台钻)，如图 2-2(a)所示。这类钻床小型轻便，安装在台面上使用，操作方便且转速高，适于加工中、小型零件上直径在 16mm 以下的小孔。

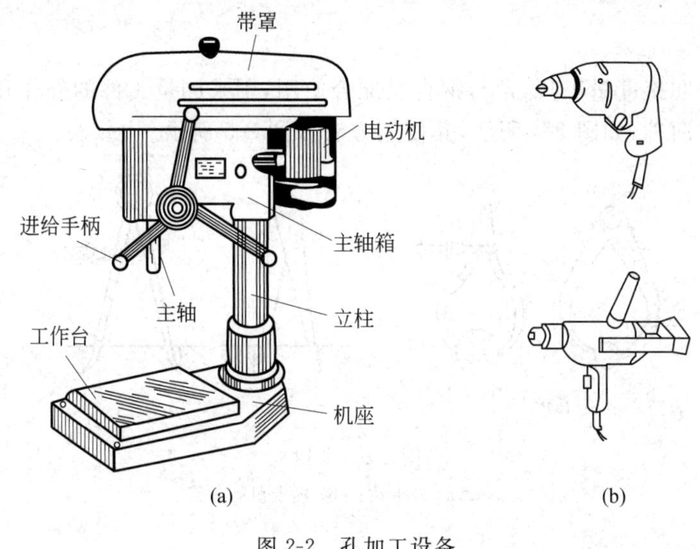

图 2-2　孔加工设备

(a) 台式钻床；(b) 手电钻

4. 手电钻

如图 2-2(b)所示为两种手电钻的外形图。主要用于钻直径 12mm 以下的孔。常用于不便使用钻床钻孔的场合。手电钻的电源有单相(220V、36V)和三相(380V)两种。根据用电安全条例,手电钻额定电压只允许 36V。手电钻携带方便,操作简单,使用灵活,应用较广泛。

2.2 常用量具

在工艺过程中,必须应用一定精度的量具来测量和检验各种零件的尺寸、形状和位置精度。

2.2.1 常用量具及其使用方法

1. 钢直尺

钢直尺是最简单的长度量具,用不锈钢片制成,可直接用来测量工件尺寸,如图 2-3 所示。它的测量长度规格有 150mm、200mm、300mm、500mm 几种。测量工件的外径和内径尺寸时,常与卡钳配合使用。其测量精度一般只能达到 0.2～0.5mm。

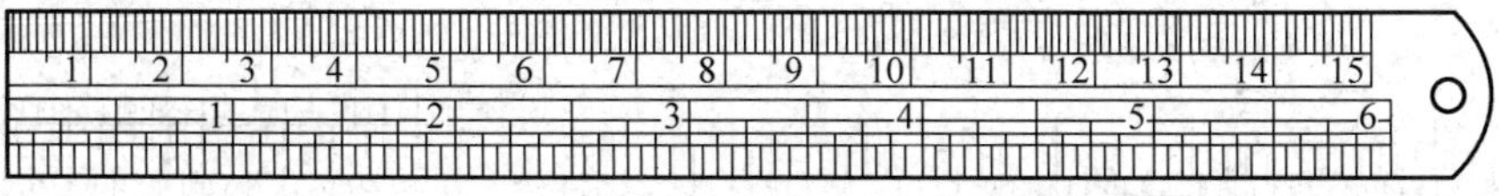

图 2-3　钢直尺

2. 卡钳

卡钳是一种间接度量工具，常与钢直尺配合使用，用来测量工件的外径和内径。卡钳分内卡钳和外卡钳两种，如图 2-4 所示，其使用方法如图 2-5 所示。

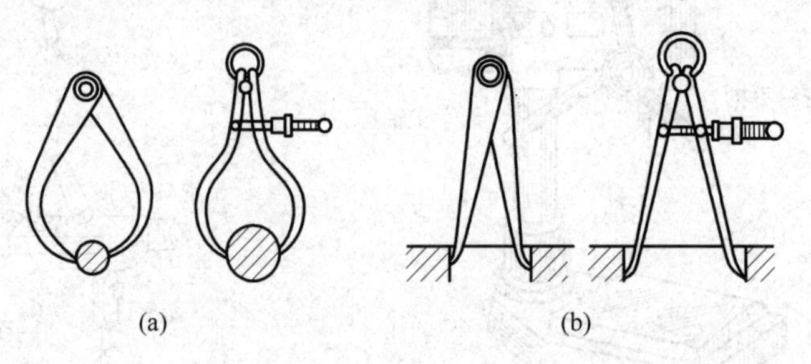

图 2-4 卡钳
(a) 外卡钳；(b) 内卡钳

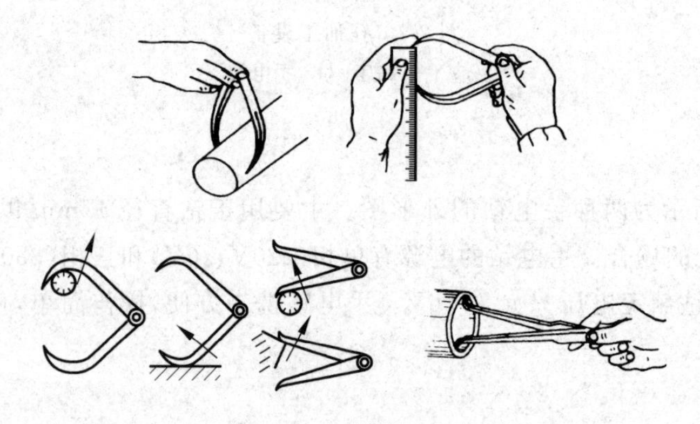

图 2-5 卡钳使用方法

3. 游标卡尺

游标卡尺是一种中等精度的量具，可直接测量工件的外径、内径、长度、宽度和深度等尺寸。按用途不同，游标卡尺可分为普通游标卡尺、游标深度尺、游标高度尺等几种。游标卡尺的测量精度有 0.1mm、0.05mm、0.2mm 三种，测量范围有 0～125mm、0～150mm、0～200mm、0～300mm 等。普通游标卡尺，主要由尺身和游标组成，尺身上刻有以 1mm 为一格间距的刻度，并刻有尺寸数字，其刻度全长即为游标卡尺的规格。

游标上的刻度间距，随测量精度而定。现以精度值为 0.02mm 的游标卡尺的刻线原理和读数方法为例简介如下：

尺身一格为 1mm，游标一格为 0.98mm，共 50 格。尺身和游标每格之差为 1mm－0.98mm＝0.02mm，如图 2-6 所示。读数方法是游标零位指示的尺身整数，加上游标刻线与尺身线重合处的游标刻线乘以精度值之和，如图 2-7 所示。

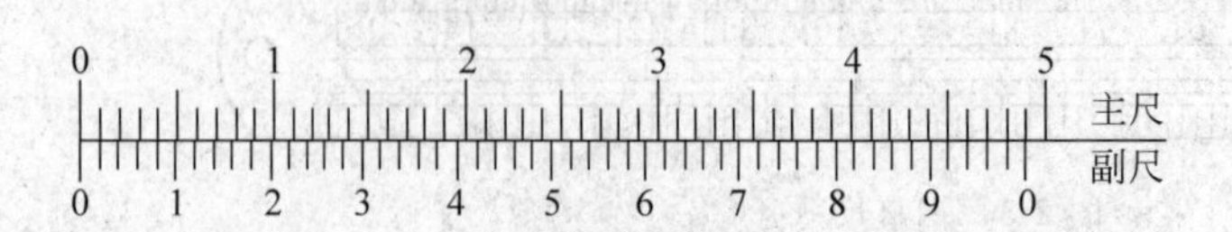

图 2-6 0.02mm 游标卡尺的刻线原理

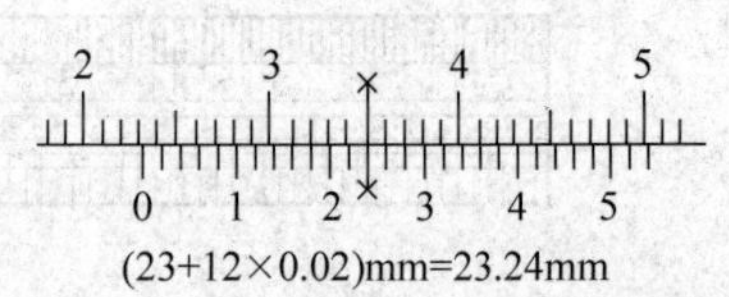

图 2-7 0.02mm 游标卡尺的读数方法

用游标卡尺测量工件的方法如图 2-8 所示，使用时应注意下列事项。

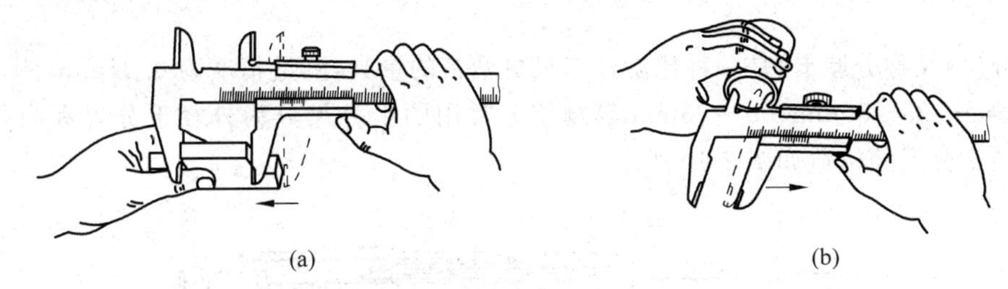

图 2-8 游标卡尺的使用

(a) 测外表面尺寸；(b) 测内表面尺寸

(1) 检查零线　使用前应首先检查量具是否在检定周期内，然后擦净卡尺，使量爪闭合，检查尺身与游标的零线是否对齐。若未对齐，则在测量后应根据原始误差修正读数值。

(2) 放正卡尺　测量内外圆直径时，尺身应垂直于轴线；测量内外孔直径时，应使两量爪处于直径处。

(3) 用力适当　测量时应使量爪逐渐与工件被测量表面靠近，最后达到轻微接触，不能把量爪用力抵紧工件，以免变形和磨损，影响测量精度。读数时为防止游标移动，可锁紧游标，视线应垂直于尺身。

(4) 勿测毛坯面　游标卡尺仅用于测量已加工的表面，表面粗糙的毛坯件不能用游标卡尺测量。

图 2-9 所示为游标深度尺和游标高度尺，分别用于测量深度和高度。游标高度尺还可以用于精密划线。

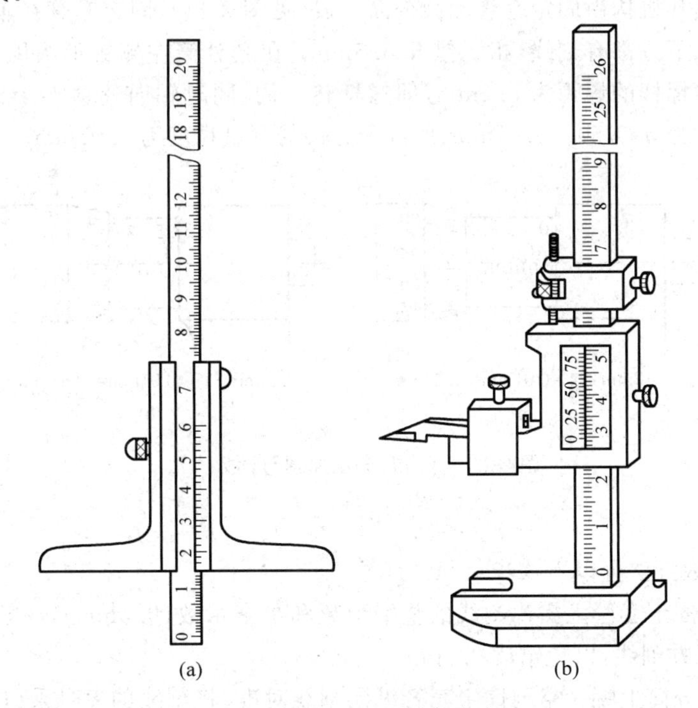

图 2-9 游标深度尺和游标高度尺

(a) 游标深度尺；(b) 游标高度尺

4. 千分尺

千分尺(又称分厘卡)是一种比游标卡尺更精密的量具,测量精度为 0.01mm,测量范围有 0～25mm、25～50mm、50～75mm 等规格。常用的千分尺分为外径千分尺和内径千分尺。外径千分尺的构造如图 2-10 所示。

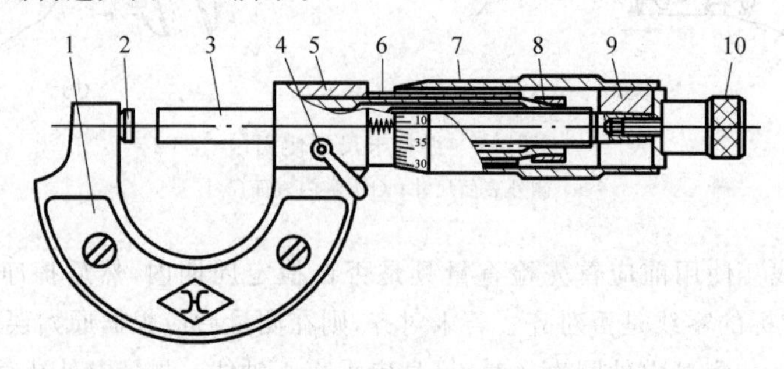

图 2-10 外径千分尺

1—尺架;2—测砧;3—测微螺杆;4—锁紧装置;5—螺纹轴套;
6—固定套管;7—微分筒;8—螺母;9—接头;10—棘轮

千分尺的测微螺杆 3 和微分筒 7 连在一起,当转动微分筒时,测微螺杆和微分筒一起沿轴向移动。内部的测力装置是使测微螺杆与被测工件接触时保持恒定的测量力,以便测出正确尺寸。当转动测力装置时,千分尺两测量面接触工件。超过一定的压力时,棘轮 10 沿着内部棘爪的斜面滑动,发出嗒嗒的响声,这就可读出工件尺寸。测量时为防止尺寸变动,可转动锁紧装置 4 通过偏心锁住测微螺杆 3。

千分尺的读数机构由固定套管和微分筒组成(见图 2-11),固定套管在轴线方向上有一条中线,中线上、下方都有刻线,相互错开 0.5mm;在微分筒左侧锥形圆周上有 50 等份的刻度线。因测微螺杆的螺距为 0.5mm,即螺杆转一周,同时轴向移动 0.5mm,故微分筒上每一小格的读数为 0.5/50=0.01mm,所以千分尺的测量精度为 0.01mm。

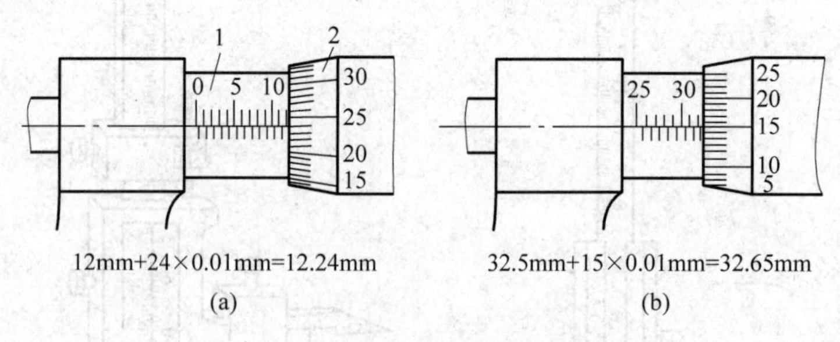

图 2-11 千分尺刻度原理与读数方法

1—固定套管;2—微分筒

测量时,读数方法分以下 3 步:

(1) 先读出固定套管上露出刻线的整毫米数和半毫米数(0.5mm),注意看清露出的是上方刻线还是下方刻线,以免错读 0.5mm。

(2) 看准微分筒上哪一格与固定套管纵向刻线对准,将刻线的序号乘以 0.01mm,即为小数部分的数值。

(3) 上述两部分读数相加,即为被测工件的尺寸。

如图 2-11 所示为千分尺的两个读数实例。

使用千分尺应注意以下事项:

(1) 校对零点　将砧座与螺杆接触,看圆周刻度零线是否与纵向中线对齐,且微分筒左侧棱边与尺身的零线重合,如有误差修正读数。

(2) 合理操作　手握尺架,先转动微分筒,当测微螺杆快要接触工件时,必须使用端部棘轮,严禁再拧微分筒。当棘轮发出嗒嗒声时应停止转动。

(3) 擦净工件测量面　测量前应将工件测量表面擦净,以免影响测量精度。

(4) 不偏不斜　测量时应使千分尺的砧座与测微螺杆两侧面准确放在被测工件的直径处,不能偏斜。

图 2-12 所示是用来测量内孔直径及槽宽等尺寸的内径千分尺,其内部结构与外径千分尺相同。

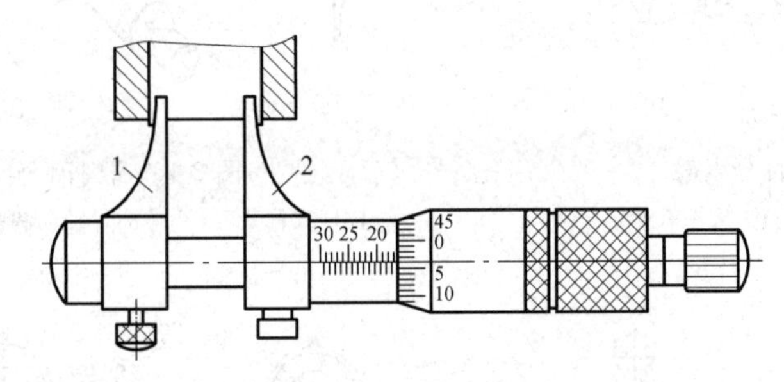

图 2-12　内径千分尺

1—尺框;2—内外量爪

5. 百分表

百分表是一种指示量具,主要用于校正工件的装夹位置、检查工件的形状和位置误差及测量工件内径等。百分表的刻度值为 0.01mm,刻度值为 0.001mm 的叫千分表。

钟式百分表的结构原理如图 2-13 所示。当测量杆 1 向上或向下移动 1mm 时,通过齿轮传动系统带动大指针 5 转一圈,小指针 7 转一格。刻度盘在圆周上有 100 个等分格,每格

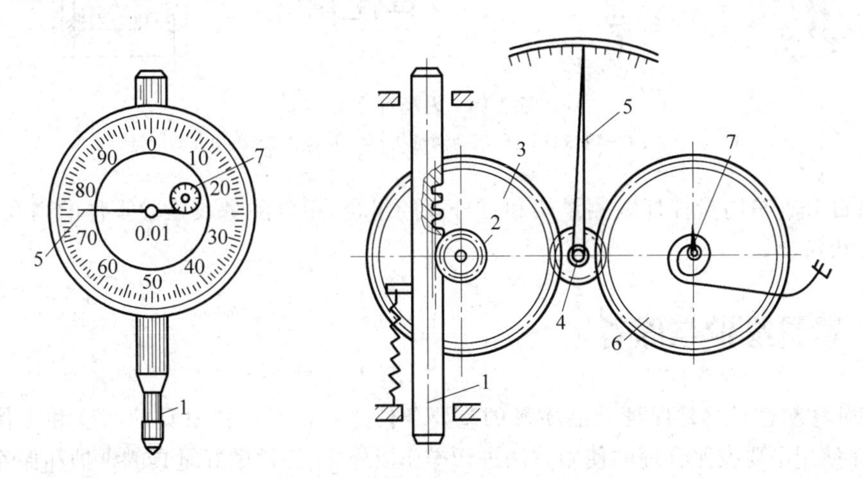

图 2-13　钟式百分表的结构原理

1—测量杆;2,4—小齿轮;3,6—大齿轮;5—大指针;7—小指针

的读数值为0.01mm,小指针每格读数为1mm。测量时指针读数的变动量即为尺寸变化量。小指针处的刻度范围为百分表的测量范围。钟式百分表装在专用的表架上使用,如图2-14所示。

图2-15所示为杠杆式百分表,图2-16所示为测量内孔尺寸的内径百分表。

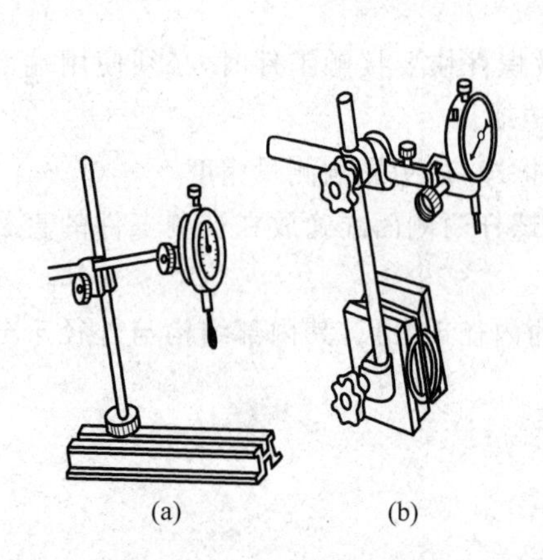

(a) (b)

图2-14 百分表架

(a) 普通表架;(b) 磁性表架

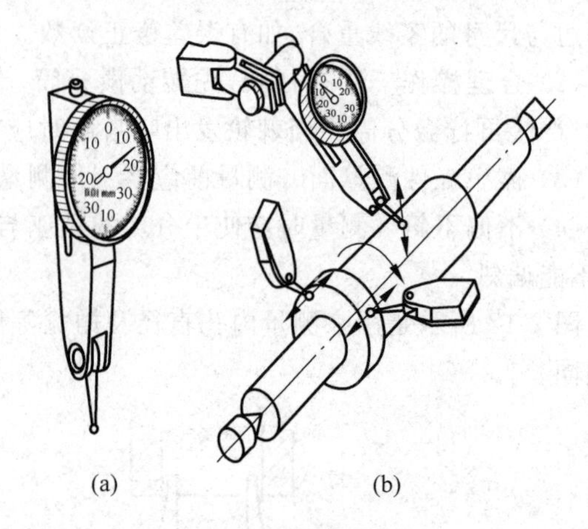

(a) (b)

图2-15 杠杆百分表

(a) 杠杆式百分表;(b) 测量径向和端面圆跳动的方法

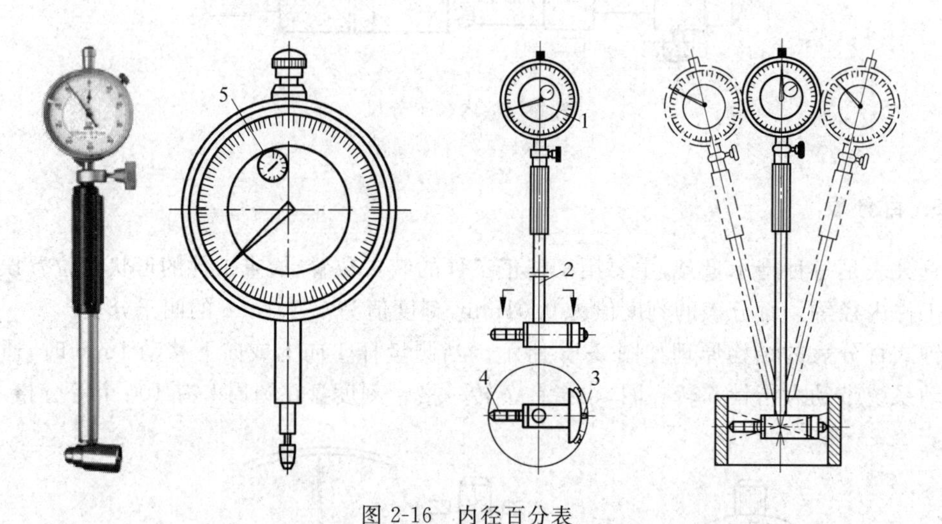

图2-16 内径百分表

1—百分表;2—测量杆;3—活动测量头;4—可换测量头;5—刻度盘

内径百分表是内量杠杆式测量架和百分表的组合,用以测量或检验零件的内孔、深孔直径及其形状精度。

2.2.2 量具维护与保养

正确使用精密量具是保证产品质量的重要条件之一。要保持量具的精度和工作的可靠性,除了在使用中要按照合理的使用方法进行操作以外,还必须做好量具的维护和保养工作。

(1) 在机床上测量零件时,要等零件完全停稳后进行,否则不但使量具的测量面过早磨损而失去精度，且会造成事故。尤其是车工使用外卡钳时，不要以为卡钳简单，磨损一点无所谓，要注意铸件内常有气孔和缩孔，一旦钳脚落入气孔内，可把操作者的手也拉进去，造成严重事故。

(2) 测量前应把量具的测量面和零件的被测量表面都擦干净，以免因有污物存在而影响测量精度。用精密量具如游标卡尺、百分尺和百分表等，去测量锻铸件毛坯或带有研磨剂(如金刚砂等)的表面是错误的，这样易使测量面很快磨损而失去精度。

(3) 量具在使用过程中，不要和工具、刀具如锉刀、榔头、车刀和钻头等堆放在一起，以免碰伤量具；也不要随便放在机床上，以免因机床振动而使量具掉下来损坏。尤其是游标卡尺等，应平放在专用盒子里，以免使尺身变形。

(4) 量具是测量工具，绝对不能作为其他工具的代用品。例如拿游标卡尺划线，拿百分尺当小榔头，拿钢直尺当起子旋螺钉，以及用钢直尺清理切屑等都是错误的；把量具当玩具，如把百分尺等拿在手中任意挥动或摇转等也是错误的，都是易使量具失去精度的。

(5) 温度对测量结果影响很大，零件的精密测量一定要使零件和量具都在20℃左右的情况下进行。一般可在室温下进行测量，但必须使工件与量具的温度一致，否则，由于金属材料热胀冷缩的特性，使测量结果不准确。温度对量具精度的影响也很大，量具不应放在阳光下或床头箱上，因为量具温度升高后，会量不出精确尺寸。更不要把精密量具放在热源(如电炉，热交换器等)附近，以免使量具受热变形而失去精度。

(6) 不要把精密量具放在磁场附近，例如磨床的磁性工作台上，以免使量具感磁。

(7) 发现精密量具有不正常现象时，如量具表面不平、有毛刺、有锈斑以及刻度不准、尺身弯曲变形、活动不灵活等，使用者不允许自行拆修，更不允许自行用榔头敲、锉刀锉、砂布打光等粗糙办法修理，以免增大量具误差。

(8) 量具使用后，应及时擦干净，除不锈钢量具或有保护镀层者外，金属表面应涂上一层防锈油，放在专用的盒子里，保存在干燥的地方，以免生锈。

(9) 量具如有问题，不能私自拆卸修理，应由实习指导老师处理。精密量具必须定期送计量部门鉴定。

2.3 划　　线

根据图纸要求。在毛坯或半成品上划出加工界线的操作，称为划线。

2.3.1 划线的分类和作用

1. 划线的分类

(1) 平面划线　在工件一个平面上划线。

(2) 立体划线　在工件上各互成不同角度(通常是互相垂直)的表面上划线，或者说，在长、宽、高三个方向上划线。

2. 划线的作用

(1) 确定工件的加工余量，使机械加工有明确的尺寸界线。对精度不高的工件，可以按线加工到最后尺寸。但由于划线误差较大，精度一般在0.25～0.5mm，所以对于要求较高的工件不能靠划线来确定加工时的最后尺寸。必须通过精确的测量来保证尺寸的准确度。

(2) 在机床上安装复杂工件，常常按划线找正定位。

(3) 通过划线能及时发现和处理不合格的毛坯，避免加工后造成损失。

(4) 通过划线能进行找正和借料，做到合理分配各加工表面的余量，使偏差不大的毛坯得到补救。所以，虽然划线是一种技术要求高、生产率很低的工序，但仍然广泛应用于单件和小批量生产中。划线要求线条清晰均匀、尺寸准确无误。

2.3.2 划线工具及其用途

划线用的工具有平板、划针、划线盘、划规、圆规、样冲、手锤、千斤顶、V形铁、分度头、方箱、量具等。

1. 划线平台

划线平台又称划线平板，用铸铁制成，它的上平面经过精刨或刮削，是划线的基准平面，非常平直和光洁，平板在使用中不准碰撞和敲击，用完后应防锈并用木板护盖。

2. 划针、划线盘与划规

划针、划线盘与划规是在工件上划线和校正工件位置的工具。

(1) 划针　划针是在零件上直接划出线条的工具，如图2-17所示，是由工具钢淬硬后将尖端磨锐或焊上硬质合金尖头制作而成。弯头划针可用于直线划针划不到的地方和找正零件。使用划针划线时必须使针尖紧贴钢直尺或样板。

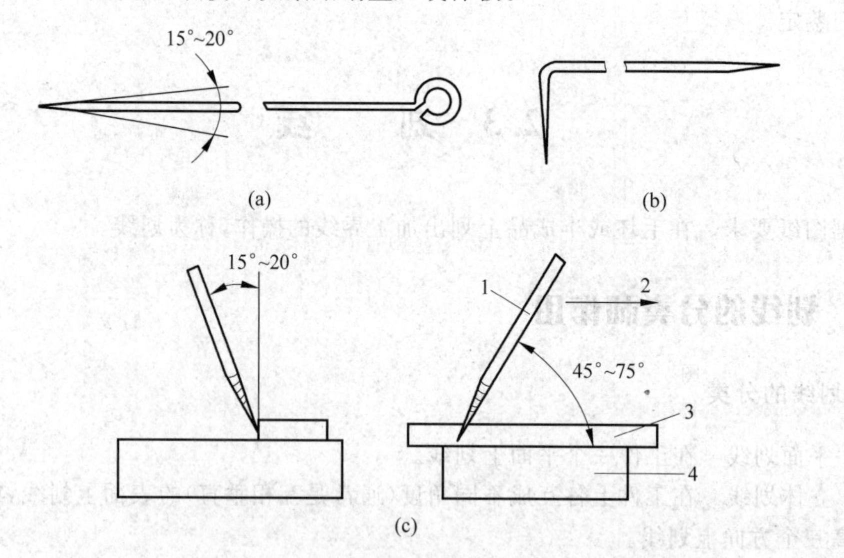

图2-17　划针

(a) 直头划针；(b) 弯头划针；(c) 划针划线

1—划针；2—划线方向；3—钢直尺；4—零件

(2) 划线盘　如图 2-18 所示，它的直针尖端焊上硬质合金，用来划与针盘平行的直线。另一端弯头针尖用来找正零件用。

(3) 划规　常用划规如图 2-19 所示，它适合在毛坯或半成品上划圆。

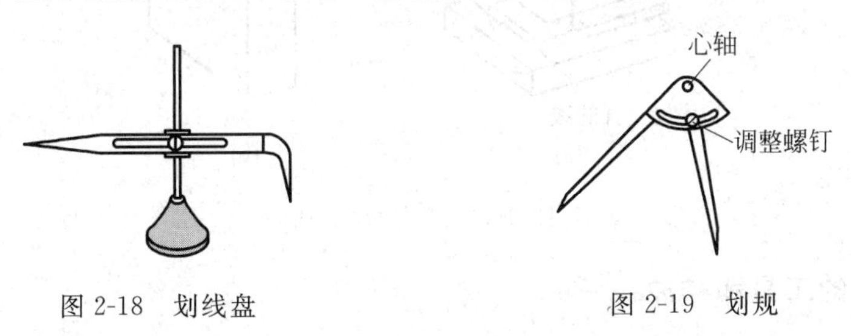

图 2-18　划线盘　　　图 2-19　划规

3. 量高尺及高度游标尺

(1) 量高尺　如图 2-20 所示，是用来校核划针盘划针高度的量具，其上的钢尺零线紧贴平台。

(2) 高度游标尺　如图 2-21 所示，实际上是量高尺与划针盘的组合。划线脚与游标连成一体，前端镶有硬质合金，一般用于已加工面的划线。

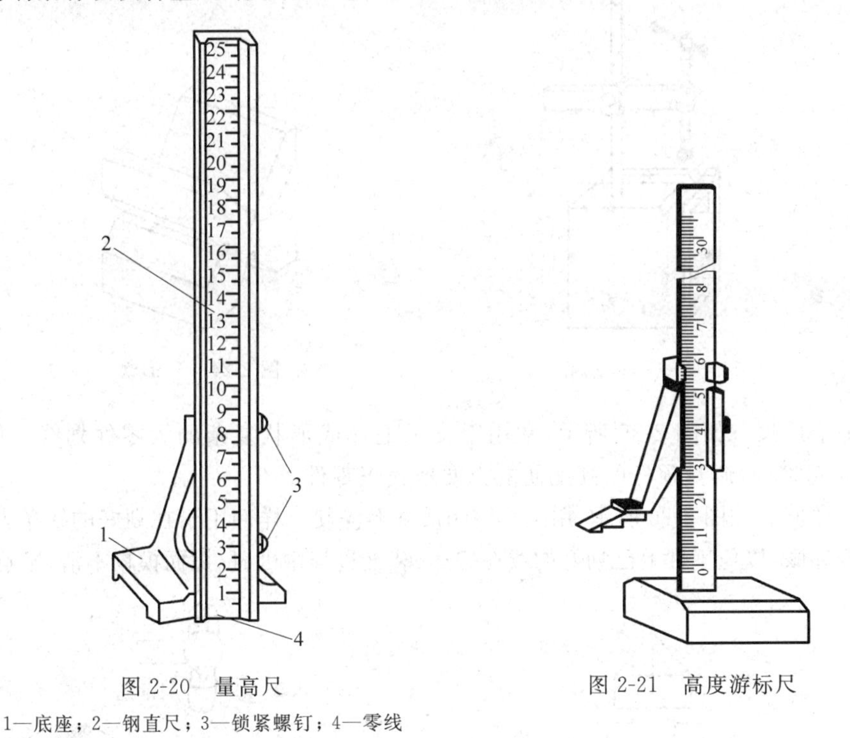

图 2-20　量高尺

1—底座；2—钢直尺；3—锁紧螺钉；4—零线

图 2-21　高度游标尺

4. 直角尺(90°角尺)

直角尺简称角尺，它的两个工作面经精磨或研磨后呈精确的直角。90°角尺既是划线工具又是精密量具。90°角尺有扁 90°角尺和宽座 90°角尺两种。前者用于平面划线中在没有基准面的零件上划垂直线，如图 2-22(a)所示；后者用于立体划线中，用它靠住零件基准面划垂直线，如图 2-22(b)所示，或用它找正零件的垂直线或垂直面。

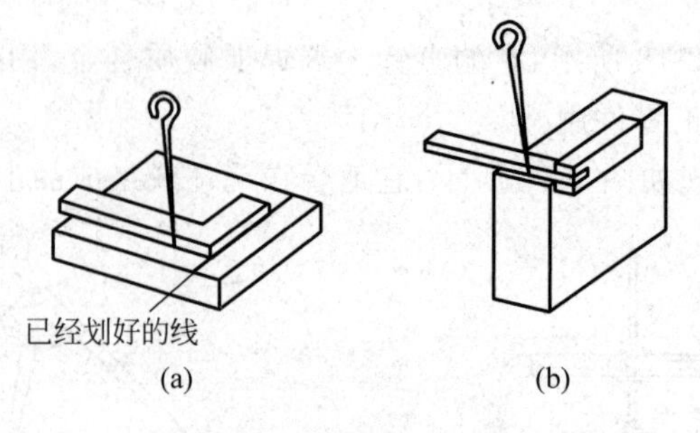

图 2-22 90°角尺划线

5. 支承用的工具和样冲

(1) 方箱 如图 2-23 所示，方箱是用灰铸铁制成的空心长方体或立方体。它的 6 个面均经过精加工，相对的平面互相平行，相邻的平面互相垂直。方箱用于支承划线的零件。

(2) V 形铁 如图 2-24 所示，主要用于安放轴、套筒等圆形零件。一般 V 形铁都是两块一副，即平面与 V 形槽是在一次安装中加工的。V 形槽夹角为 90°或 120°，V 形铁也可当方箱使用。

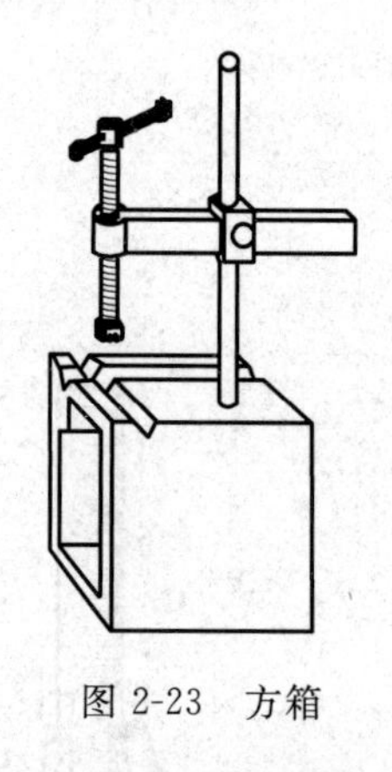

图 2-23 方箱

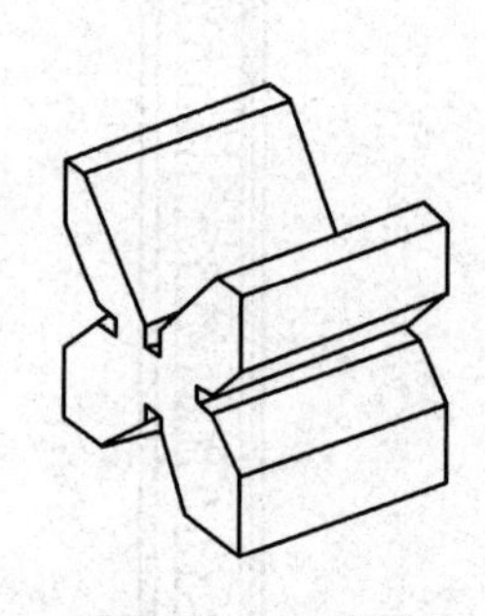

图 2-24 V 形铁

(3) 千斤顶 如图 2-25 所示，常用于支承毛坯或形状复杂的大零件划线。使用时，三个一组顶起零件，调整顶杆的高度便能方便地找正零件。

(4) 样冲 如图 2-26 所示，用工具钢制成并经淬硬。样冲用于在划好的线条上打出小而均匀的样冲眼，以免零件上已划好的线在搬运、装夹过程中因碰、擦而模糊不清，影响加工。

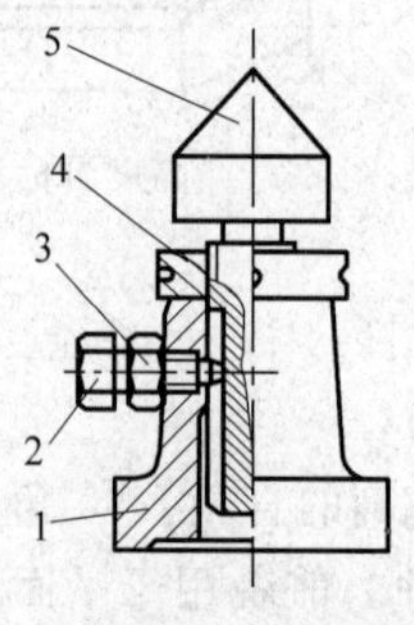

图 2-25 千斤顶

1—底座；2—导向螺钉；3—锁紧螺母；4—圆螺母；5—顶杆

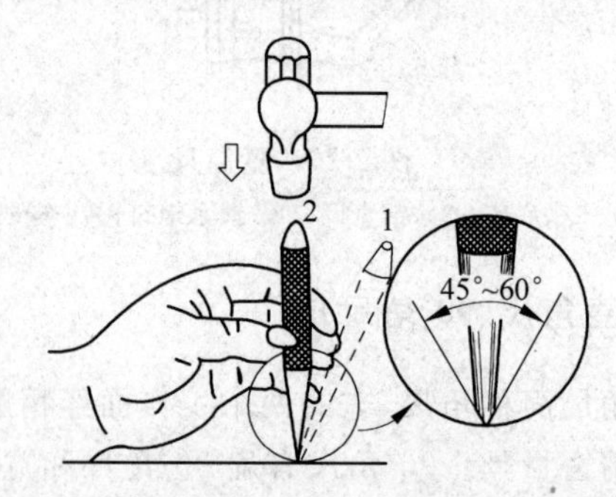

图 2-26 样冲及使用

1—对准位置；2—打样冲眼

(5) 万能分度头　如图 2-27 所示,用于圆周形工件的划分线。

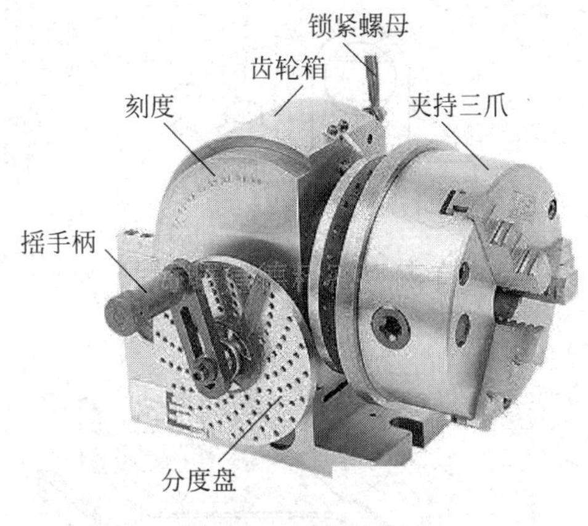

图 2-27　万能分度头

2.4　划线方法与步骤

2.4.1　平面划线方法与步骤

平面划线的实质是平面几何作图问题。平面划线是用划线工具将图样按实物大小 1∶1 划到零件上去的。划线步骤如下:

(1) 根据图样要求,选定划线基准。

(2) 对零件进行划线前的准备(清理、检查、涂色,在零件孔中装中心塞块等)。在零件上划线部位涂上一层薄而均匀的涂料(即涂色),使划出的线条清晰可见。零件不同,涂料也不同。一般在铸、锻毛坯件上涂石灰水,小的毛坯件上也可以涂粉笔,钢铁半成品上一般涂龙胆紫(也称"蓝油")或硫酸铜溶液,铝、铜等有色金属半成品上涂龙胆紫或墨汁。

(3) 划出加工界限(直线、圆及连接圆弧)。

(4) 在划出的线上打样冲眼。

2.4.2　立体划线方法与步骤

立体划线是平面划线的复合运用。它和平面划线有许多相同之处,如划线基准一经确定,其后的划线步骤大致相同。它们的不同之处在于一般平面划线应选择两个基准,而立体划线要选择三个基准。轴承座的立体划线操作步骤如图 2-28 所示。

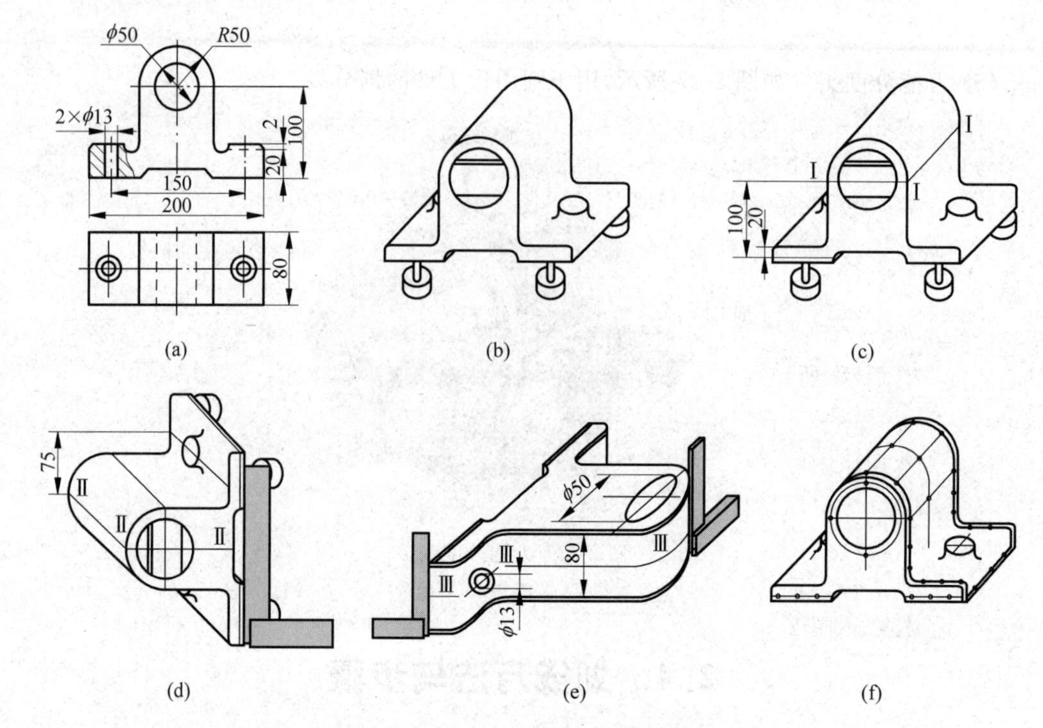

图 2-28　轴承座的立体划线操作步骤

(a) 轴承座零件图；(b) 根据孔中心及上平面，调节千斤顶，使工件水平；(c) 划底面加工线和孔水平线；(d) 转 90°，用直角尺找正，划螺钉孔中心线；(e) 再转 90°，用直角尺在两个方向找正，划螺钉孔中心线及端面加工线；(f) 最后敲上样冲眼找正，划螺钉孔及端面加工线

2.5　锯　　削

锯削是用手锯把原材料和零件割开，或在其上锯出沟槽的操作。手工锯削面精度较低，因此锯削加工一般不作为钳工加工的最终操作，只能作为前期辅助加工。

2.5.1　手锯

手锯由锯弓和锯条组成。

1. 锯弓

锯弓有固定式和可调式两种，如图 2-29 所示。

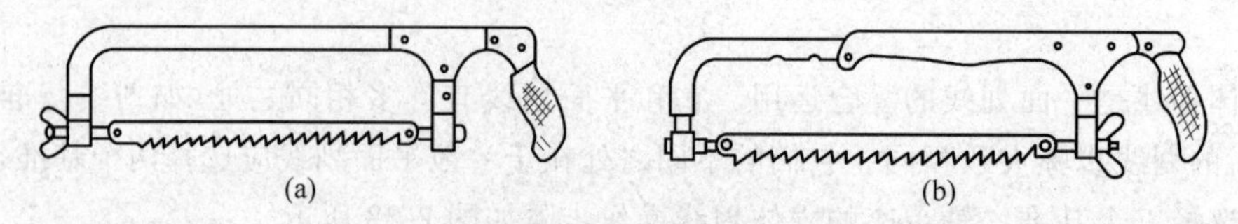

图 2-29　手锯

(a) 固定式锯弓；(b) 可调式锯弓

2. 锯条

锯条的锯齿按齿距大小可分为粗齿、中齿和细齿三种，在 25mm 长度内有 14～18 个齿的为粗齿，有 24～32 个齿的为细齿。粗齿锯条适用于锯铜、铝等软金属及厚的工件，因为此时每锯一次切屑较多，而粗齿锯条容屑槽较大，不易堵塞。细齿锯条适用于锯硬钢、板料及薄壁管等，因为对硬钢等硬材料不易锯入，每锯一次切屑较少，不会堵塞容屑槽。用细齿锯条使参加切削的锯齿增多，可使每齿的锯削量减少，材料容易被切除，推锯过程比较省力，锯齿也不易磨损；对于薄板和管子，应使锯切截面上至少有两齿以上同时参加切削，才能避免锯齿被钩住和崩断，所以也要用细齿锯条。加工普通钢、铸铁及中等厚度的工件多用中齿锯条。

锯条一般用渗碳软钢冷轧而成，也有用碳素工具钢或合金钢制成，并经热处理淬硬。

锯齿的角度既要使锯齿保持一定强度，又要保证足够的容屑槽，一般取：前角 $\gamma=0^\circ$，后角 $\alpha=40^\circ$，楔角 $\beta=50^\circ$。

为了减少工件锯口两侧与锯条之间的摩擦，锯齿在制造时相互错开，排列成交错形或波浪形，俗称锯路（见图 2-30）。

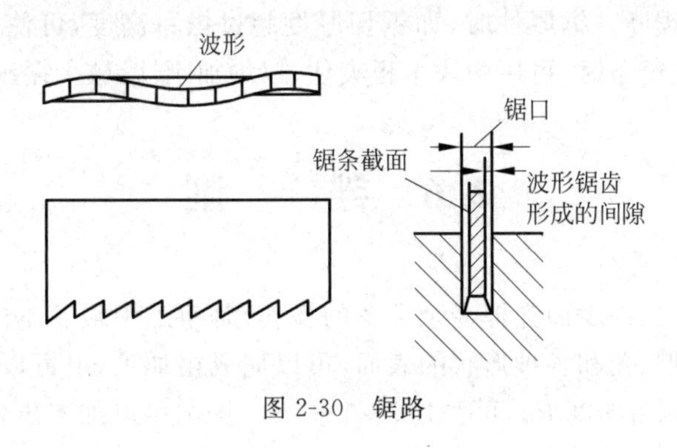

图 2-30 锯路

2.5.2 锯切操作

1. 工件的夹持

工件夹持在台虎钳上，伸出钳口不应过长，以免锯切时产生振动。工件应尽可能夹在台虎钳左边，以免操作时碰伤左手。夹持圆管及圆形工件时，最好用带有 V 形槽的夹块。

2. 起锯

起锯时以左手拇指靠住锯条，右手稳推手柄，锯弓往复行程应短，压力要轻，锯条要与工件表面垂直。起锯时锯条与水平方向倾斜的角度要稍小于 15°。锯成锯口后，逐渐将锯弓改至水平方向，如图 2-31 所示。

3. 锯削

锯削时，右手捏锯弓手柄，左手握锯弓前端。平稳地掌握锯弓，锯弓应直线往复，运动方向保持水平，不可摆动，前推时加压，用力均匀，返回时从工件上应轻轻滑过。锯削速度不

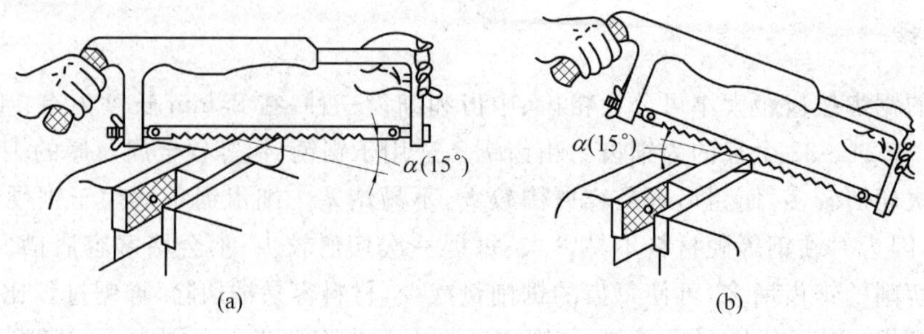

图 2-31 起锯
(a) 近起锯；(b) 远起锯

宜过快，通常每分钟往复 30～60 次。锯削时往复行程要长，用锯条全长工作，以免锯条中间部分迅速磨钝，锯钢料时应加机油润滑。当材料快锯断时用力要轻，速度要慢，行程要短。

在锯切前一般应在工件上划出锯切线，留出加工余量。针对不同的工件应采用不同的锯切方法。如锯圆管时，应在管壁将要锯穿时把圆管向推锯方向转一角度，从原锯缝下锯，依次不断转动，直至锯断。锯厚件时，如锯切厚度超过锯弓高度，可使锯条转向 90°或 180°后进行锯切。锯薄板窄条时，可用两块木板夹住，以增加刚性，减少振动。

2.6 锉 削

锉削是用锉刀从工件表面锉掉多余金属的操作，是钳工中最基本的操作。它可以锉平面、曲面、内外角、钩槽、孔和各种形状的表面，可以完成粗加工，也可以完成精加工，加工精度可达 0.01mm，表面粗糙度 Ra 可达 1.6～0.8μm。锉削可以加工出任意复杂几何形状的表面，因此对操作者的技术水平要求很高。

2.6.1 锉刀

锉刀是锉削的主要工具，锉刀用高碳钢（T12、T13）制成，并经热处理淬硬至 62～67HRC。锉刀的构造及各部分名称如图 2-32 所示。

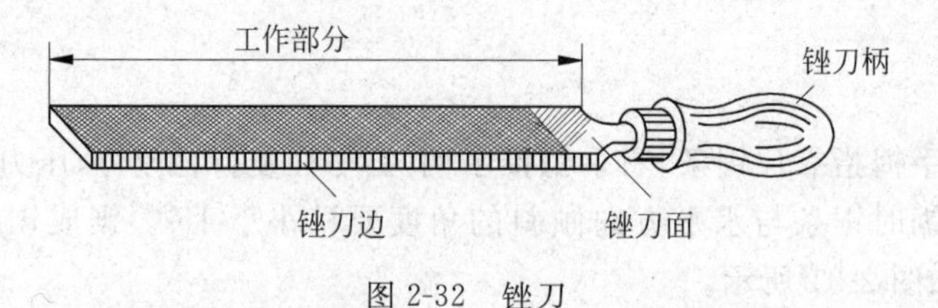

图 2-32 锉刀

锉刀分类如下：

(1) 按锉齿的大小分为粗齿锉、中齿锉、细齿锉和油光锉等。

(2) 按齿纹分为单齿纹锉刀和双齿纹锉刀。单齿纹锉刀的齿纹只有一个方向，与锉刀中心线成70°角，一般用于锉软金属，如铜、锡、铅等。双齿纹锉刀的齿纹有两个互相交错的排列方向，先剁上去的齿纹叫底齿纹，后剁上去的齿纹叫面齿纹。底齿纹与锉刀中心线成45°角，齿纹间距较疏；面齿纹与锉刀中心线成65°角，间距较密。由于底齿纹和面齿纹的角度不同，间距疏密不同，所以，锉削时锉痕不重叠，锉出来的表面平整而且光滑。

(3) 按断面形状(图2-33(a))可分成：板锉(平锉)，用于锉平面、外圆面和凸圆弧面；方锉，用于锉平面和方孔；三角锉，用于锉平面、方孔及60°以上的锐角；圆锉，用于锉圆孔和内弧面；半圆锉，用于锉平面、内弧面和大的圆孔。如图2-33(b)所示为特种锉刀，用于加工各种零件的特殊表面。

另外，由多把各种形状的特种锉刀所组成的"什锦"锉刀，用于修锉小型零件及模具上难以机械加工的部位。普通锉刀的规格一般是用锉刀的长度、齿纹类别和锉刀断面形状表示的。

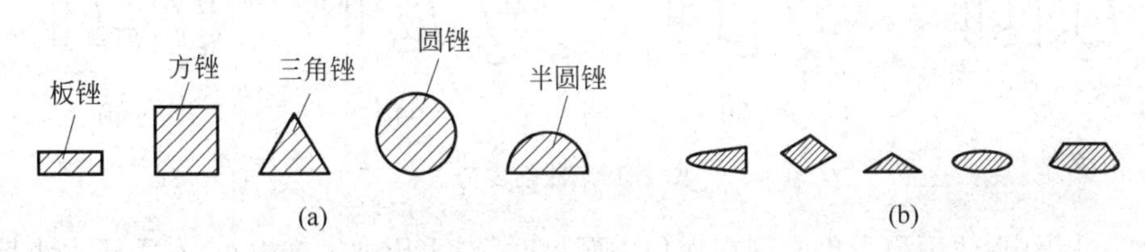

图2-33 锉刀断面形状

(a) 普通锉刀断面形状；(b) 特种锉刀断面形状

2.6.2 锉削操作要领

1. 握锉

锉刀的种类较多，规格、大小不一，使用场合也不同，故锉刀握法也应随之改变。图2-34(a)所示为大锉刀的握法，图2-34(b)所示为中、小锉刀的握法。

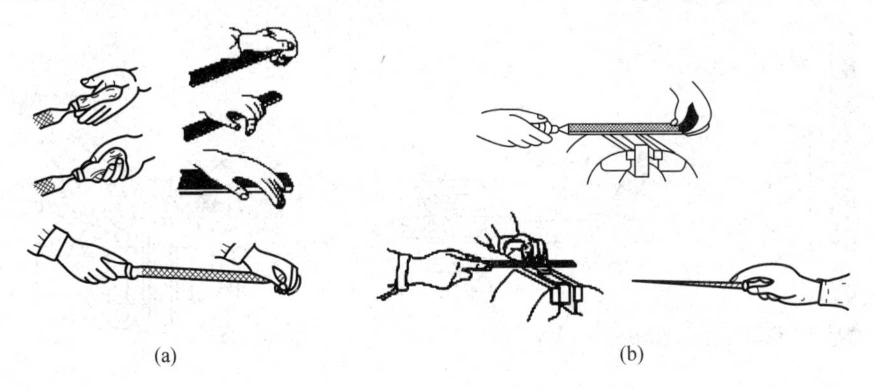

图2-34 握锉

(a) 大锉刀的握法；(b) 中、小锉刀的握法

2. 锉削姿势

锉削时人的站立位置与锯削相似，参阅图2-35。锉削操作姿势如图2-35所示，身体重心放在左脚，右膝要伸直，双脚始终站稳不移动，靠左膝的屈伸作往复运动。开始时，身体向

前倾斜10°左右，右肘尽可能向后收缩，如图2-35(a)所示。在最初1/3行程时，身体逐渐前倾至15°左右，左膝稍弯曲如图2-35(b)所示。其次1/3行程，右肘向前推进，同时身体也逐渐前倾到18°左右，如图2-35(c)所示。最后1/3行程，用右手腕将锉刀推进，身体随锉刀向前推的同时自然后退到15°左右的位置上，如图2-35(d)所示，锉削行程结束后，把锉刀略提起一些，身体姿势恢复到起始位置。

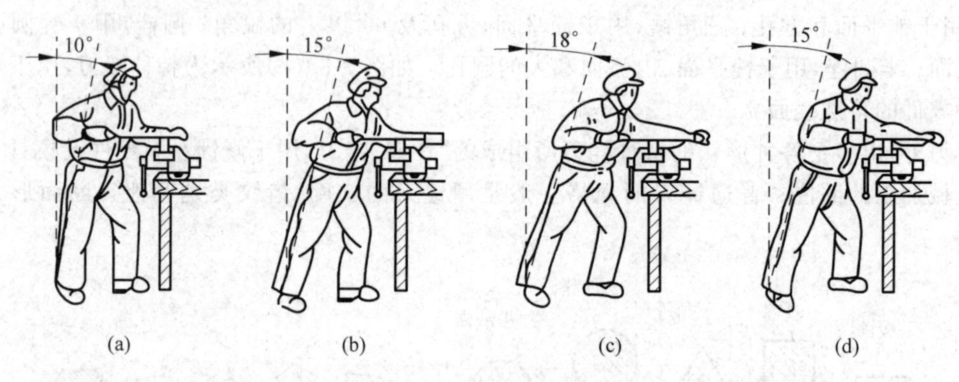

图2-35 锉削姿势

锉削过程中，两手用力也时刻在变化。开始时，左手压力大推力小，右手压力小推力大。随着推锉过程的推进，左手压力逐渐减小，右手压力逐渐增大。锉刀回程时不加压力，以减少锉齿的磨损。锉刀往复运动速度一般为30～40次/min，推出时慢，回程时可快些。

3. 锉削方法

1）平面锉削

锉削平面的方法有3种。顺向锉法如图2-36(a)所示，交叉锉法如图2-36(b)所示，推锉法如图2-36(c)所示。锉削平面时，锉刀要按一定方向进行锉削，并在锉削回程时稍作平移，这样逐步将整个面锉平。

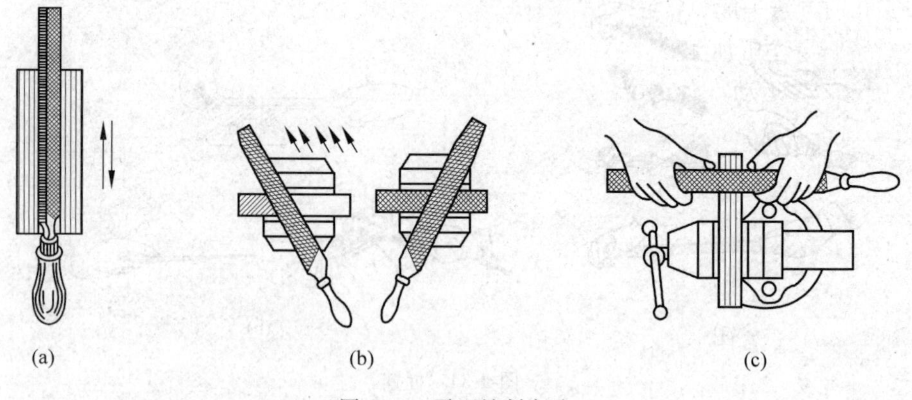

图2-36 平面锉削方法

(a) 顺向锉；(b) 交叉锉；(c) 推锉

2）弧面锉削

外圆弧面一般可采用平锉进行锉削，常用的锉削方法有两种。顺锉法如图2-37(a)所示，是横着圆弧方向锉，可锉成接近圆弧的多棱形（适用于曲面的粗加工）。滚锉法如图 2-37(b)所示，锉刀向前锉削时右手下压，左手随着上提，使锉刀在零件圆弧上作转动。

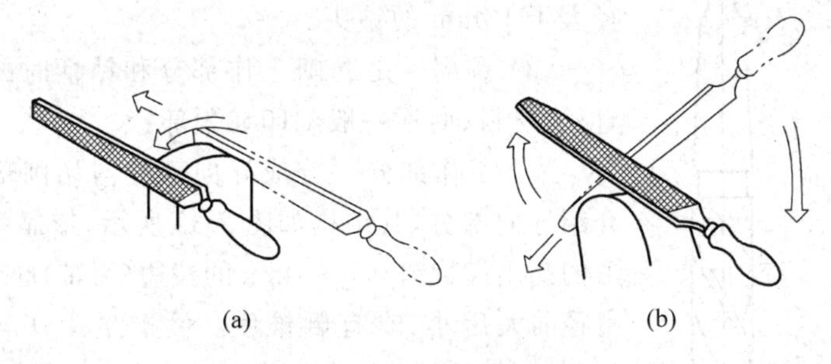

图 2-37　圆弧面锉削方法

(a) 顺锉法；(b) 滚锉法

3）检验工具及其使用

检验工具有刀口形直尺、90°角尺、游标角度尺等。刀口形直尺、90°角尺可检验零件的直线度、平面度及垂直度。下面介绍用刀口形直尺检验零件平面度的方法。

(1) 将刀口形直尺垂直紧靠在零件表面，并在纵向、横向和对角线方向逐次检查。

(2) 检验时，如果刀口形直尺与零件平面透光微弱而均匀，则该零件平面度合格；如果透光强弱不一，则说明该零件平面凹凸不平。可在刀口形直尺与零件紧靠处用塞尺插入，根据塞尺的厚度即可确定平面度的误差。

2.7　钻孔、扩孔和铰孔

零件上孔的加工，除去一部分由车、镗、铣、磨等机床完成外，很大一部分是由钳工利用各种钻床和钻孔工具完成的。钳工加工孔的方法一般指钻孔、扩孔和铰孔。

一般情况下，孔加工刀具都应同时完成两个运动，如图 2-38 所示。主运动，即刀具绕轴线的旋转运动（箭头 1 所指方向）；进给运动，即刀具沿着轴线方向对着零件的直线运动（箭头 2 所指方向）。

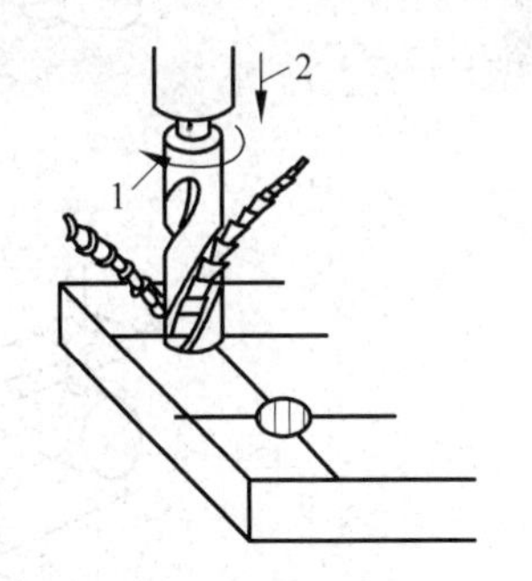

图 2-38　孔加工切削运动

1—主运动；2—进给运动

2.7.1　钻孔

用钻头在实心零件上加工孔叫钻孔。钻孔的尺寸公差等级低，为 IT12～IT11；表面粗糙度大，*Ra* 值为 50～12.5μm。

1. 标准麻花钻组成

麻花钻如图 2-39 所示，是钻孔的主要刀具。麻花钻用高速钢制成，工作部分经热处理淬硬至 62～65HRC。麻花钻由钻柄、颈部和工作部分组成。

(1) 钻柄　供装夹和传递动力用，钻柄形状有两种：柱柄传递扭矩较小，用于直径13mm以下的钻头。锥柄对中性好，传递扭矩较大，用于直径大于13mm的钻头。

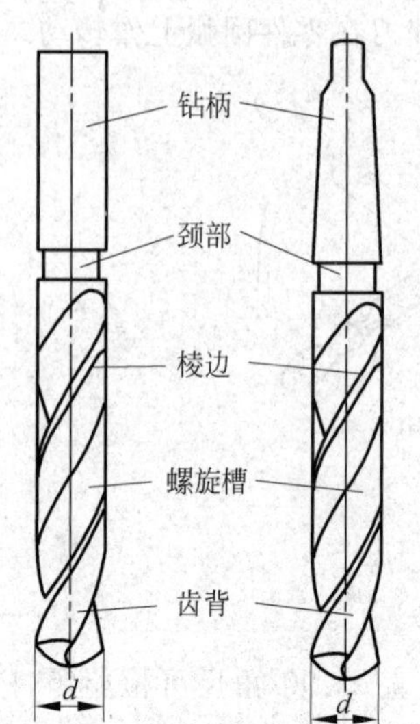

图2-39　标准麻花钻头组成

(2) 颈部　是磨削工作部分和钻柄时的退刀槽。钻头直径、材料、商标一般刻印在颈部。

(3) 工作部分　分成导向部分与切削部分。这里主要介绍导向部分，其结构如图2-39所示，依靠两条狭长的螺旋形的高出齿背约0.5～1mm的棱边(刃带)起导向作用。它的直径前大后小，略有倒锥度。倒锥量为(0.03～0.12)mm/100mm，可以减少钻头与孔壁间的摩擦。导向部分经铣、磨或轧制形成两条对称的螺旋槽，用以排除切屑和输送切削液。

2. 零件装夹

如图2-40所示，钻孔时零件夹持方法与零件生产批量及孔的加工要求有关。生产批量较大或精度要求较高时，零件一般是用钻模来装夹的，单件小批生产或加工要求较低时，零件经划线确定孔中心位置后，多数装夹在通用夹具或工作台上钻孔。常用的附件有手虎钳、平口虎钳、V形铁和压板螺钉等，这些工具的使用和零件形状及孔径大小有关。

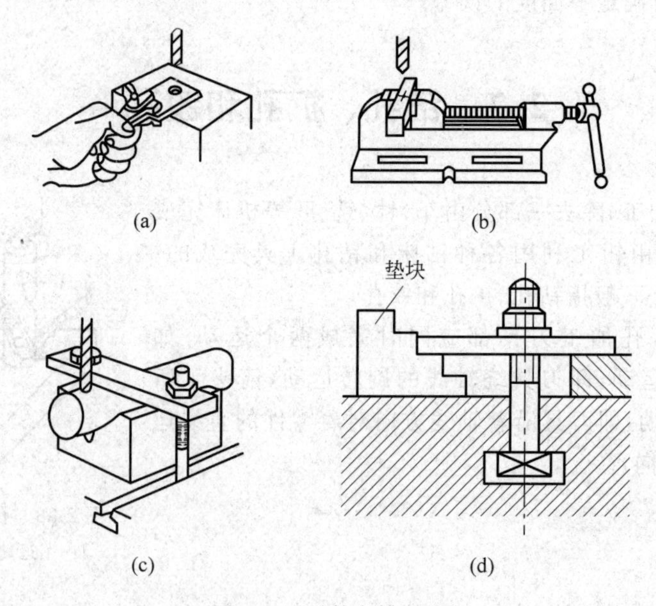

图2-40　零件夹持方法

(a) 手虎钳夹持零件；(b) 平口虎钳夹持零件；(c) V形铁夹持零件；(d) 压板螺钉夹紧零件

3. 钻头的装夹

钻头的装夹方法，按其柄部的形状不同而异。锥柄钻头可以直接装入钻床主轴锥孔内，较小的钻头可用过渡套筒安装，如图2-41(a)所示。直柄钻头用钻夹头安装，如图2-41(b)所示。钻夹头(或过渡套筒)的拆卸方法是将楔铁插入钻床主轴侧边的扁孔内，左手握住钻夹头，右手用锤子敲击楔铁卸下钻夹头，如图 2-41(c)所示。

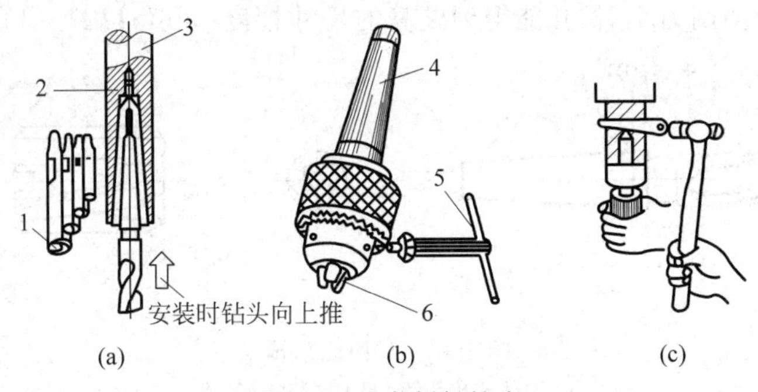

图 2-41 安装拆卸钻头

(a) 安装锥柄钻头；(b) 钻夹头；(c) 拆卸钻夹头

1—过渡锥度套筒；2—锥孔；3—钻床主轴；4—锥柄；5—紧固扳手；6—自动定心夹爪

4. 钻孔操作

(1) 钻削用量 钻孔钻削用量包括钻头的钻削速度(m/min)或转速(r/min)和进给量(钻头每转一周沿轴向移动的距离)。钻削用量受到钻床功率、钻头强度、钻头耐用度和零件精度等许多因素的限制。因此，如何合理选择钻削用量直接关系到钻孔生产率、钻孔质量和钻头的寿命。

(2) 钻孔方法 钻孔前先用样冲在孔中心线上打出样冲眼，用钻尖对准样冲眼锪一个小坑，检查小坑与所划孔的圆周线是否同心(称试钻)。如稍有偏离，可移动零件找正，若偏离较多，可用尖凿或样冲在偏离的相反方向凿几条槽，如图 2-42 所示。对较小直径的孔也可在偏离的方向用垫铁垫高些再钻。直到钻出的小坑完整，与所划孔的圆周线同心或重合时才可正式钻孔。

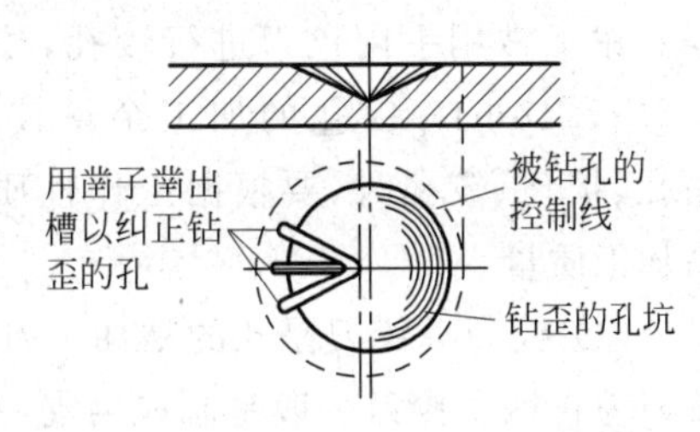

图 2-42 钻孔方法

在钻削过程中，特别是钻深孔时，要经常退出钻头以排出切屑和进行冷却，否则可能使切屑堵塞或钻头过热磨损甚至折断，并影响加工质量。钻通孔时，当孔将被钻透时，进刀量要减小，避免钻头在钻穿时的瞬间抖动，出现“啃刀”现象，影响加工质量，损伤钻头，甚至发生事故。钻削大于 ϕ30mm 的孔应分两次钻，第一次先钻第一个直径较小的孔(为加工孔径的 0.5～0.7 倍)；第二次用钻头将孔扩大到所要求的直径。钻削时的冷却润滑：钻削钢件时常用机油或乳化液；钻削铝件时常用乳化液或煤油；钻削铸铁时则用煤油或不用油。

2.7.2 扩孔与铰孔

用扩孔钻或钻头扩大零件上原有的孔叫扩孔。孔径经钻孔、扩孔后，用铰刀对孔进行提高尺寸精度和表面质量的加工叫铰孔。

1. 扩孔

一般用麻花钻作扩孔钻进行扩孔。在扩孔精度要求较高或生产批量较大时，还采用专用扩孔钻(如图 2-43 所示)扩孔。专用扩孔钻一般有 3～4 条切削刃,故导向性好,不易偏斜,没有横刃,轴向切削力小,扩孔能得到较高的尺寸精度(可达 IT10～IT9)和较小的表面粗糙度(Ra 值为 6.3～3.2μm)。

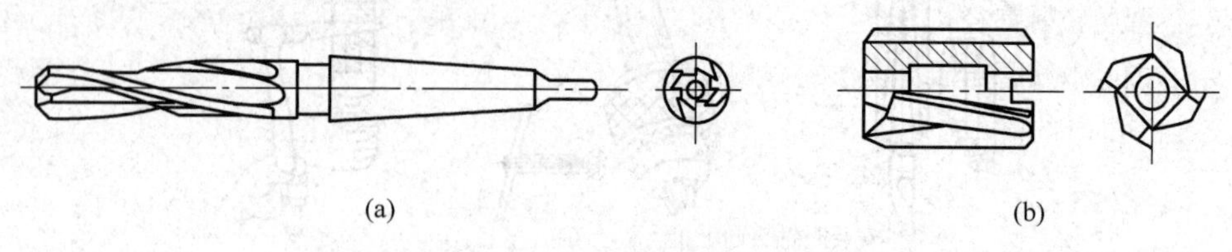

图 2-43 专用扩孔钻
(a) 整体式扩孔钻;(b) 套装式扩孔钻

由于扩孔的工作条件比钻孔时好得多,故在相同直径情况下扩孔的进给量可比钻孔大 1.5～2 倍。扩孔钻削用量可查表,也可按经验选取。

2. 铰孔

铰孔是用铰刀从工件壁上切除微量金属层,以提高孔的尺寸精度和表面质量的加工方法。铰孔是应用较普遍的孔的精加工方法之一,其加工精度可达 IT7～IT6 级,表面粗糙度 Ra=0.8～0.4μm。铰刀是多刃切削刀具,有 6～12 个切削刃和较小顶角,铰孔时导向性好。铰刀刀齿的齿槽很宽,铰刀的横截面大,因此刚性好。铰孔时因为余量很小,每个切削刃上的负荷小于扩孔钻,且切削刃的前角 $\gamma_0=0°$,所以铰削过程实际上是修刮过程。钳工常用手用铰刀进行铰孔,铰孔精度高(可达 IT8～IT6),表面粗糙度小(Ra 值为 1.6～0.4μm)。铰孔的加工余量较小,粗铰为 0.15～0.5mm,精铰为 0.05～0.25mm。钻孔、扩孔、铰孔时,要根据工作性质、零件材料,选用适当的切削液,以降低切削温度,提高加工质量。

(1) 铰刀　铰刀是孔的精加工刀具。铰刀分为机铰刀和手铰刀两种,机铰刀为锥柄,手铰刀为直柄。铰刀一般是制成两支一套的,其中一支为粗铰刀(它的刃上开有螺旋形分布的分屑槽),一支为精铰刀。

(2) 手铰孔方法　将铰刀插入孔内,两手握铰杠手柄,顺时针转动并稍加压力,使铰刀慢慢向孔内进给,注意两手用力要平衡,使铰刀铰削时始终保持与零件垂直。铰刀退出时,也应边顺时针转动边向外拔出。

2.8 攻螺纹和套螺纹

常用的三角螺纹零件,除采用机械加工外,还可以用钳工攻螺纹和套螺纹的方法获得。

2.8.1 攻螺纹

攻螺纹是用丝锥加工出内螺纹。

1. 丝锥

1）丝锥的结构

丝锥是加工小直径内螺纹的成形工具，如图 2-44 所示。它由切削部分，校准部分和柄部组成。切削部分磨出锥角，以便将切削负荷分配在几个刀齿上，校准部分有完整的齿形，用于校准已切出的螺纹，并引导丝锥沿轴向运动。柄部有方榫，便于装在铰手内传递扭矩。

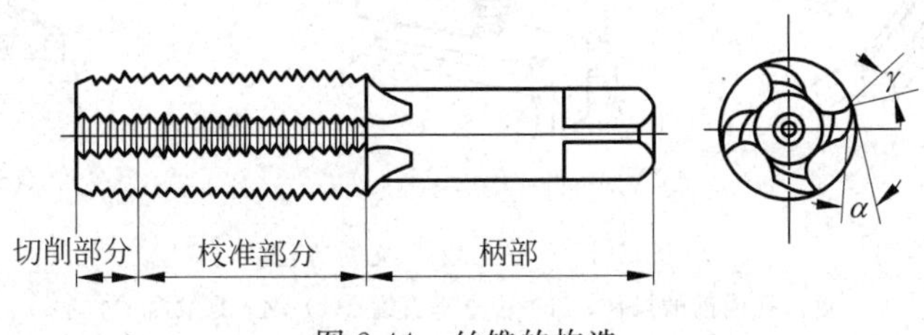

图 2-44 丝锥的构造

丝锥切削部分和校准部分一般沿轴向开有 3～4 条容屑槽以容纳切屑，并形成切削刃和前角 γ。切削部分的锥面上铲磨出后角 α。为了减少丝锥校准部对零件材料的摩擦和挤压，它的外、中径均有倒锥度。

2）成组丝锥

由于螺纹的精度、螺距大小不同，丝锥一般为 1 支、2 支、3 支成组使用。使用成组丝锥攻螺纹孔时，要顺序使用来完成螺纹孔的加工。

3）丝锥的材料

丝锥常用高碳优质工具钢或高速钢制造，手用丝锥一般用 T12A 或 9SiCr 制造。

2. 手用丝锥铰手

丝锥铰手是扳转丝锥的工具，如图 2-45 所示。常用的铰手有固定式和可调节式，以便夹持各种不同尺寸的丝锥。

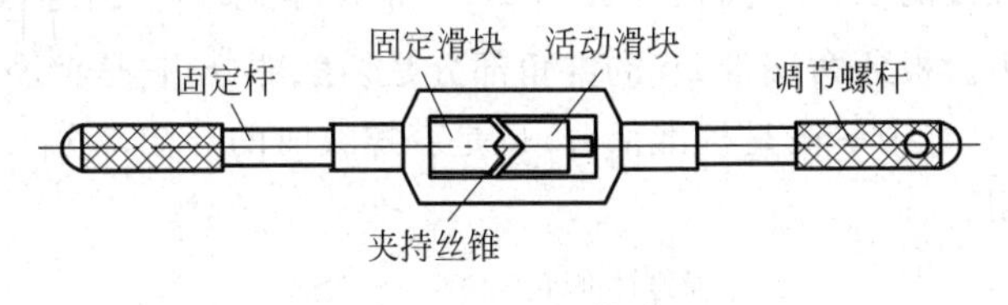

图 2-45 丝锥铰手

3. 攻螺纹方法

(1) 攻螺纹前的孔径 d(钻头直径)略大于螺纹底径。对于攻普通螺纹，其选用丝锥尺寸可查表，也可按经验公式计算：

加工钢料及塑性金属时：$d=D-p$

加工铸铁及脆性金属时：$d=D-1.1p$

式中：D 为螺纹基本尺寸；p 为螺距。

若孔为盲孔，由于丝锥不能攻到底，所以钻孔深度要大于螺纹长度，其尺寸按下式计算：

$$孔的深度 = 螺纹长度 + 0.7D$$

（2）手工攻螺纹的方法，如图 2-46 所示。

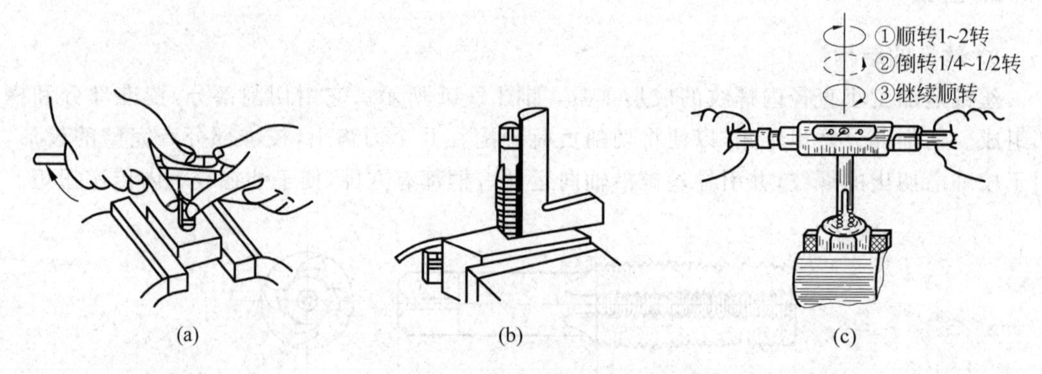

图 2-46　手工攻螺纹的方法

（a）攻入孔内前的操作；（b）检查垂直度；（c）攻入螺纹时的方法

双手转动铰手，并轴向加压力，当丝锥切入零件 1～2 牙时，用 90°角尺检查丝锥是否歪斜，如丝锥歪斜，要纠正后再往下攻。当丝锥位置与螺纹底孔端面垂直后，轴向就不再加压力。两手均匀用力，为避免切屑堵塞，要经常倒转 1/4～1/2 圈，以达到断屑。头锥、二锥应依次攻入。攻铸铁材料螺纹时加煤油而不加切削液，钢件材料加切削液，以保证铰孔表面的粗糙度要求。

2.8.2 套螺纹

套螺纹是用板牙在圆杆上加工出外螺纹。

1. 套螺纹的工具

1）圆板牙

板牙是加工外螺纹的工具。圆板牙如图 2-47 所示，就像一个圆螺母，不过上面钻有几个屑孔并形成切削刃。板牙两端带 2ϕ 的锥角部分是切削部分，它是铲磨出来的阿基米德螺旋面，有一定的后角。当中一段是校准部分，也是套螺纹时的导向部分。板牙一端的切削部分磨损后可调头使用。

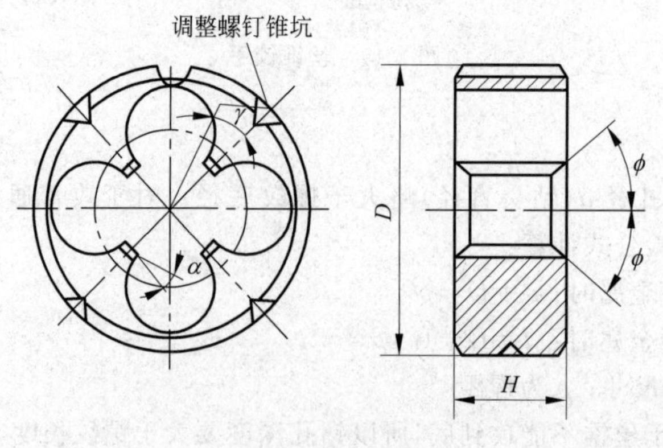

图 2-47　板牙

用圆板牙套螺纹的精度比较低，可用它加工 8h 级、表面粗糙度 Ra 值为 6.3～3.2μm 的螺纹。圆板牙一般用合金工具钢 9SiCr 或高速钢 W18Cr4V 制造。

2）圆锥管螺纹板牙

圆锥管螺纹板牙的基本结构与普通圆板牙一样，因为管螺纹有锥度，所以只在单面制成切削锥。这种板牙所有切削刃都参加切削，板牙在零件上的切削长度影响管子与相配件的配合尺寸，套螺纹时要用相配件旋入管子来检查是否满足配合要求。

3）铰手

手工套螺纹时需要用圆板牙铰手，如图 2-48 所示。

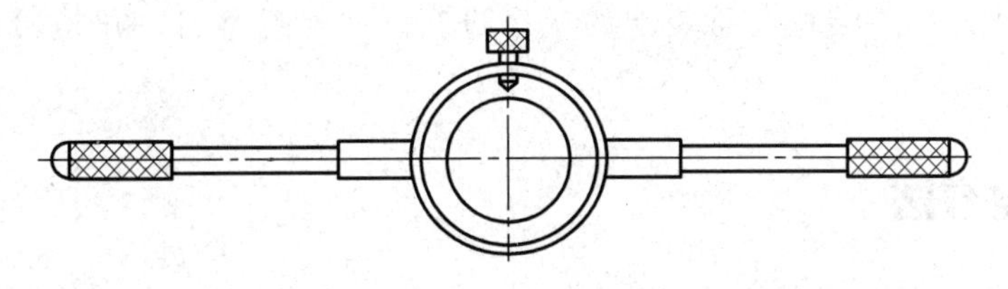

图 2-48 圆板牙铰手

2. 套螺纹方法

1）套螺纹前零件直径的确定

确定螺杆的直径可直接查表，也可按零件直径 $d=D-0.13p$ 的经验公式计算。

2）套螺纹操作

套螺纹的方法如图 2-49 所示，将板牙套在圆杆头部倒角处，并保持板牙与圆杆垂直，右手握住铰手的中间部分，加适当压力，左手将铰手的手柄顺时针方向转动，在板牙切入圆杆 2～3 牙时，应检查板牙是否歪斜，发现歪斜，应纠正后再套，当板牙位置正确后，再往下套就不加压力。套螺纹和攻螺纹一样，应经常倒转以切断切屑。套螺纹应加切削液，以保证螺纹的表面粗糙度要求。

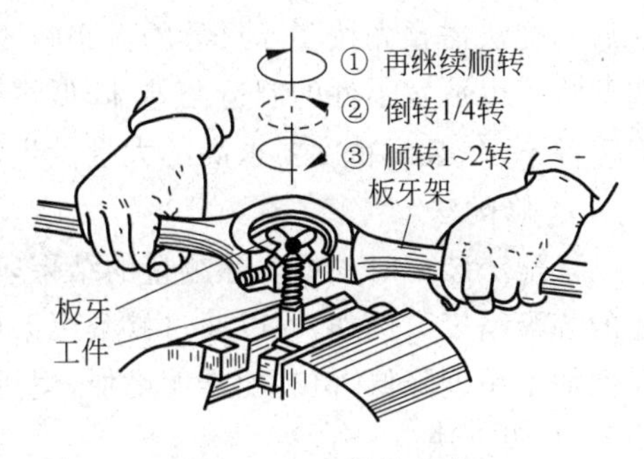

图 2-49 套螺纹方法

2.9 装　　配

装配是指把合格的零件，按规定的技术要求连接成机器的工艺过程。

任何一台机器都可以划分为若干个零件、组件和部件。零件是机器的最基本单元。组件则是由若干个零件组合而成的单元，例如 C6132 车床的主轴，就是由轴、齿轮、轴承等零件装配而成的组件。部件是由若干个零件和组件组合而成的，例如主轴箱、变速箱、进给箱等都是部件。将部件、组件、零件连接组合而成为整台机器的操作过程，称为总装配。

2.9.1 装配工艺过程

装配是机器制造中的最后一道工序，是保证机器达到各项技术要求的关键。

1）装配前的准备

（1）研究和熟悉装配图、工艺文件和技术要求，了解产品的结构和零件的作用以及相互连接关系。

（2）确定装配方法、程序，准备所需的工具。

（3）领取和清洗零件。去掉零件上的毛刺、铁锈、切屑、油污。

（4）对某些零件还需要进行刮削等修配工作，有些特殊要求的零件还要进行平衡试验、密封试验等。

2）装配

按组件装配—部件装配—总装配的次序进行。并经调整、试验、检验、喷漆、装箱等步骤。

2.9.2 装配方法

1）互换法

互换法装配时在同类零件中任取一个不需经过其他加工即可装配成符合规定要求的部件或机器，装配精度取决于零件的加工精度。互换法适用于大批量生产，可以采用流水线进行装配。

2）选配法

选配法需预先按实际尺寸的大小将零件分成若干组，然后将对应的各组零件进行装配。选配法可以放宽零件的制造公差，降低零件加工费用，却可获得很高的装配精度，适合于组成零件不多、装配精度要求高的大批量生产，例如柱塞泵的柱塞与孔的装配。

3）修配法

修配法装配时根据实际测量的结果，用修配的方法改变某个配合零件的尺寸，来达到规定的装配精度。例如，可以通过修刮尾架底座来保证车床前后顶尖中心等高。修配法可使零件加工精度降低，但装配难度增加，适用于单件小批量生产。

4）调整法

调整法是在装配时通过调整一个或几个零件的位置，或增加一个或几个零件（如垫片）来补偿装配积累误差，以达到装配要求。调整法不需要任何修配加工，可以达到很高的装配精度，特别适用于由于磨损引起配合间隙变化的结构，如用楔铁来调整机床导轨间隙。

2.9.3 典型连接件装配方法

装配的形式很多，下面着重介绍螺纹连接、滚动轴承、齿轮等几种典型连接件的装配方法。

1. 螺纹连接

如图 2-50 所示，螺纹连接的常用零件有螺钉、螺母、双头螺栓及各种专用螺纹等。螺纹连接是现代机械制造中使用最为广泛的一种连接形式。它具有紧固可靠、装拆简便、调整和更换方便、宜于多次拆装等优点。

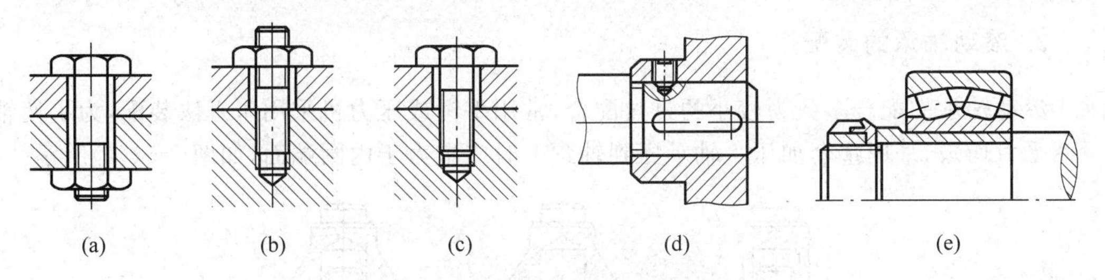

图 2-50 常见的螺纹连接类型

(a) 螺栓连接；(b) 双头螺栓连接；(c) 螺钉连接；(d) 螺钉固定；(e) 圆螺母固定

对于一般的螺纹连接可用普通扳手拧紧。而对于有规定预紧力要求的螺纹连接，为了保证规定的预紧力，常用测力扳手或其他限力扳手以控制扭矩，如图 2-51 所示。

在紧固成组螺钉、螺母时，为使固紧件的配合面上受力均匀，应按一定的顺序来拧紧。如图 2-52 所示为两种拧紧顺序的实例。按图中数字顺序拧紧，可避免被连接件的偏斜、翘曲和受力不均。而且每个螺钉或螺母不能一次就完全拧紧，应按顺序分 2～3 次才全部拧紧。

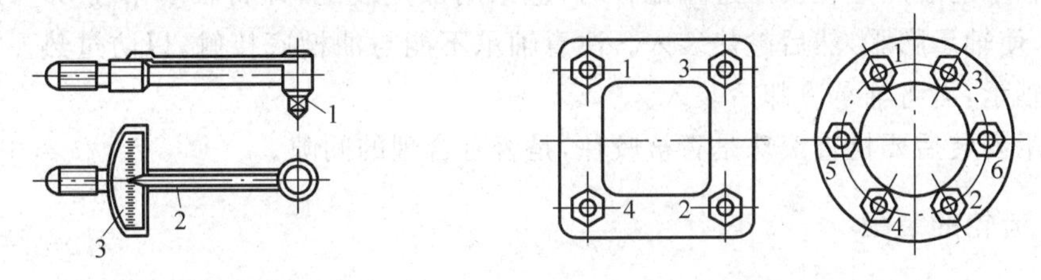

图 2-51 测力扳手

1—扳手头；2—指示针；3—读数板

图 2-52 拧紧成组螺母顺序

零件与螺母的贴合面应平整光洁，否则螺纹容易松动。为提高贴合面质量，可加垫圈。在交变载荷和振动条件下工作的螺纹连接，有逐渐自动松开的可能。为防止螺纹连接的松动，可用弹簧垫圈、止退垫圈、开口销和止动螺钉等防松装置，如图 2-53 所示。

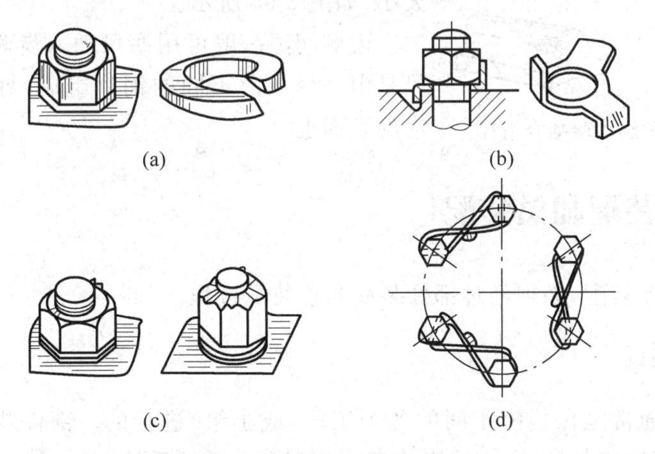

图 2-53 各种螺母防松装置

(a) 弹簧垫圈；(b) 止退垫圈；(c) 开口销；(d) 止动螺钉

2. 滚动轴承的装配

滚动轴承的配合多数为较小的过盈配合，常用手锤或压力机采用压入法装配，为了使轴承圈受力均匀，采用垫套加压。轴承压到轴颈上时应施力于内圈端面，如图 2-54(a)所示。

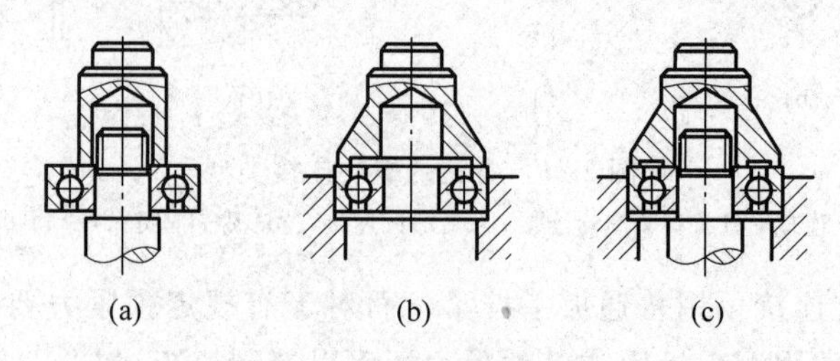

图 2-54 滚动轴承的装配
(a) 施力于内圈端面；(b) 施力于外圈端面；(c) 施力于内外圈端面

轴承压到座孔中时，要施力于外圈端面上，如图 2-54(b)所示；若同时压到轴颈和座孔中时，整套应能同时对轴承内外圈端面施力，如图 2-54(c)所示。

当轴承的装配是较大的过盈配合时，应采用加热装配，即将轴承吊在 80～90℃的热油中加热，使轴承膨胀，然后趁热装入。注意轴承不能与油槽底接触，以防过热。如果是装入座孔的轴承，需将轴承冷却后装入。

轴承安装后要检查滚珠是否被咬住，是否有合理的间隙。

3. 齿轮的装配

齿轮装配的主要技术要求是保证齿轮传递运动的准确性、平稳性、轮齿表面接触斑点和齿侧间隙合乎要求等。

图 2-55 用涂色法检验啮合情况

轮齿表面接触斑点可用涂色法检验。先在主动轮的工作齿面上涂上红丹，使相啮合的齿轮在轻微制动下运转，然后看从动轮啮合齿面上接触斑点的位置和大小，如图 2-55 所示。

齿侧间隙一般可用塞尺插入齿侧间隙中检查。塞尺是由一套厚薄不同的钢片组成，每片的厚度都标在它的表面上。

2.9.4 部件装配和总装配

完成整台机器装配，必须经过部件装配和总装配过程。

1. 部件的装配

部件的装配通常是在装配车间的各个工段(或小组)进行的。部件装配是总装配的基础，这一工序进行得好与坏，会直接影响到总装配和产品的质量。

部件装配的过程包括以下四个阶段：

(1) 装配前按图样检查零件的加工情况，根据需要进行补充加工。

(2) 组合件的装配和零件相互试配。在这阶段内可用选配法或修配法来消除各种配合缺陷。组合件装好后不再分开，以便一起装入部件内。互相试配的零件，当缺陷消除后，仍要加以分开(因为它们不是属于同一个组合件)，但分开后必须做好标记，以便重新装配时不会调错。

(3) 部件的装配及调整，即按一定的次序将所有的组合件及零件互相连接起来，同时对某些零件通过调整正确地加以定位。通过这一阶段，对部件所提出的技术要求都应达到。

(4) 部件的检验，即根据部件的专门用途作工作检验。如水泵要检验每分钟出水量及水头高度；齿轮箱要进行空载检验及负荷检验；有密封性要求的部件要进行水压(或气压)检验；高速转动部件还要进行动平衡检验等。只有通过检验确定合格的部件，才可以进入总装配。

2. 总装配

总装配就是把预先装好的部件、组合件、其他零件，以及从市场采购来的配套装置或功能部件装配成机器。总装配过程及注意事项如下：

(1) 总装前，必须了解所装机器的用途、构造、工作原理以及与此有关的技术要求。接着确定它的装配程序和必须检查的项目，最后对总装好的机器进行检查、调整、试验、直至机器合格。

(2) 总装配执行装配工艺规程所规定的操作步骤，采用工艺规程所规定的装配工具。应按从里到外，从下到上，以不影响下道装配为原则的次序进行。操作中不能损伤零件的精度和表面粗糙度，对重要的复杂的部分要反复检查，以免搞错或多装、漏装零件。在任何情况下应保证污物不进入机器的部件、组合件或零件内。机器总装后，要在滑动和旋转部分加润滑油，以防运转时出现拉毛、咬住或烧损现象。最后要严格按照技术要求，逐项进行检查。

(3) 装配好的机器必须加以调整和检验。调整的目的在于查明机器各部分的相互作用及各个机构工作的协调性。检验的目的是确定机器工作的正确性和可靠性，发现由于零件制造的质量、装配或调整的质量问题所造成的缺陷。小的缺陷可以在检验台上加以消除；大的缺陷应将机器送到原装配处返修。修理后再进行第二次检验，直至检验合格为止。

(4) 检验结束后应对机器进行清洗，随后送修饰部门上防锈漆、涂漆。

2.9.5 拆卸工作

机器在运转磨损后，常需进行拆卸修理或更换零件。拆卸时，应注意如下事项：

(1) 机器的拆卸工作，应按其结构不同预先考虑操作程序，以免先后倒置；应避免猛拆猛敲，造成零件的损坏或变形。

(2) 拆卸的顺序，应与装配的顺序相反。一般应遵循先外部后内部，先上部后下部的拆卸顺序，依次拆下组件或零件。

(3) 拆卸时使用的工具必须保证合格零件不会损伤，并应尽量使用专用工具。严禁用硬手锤直接敲击工件表面。

(4) 拆卸时零件的回松方向(左、右螺旋)必须辨清。

(5) 拆下的零部件必须有规律地按次序收放整齐：有的应按原来结构套在一起；有的

做上记号，以免错乱；易变形弯曲的零件（如丝杠、长轴等），拆下后应掉在架子上，并防止碰伤。

2.9.6 装配新工艺

目前，大批量生产中的装配一般都采用流水线的方式，如自行车、家用电器、汽车、拖拉机、摩托车等，此类传统的流水线仍主要依靠人工或人工与机械结合的方式进行装配。

随着自动化技术、计算机技术的高速发展，大批量生产所采用的流水线装配也得到很大的发展，主要表现在整个装配过程中越来越少的人工参与，自动化程度大幅度地提高。

刚性装配流水线主要依赖于机械自动化、流体控制自动化、电气自动化等技术。这种装配方式具有生产率高、产品质量稳定、人工参与少、产品成本降低等许多优点。主要缺点是难以对在市场经济下不断更新换代的产品做出快速反应。目前，刚性装配流水线在汽车发动机、减速器、柴油机、机床继电器等外形、性能结构变化不大的产品的装配中的应用仍比较广泛。

柔性装配流水线主要依赖于计算机技术与多种自动化技术的结合，如数控及其他程控。现代化的柔性装配流水线很少或没有直接的人工参与，它不仅具有刚性装配流水线所具有的所有优点，而且可对产品的不断变更具有快速适应的能力。目前，柔性装配流水线已在汽车装配、家用电器装配等领域获得了成功的应用。

车削加工

基本要求

(1) 了解车削加工的基本知识;

(2) 熟悉卧式车床的名称、主要组成部分及作用;

(3) 了解立式、转塔车床的工作特点及适用场合;

(4) 了解轴类、盘套类零件装夹方法的特点及常用附件的大致结构和用途;

(5) 掌握外圆、端面、内孔的加工方法,并能正确选择简单零件的车削加工顺序。

3.1 车削概述

车削加工是机械加工中最基本、最常用的加工方法,是在车床上用车刀对零件进行切削加工的过程。其中,主轴带动零件所作的旋转运动为主运动,刀具的移动为进给运动。它既可以加工金属材料,也可以加工塑料、橡胶、木材等非金属材料。车床在机械加工设备中占总数的50%以上,是金属切削机床中数量最多的一种,适于加工各种回转体表面,在现代机械加工中占有重要的地位。车削加工既适合于单件小批量零件的加工生产,又适合于大批量的零件加工生产。

车床的加工范围很广,主要加工各种回转表面(端平面、外圆、内圆、锥面、螺纹、回转成形面、回转沟槽及滚花等)。车削加工所能完成的工作如图3-1所示。

车削加工可以在卧式车床、立式车床、转塔车床、仿形车床、自动车床、数控车床及各种专用车床上进行,以满足不同尺寸、形状零件的加工及提高劳动生产率,其中卧式车床应用最广。

车削加工与其他切削加工方法比较有如下特点。

(1) 车削适应范围广。它是加工不同材质、不同精度的各种具有回转表面零件不可缺少的工序。

(2) 容易保证零件各加工表面的位置精度。例如,在一次安装过程中加工零件各回转面时,可保证各加工表面的同轴度、平行度、垂直度等位置精度的要求。

(3) 生产成本低。车刀是刀具中最简单的一种,制造、刃磨和安装较方便。车床附件较多,生产准备时间短。

(4) 生产率较高。车削加工一般是等截面连续切削,因此,切削力变化小,较刨、铣等切削过程平稳,可选用较大的切削用量,生产率较高。

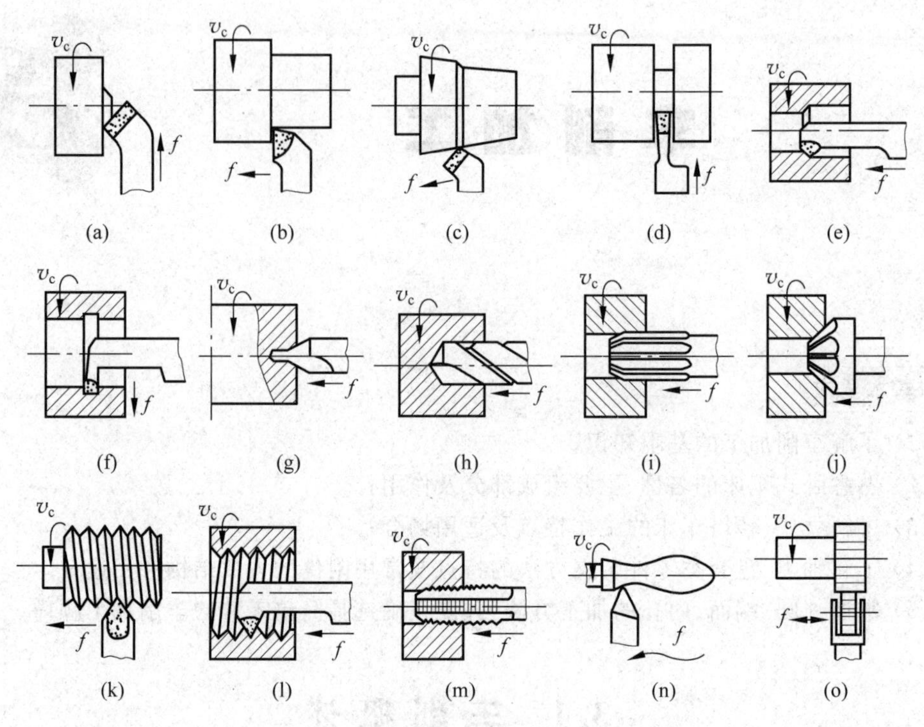

图 3-1 车削加工可完成的主要工作

(a) 车端面；(b) 车外圆；(c) 车外锥面；(d) 车槽、车断；(e) 车孔；(f) 车内槽；(g) 钻中心孔；(h) 钻孔；(i) 铰孔；(j) 锪锥孔；(k) 车外螺纹；(l) 车内螺纹；(m) 攻螺纹；(n) 车成形面；(o) 滚花

车削的尺寸精度一般可达 IT8～IT7，表面粗糙度 Ra 值为 3.2～1.6μm。尤其是对不宜磨削的有色金属进行精车加工可获得更高的尺寸精度和更小的表面粗糙度 Ra 值。常用车削精度与相应表面粗糙度见表 3-1。

表 3-1 常用车削精度与相应表面粗糙度

加工类别	加工精度	表面粗糙度值 Ra/μm	标注代号	表面特征
粗车	IT12	25～50	50 25▽	可见明显刀痕
	IT11	12.5	12.5▽	可见刀痕
半精车	IT10	6.3	6.3▽	可见加工痕迹
	IT9	3.2	3.2▽	微见加工痕迹
精车	IT8	1.6	1.6▽	不见加工痕迹
	IT7	0.8	0.8▽	可辨加工痕迹方向
精细车	IT6	0.4	0.4▽	微辨加工痕迹方向
	IT5	0.2	0.2▽	不辨加工痕迹

3.2 车 床

3.2.1 机床的型号

为便于管理和使用，都赋予每种机床一个型号，表示机床的名称、特性、主要规格和结构特点。按照2008年颁布的金属切削机床型号编制方法（GB/T 15375—2008），其编制的基本方法如图3-2所示。机床的类代号，用大写的汉语拼音字母表示，当需要时，每类可分为若干分类，用阿拉伯数字写在类代号之前，作为型号的首位(第一分类不予表示)。机床的特性代号，用大写的汉语拼音字母表示。机床的组、系代号用两位阿拉伯数字表示。机床的主参数用折算值表示，当折算数值大于1时，则取整数，前面不加“0”；当折算数值小于1时，则以主参数值表示，并在前面加“0”；某些通用机床，当无法用一个主参数表示时，则在型号中用设计顺序号表示，顺序号由1起始，当设计顺序号少于十位数时，则在设计顺序号之前加“0”。机床的第二主参数列入型号的后部，并用“×”(读作“乘”)分开。凡属长度(包括跨距，行程等）的采用“1/100”的折算系数，凡属直径、深度、宽度的则采用“1/10”的折算系数，属于厚度等则以实际数值列入型号；当需要以轴数和最大模数作为第二主参数列入型号时，其表示方法与以长度单位表示的第二主参数相同，并以实际的数据列入型号。机床的重大改进顺序号是用汉语拼音字母大写表示的，按A、B、C等汉语拼音字母的顺序选用(但“I、O”两个字母不得选用)，以区别原机床型号。同一型号机床的变型代号是指某些类型机床，根据不同加工的需要，在基本型号机床的基础上，仅改变机床的部分性能结构时，加变型代号以便与原机床型号区分，这种变型代号是在原机床型号之后，加1、2、3等阿拉伯数字的顺序号，并用“、”(读作“之”）分开。

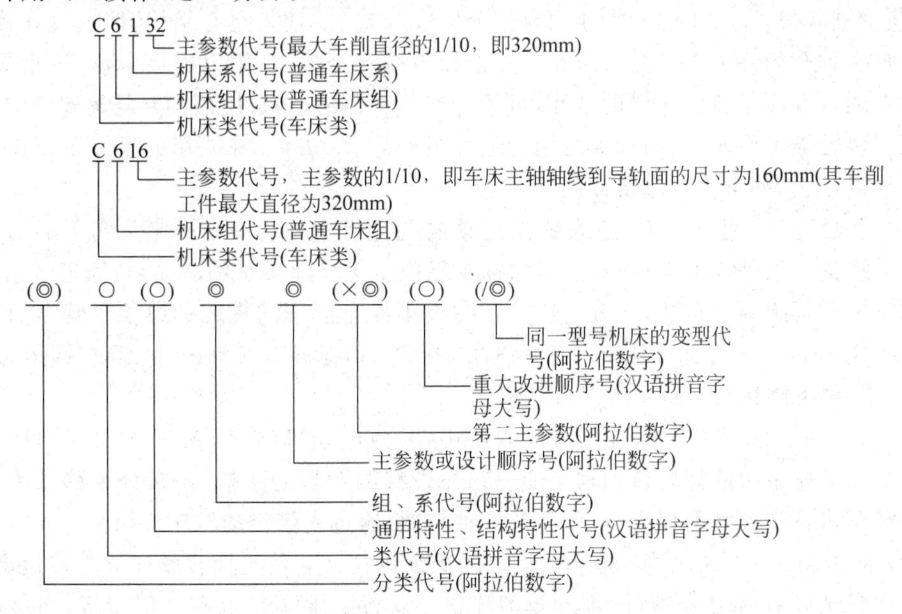

图3-2 机床型号编制方法

3.2.2 卧式车床的组成

机床均用汉语拼音字母和数字按一定规律组合进行编号，以表示机床的类型和主要规格。车工实习中常用的车床型号为C6132、C6136，在C6132车床编号中，C是"车"字汉语拼音的首字母，读作"che"；6和1分别为机床的组别和系别代号，表示卧式车床；32为主参数代号，表示最大车削直径的1/10，即最大车削直径为320mm。

卧式车床有各种型号，其结构大致相似。图3-3为C6132型卧式车床的外形，其主要组成部分如下所述。

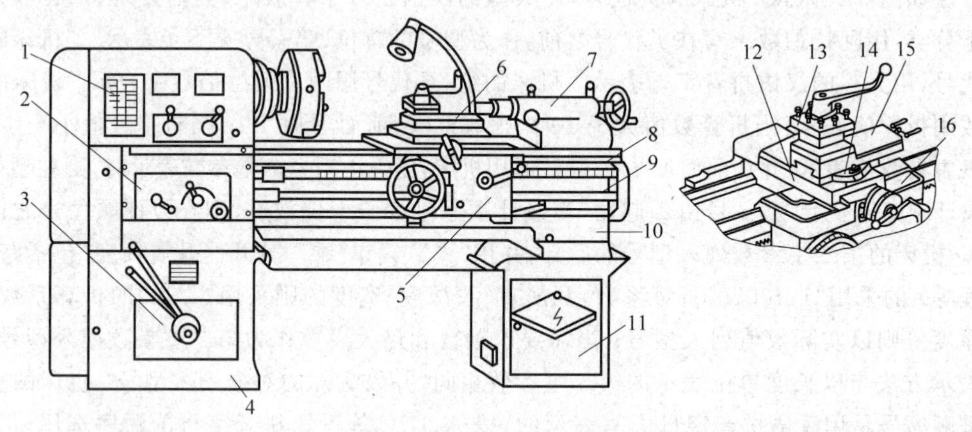

图3-3 C6132型卧式车床

1—床头箱；2—进给箱；3—变速箱；4—前床脚；5—溜板箱；6—刀架；7—尾架；8—丝杠；9—光杠；10—床身；11—后床脚；12—中滑板；13—方刀架；14—转盘；15—小滑板；16—大滑板

(1) 主轴箱　又称床头箱，内装主轴和变速机构。通过改变设在床头箱外面的手柄位置，可使主轴获得12种不同的转速(45～1980r/min)。主轴是空心结构，能通过长棒料，棒料能通过主轴孔的最大直径是29mm。主轴的右端有外螺纹，用以连接卡盘、拨盘等附件。主轴右端的内表面是莫氏5号的锥孔，可插入锥套和顶尖，当采用顶尖并与尾架中的顶尖同时使用安装轴类工件时，其两顶尖之间的最大距离为750mm。床头箱的另一重要作用是将运动传给进给箱，并可改变进给方向。

(2) 进给箱　又称走刀箱，它是进给运动的变速机构。它固定在床头箱下部的床身前侧面。变换进给箱外面的手柄位置，可将床头箱内主轴传递下来的运动，转为进给箱输出的光杠或丝杠获得不同的转速，以改变进给量的大小或车削不同螺距的螺纹。其纵向进给量为0.06～0.83mm/r，横向进给量为0.04～0.78mm/r；可车削17种公制螺纹(螺距为0.5～9mm)和32种英制螺纹(每英寸2～38牙)。

(3) 变速箱　安装在车床前床脚的内腔中，并由电动机(4.5kW，1440r/min)通过联轴器直接驱动变速箱中的齿轮传动轴。变速箱外设有两个长的手柄，用来分别移动传动轴上的双联滑移齿轮和三联滑移齿轮，可共获6种转速，通过皮带传动至床头箱。

(4) 溜板箱　又称拖板箱，是进给运动的操纵机构。它使光杠或丝杠的旋转运动，通过齿轮和齿条或丝杠和开合螺母，推动车刀作进给运动。溜板箱上有3层滑板，当接通光杠时，可使床鞍带动中滑板、小滑板及刀架沿床身导轨作纵向移动；中滑板可带动小滑板及刀架沿床鞍上的导轨作横向移动，故刀架可作纵向或横向直线进给运动。当接通丝杠并闭合开合螺母时可车削螺纹。溜板箱内设有互锁机构，使光杠、丝杠两者不能同时使用。

(5) 刀架　刀架用来装夹车刀并使其作纵向、横向和斜向运动，如图 3-4 所示为 C6132 车床的刀架结构。

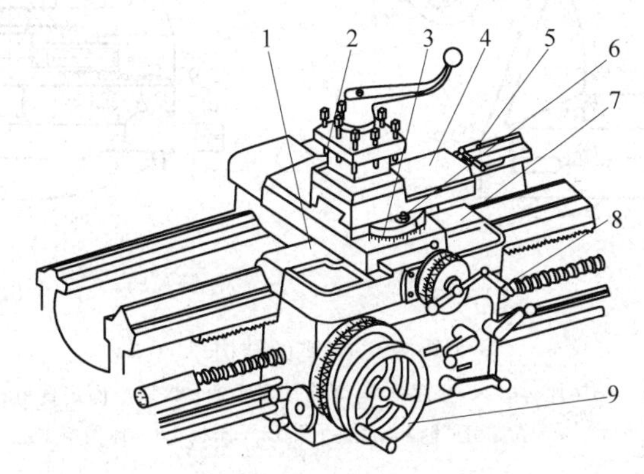

图 3-4　C6132 车床的刀架结构

1—中滑板；2—方刀架；3—转盘；4—小滑板；5—小滑板手柄；6—螺母；7—床鞍；8—中滑板手柄；9—床鞍手轮

它是多层结构，其中方刀架 2 可同时安装 4 把车刀，以供车削时选用。小滑板(小刀架) 4 受其行程的限制，一般作手动短行程的纵向或斜向进给运动，车削圆柱面或圆锥面。转盘 3 用螺栓与中滑板 (中刀架)1 紧固在一起，松开螺母 6，转盘 3 可在水平面内旋转任意角度。

中滑板 1 沿床鞍 7 上面的导轨作手动或自动横向进给运动。床鞍(大刀架)7 与溜板箱连接，带动车刀沿床身导轨作手动或自动纵向移动。

① 床鞍　与溜板箱牢固相连，可沿床身导轨作纵向移动。

② 中滑板　装置在床鞍顶面的横向导轨上，可作横向移动。

③ 转盘　固定在中滑板上，松开紧固螺母后，可转动转盘，使它和床身导轨成一个所需要的角度，而后再拧紧螺母，以加工圆锥面等。

④ 小滑板　装在转盘上面的燕尾槽内，可作短距离的进给移动。

⑤ 方刀架　固定在小滑板上，可同时装夹 4 把车刀。松开锁紧手柄，即可转动方刀架，把所需要的车刀更换到工作位置上。

(6) 尾座　用于安装后顶尖，以支持较长工件进行加工，或安装钻头、铰刀等刀具进行孔加工。偏移尾座可以车出长工件的锥体。尾座的结构由下列部分组成，如图 3-5 所示。

① 套筒　其左端有锥孔，用以安装顶尖或锥柄刀具。套筒在尾座体内的轴向位置可用手轮调节，并可用锁紧手柄固定。将套筒退至极右位置时，即可卸出顶尖或刀具。

② 尾座体　与底座相连，松开固定螺钉时，拧动螺杆可使尾座体在底板上作微量横向移动，以便使前后顶尖对准中心或偏移一定距离车削长锥面。

③ 底座　直接安装于床身导轨上，用以支承尾座体。

(7) 光杠与丝杠　将进给箱的运动传至溜板箱。光杠用于一般车削，丝杠用于车螺纹。

(8) 床身　车床的基础件，用来连接各主要部件并保证各部件在运动时有正确的相对位置。在床身上有供溜板箱和尾座移动用的导轨。

(9) 操纵杆　车床的控制机构，在操纵杆左端和拖板箱右侧各装有一个手柄，操作工人可以很方便地操纵手柄以控制车床主轴正转、反转或停车。

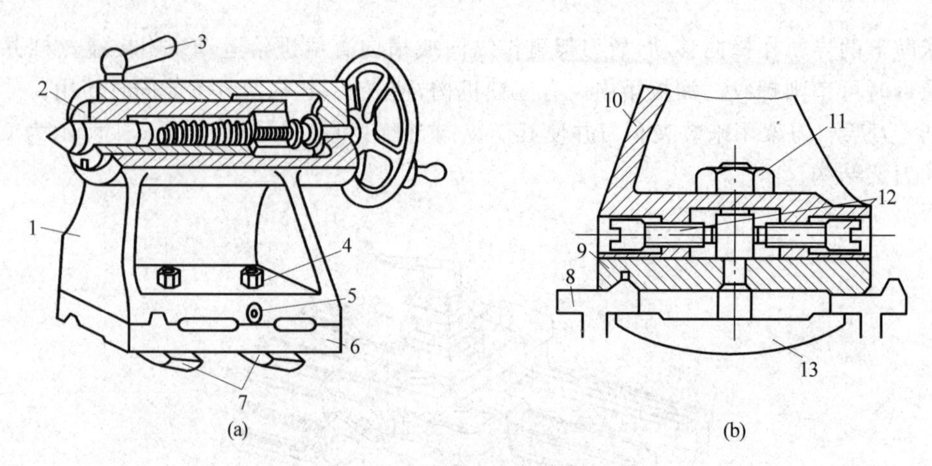

图 3-5 尾座的结构

1,10—尾座体；2—套筒；3—套筒锁紧手柄；4,11—固定螺钉；

5,12—调节螺钉；6,9—底座；7,13—压板；8—床身导轨

3.2.3 其他车床

除上述卧式车床外，还有如下几种常见的车床。

1. 立式车床

在立式车床上，可加工内外圆柱面、圆锥面、端面等，适用于加工长度短而直径大的重型零件，如大型带轮、大型轮圈、大型电动机零件等。立式车床的主轴回转轴线处于垂直位置，圆形工作台在水平面内，零件安装调整较安全和方便。它的立柱和横梁上都装有刀架，刀架上的刀具可同时切削并快速换刀。

2. 转塔车床

转塔车床曾称六角车床，用于加工外形复杂且大多数中心有孔的零件，如图 3-6 所示。

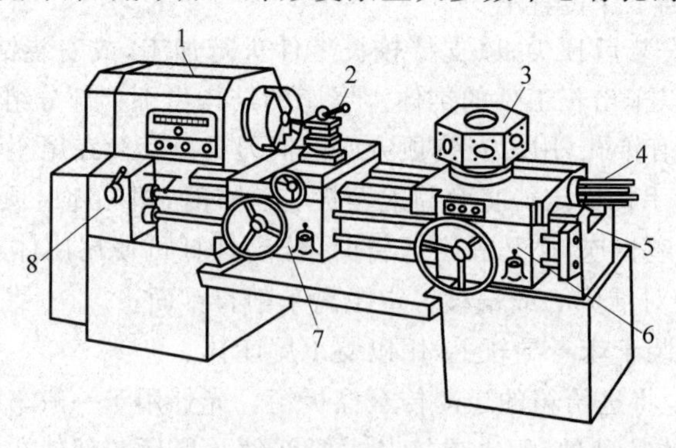

图 3-6 转塔车床

1—主轴箱；2—四方刀架；3—转塔刀架；4—定程装置；

5—床身；6—转塔刀架溜板箱；7—四方刀架溜板箱；8—进给箱

转塔车床在结构上没有丝杠和尾座，代替卧式车床尾座的是一个可旋转换位的转塔刀架。该刀架可按加工顺序同时安装钻头、铰刀、丝锥以及装在特殊刀夹中的各种车刀共 6 把。另外还有一个与卧式车床相似的四方刀架，两个刀架配合使用，可同时对零件进行加工。机床上还有定程装置，可控制加工尺寸。

3.2.4 车床传动

车床的传动系统由两部分组成，即主运动传动系统和进给运动传动系统。图 3-7 所示为 C6132 车床的传动系统简图，下面以此为例进行说明。

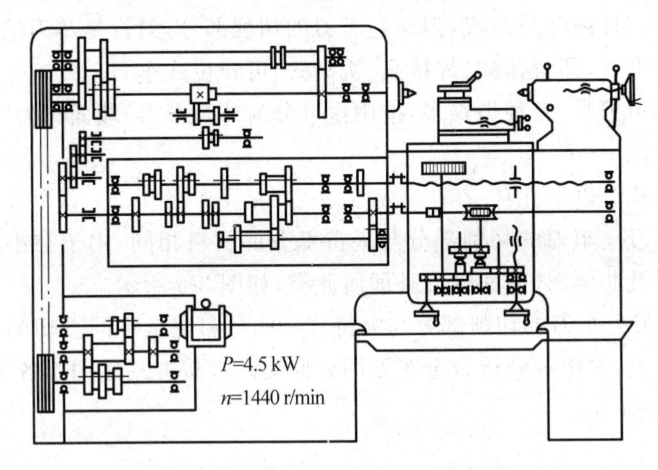

图 3-7 C6132 车床传动系统简图

1. 主运动传动系统

从电动机经变速箱和主轴箱使主轴旋转，称为主运动传动系统。电动机的转速是不变的，为 1440r/min。通过变速箱后可获得 6 种不同的转速，这 6 种转速通过带轮可直接传给主轴，也可再经主轴箱内的减速机构获得另外 6 种较低的转速。因此，C6132 车床的主轴共有 12 种不同的转速。另外，通过电动机的反转，主轴还有与正转相适应的 12 种反转转速。

2. 进给运动传动系统

主轴的转动经进给箱和溜板箱使刀架移动，称为进给运动传动系统。车刀的进给速度是与主轴的转速配合的，主轴转速一定，通过进给箱的变速机构可使光杠获得不同的转速，再通过溜板箱又能使车刀获得不同的纵向或横向进给量；也可使丝杠获得不同的转速，加工出不同螺距的螺纹。另外，调节正反走刀手柄可获得与正转相适应的反向进给量。

3.3 车　　刀

在金属切削加工中，虽然车刀的种类及形状多种多样，但其材料、结构、角度、刃磨及安装基本相似。

3.3.1 车刀的结构

车刀由刀头和刀杆两部分组成，刀头是车刀的切削部分，刀杆是车刀的夹持部分。车刀从结构上分为 4 种形式，即整体式、焊接式、机夹式、可转位式车刀。

车刀是一种单刃刀具，其种类很多，按用途可分为外圆车刀、端面车刀、镗刀、成形车刀、螺纹车刀、切断刀等。

车刀按结构形式分以下几种：

（1）整体式车刀　车刀的切削部分与夹持部分的材料相同，用于在小型车床上加工零件或加工有色金属及非金属，高速钢刀具即属此类，如图 3-8 所示。

（2）焊接式车刀　车刀的切削部分与夹持部分的材料完全不同。切削部分材料多以刀片形式焊接在刀杆上，常用的硬质合金车刀即属此类。焊接方式适用于各类车刀，特别是较小的刀具，如图 3-9 所示。

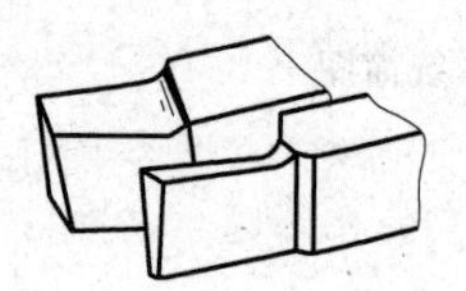

图 3-8　整体式车刀

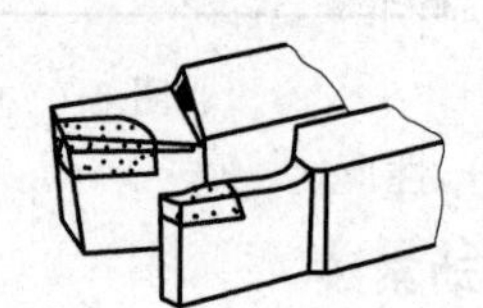

图 3-9　焊接式车刀

（3）机夹式车刀　分为机械夹固重磨式和不重磨式，前者用钝可集中重磨；后者切削刃用钝后可快速转位再用，也称机夹可转位式刀具，特别适用于自动生产线和数控车床。

机夹式车刀避免了刀片因焊接产生的应力、变形等缺陷，刀杆利用率高，如图 3-10 所示。

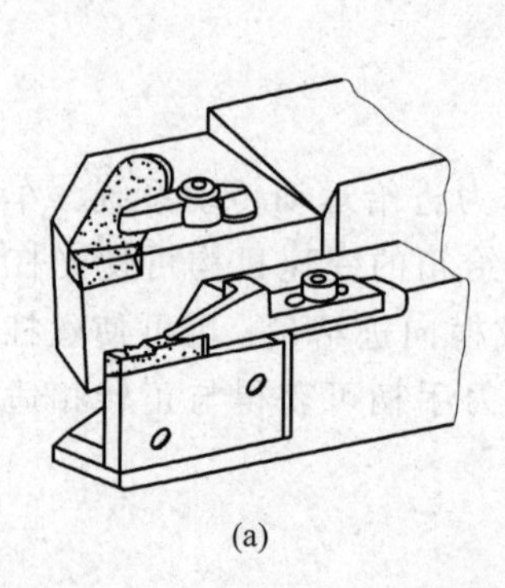

(a)

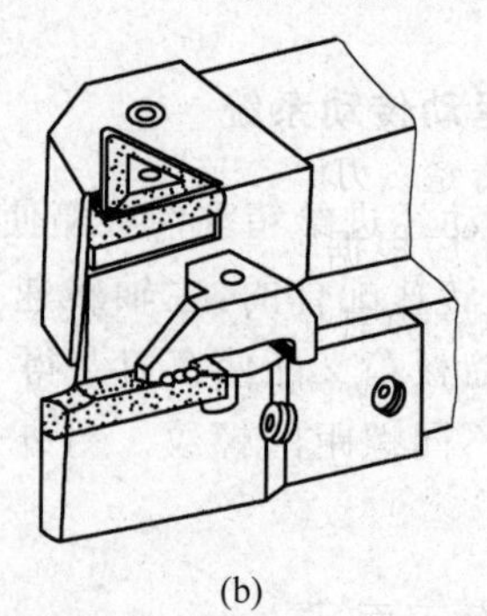

(b)

图 3-10　机夹式车刀

(a) 机夹重磨式车刀；(b) 机夹不重磨式车刀

车刀的结构特点及其适用场合见表 3-2。

表 3-2 车刀的结构特点及其适用场合

名 称	特 点	适 用 场 合
整体式	用整体高速钢制造，刃口可磨得较锋利	小型车床或加工非铁金属
焊接式	焊接硬质合金或高速钢刀片，结构紧凑，使用灵活	各类车刀特别是小刀具
机夹式	避免了焊接产生的应力、裂纹等缺陷，刀杆利用率高。刀片可集中刃磨获得所需参数；使用灵活方便	外圆、端面、镗孔、切断、螺纹车刀等
可转位式	避免了焊接式车刀的缺点，刀片可快速转位；生产率高；断屑稳定；可使用涂层刀片	大中型车床加工外圆、端面、镗孔，特别适用于自动线、数控机床

3.3.2 车刀的刃磨

车刀(指整体车刀与焊接式车刀)用钝后是在砂轮机上重新刃磨的。

1. 砂轮的选择

砂轮的特性由磨料、粒度、硬度、结合剂和组织 5 个因素决定，以下主要介绍前三个要素。

1) 磨料

常用的磨料有氧化物系、碳化物系和高硬磨料系 3 种。工厂常用的是氧化铝砂轮和碳化硅砂轮。氧化铝砂轮磨粒硬度低(2000～2400HV)、韧性大，适用于刃磨高速钢车刀，其中白色的叫做白刚玉，灰褐色的叫做棕刚玉。碳化硅砂轮的磨粒硬度比氧化铝砂轮的磨粒高(2800HV 以上)，性脆而锋利，并且具有良好的导热性和导电性，适用刃磨硬质合金。其中常用的是黑色和绿色的碳化硅砂轮，而绿色的碳化硅砂轮更适合刃磨硬质合金车刀。

2) 粒度

粒度表示磨粒大小的程度，以磨粒能通过每英寸长度上的孔眼的个数作为表示符号。例如 60 粒度是指磨粒正好可通过每英寸长度上有 60 个孔眼的筛网。因此，数字越大则表示磨粒越细。粗磨车刀应选磨粒号数小的砂轮，精磨车刀应选号数大(即磨粒细)的砂轮。

3) 硬度

砂轮的硬度是反映磨粒在磨削力作用下，从砂轮表面上脱落的难易程度。砂轮硬，即表面磨粒难以脱落；砂轮软，表示磨粒容易脱落。砂轮的软硬和磨粒的软硬是两个不同的概念，必须区分清楚。刃磨高速钢车刀和硬质合金车刀时应选软或中软的砂轮。

综上所述，应根据刀具材料正确选用砂轮。刃磨高速钢车刀时，应选用粒度为 46 号到 60 号的软或中软的氧化铝砂轮。刃磨硬质合金车刀时，应选用粒度为 60 号到 80 号的软或中软的碳化硅砂轮，两者不能搞错。

2. 车刀刃磨的步骤

(1) 磨主后刀面，同时磨出主偏角及主后角，如图 3-11(a)所示；

(2) 磨副后刀面，同时磨出副偏角及副后角，如图 3-11(b)所示；

(3) 磨前面，同时磨出前角，如图 3-11(c)所示；

(4) 修磨各刀面及刀尖，如图 3-11(d)所示。

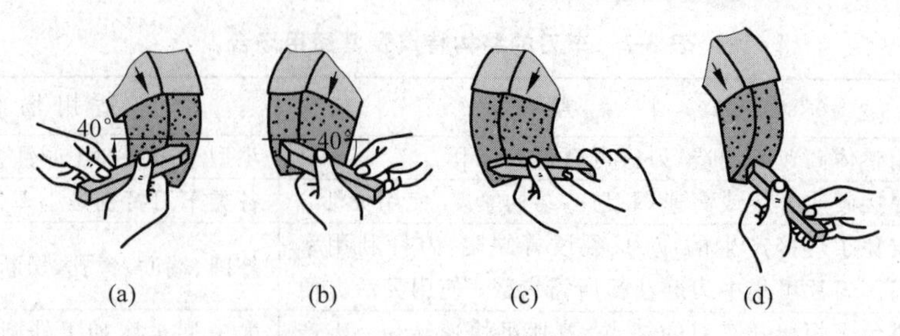

图 3-11 外圆车刀刃磨的步骤

3. 刃磨车刀的姿势及方法

(1) 人站立在砂轮机的侧面，以防砂轮碎裂时，碎片飞出伤人。

(2) 两手握刀的距离放开，两肘夹紧腰部，以减小磨刀时的抖动。

(3) 磨刀时，车刀要放在砂轮的水平中心，刀尖略向上翘 3°～8°，车刀接触砂轮后应作左右方向水平移动；当车刀离开砂轮时，车刀需向上抬起，以防磨好的刀刃被砂轮碰伤。

(4) 磨后刀面时，刀杆尾部向左偏过一个主偏角的角度；磨副后刀面时，刀杆尾部向右偏过一个副偏角的角度。

(5) 修磨刀尖圆弧时，通常以左手握车刀前端为支点，用右手转动车刀的尾部。

4. 磨刀安全知识

(1) 刃磨刀具前，应首先检查砂轮有无裂纹，砂轮轴螺母是否拧紧，并经试转后使用，以免砂轮碎裂或飞出伤人。

(2) 刃磨刀具不能用力过大，否则会使手打滑而触及砂轮面，造成工伤事故。

(3) 磨刀时应戴防护眼镜，以免砂砾和铁屑飞入眼中。

(4) 磨刀时不要正对砂轮的旋转方向站立，以防意外。

(5) 磨小刀头时，必须把小刀头装入刀杆上。

(6) 砂轮支架与砂轮的间隙不得大于 3mm，如发现过大，应调整适当。

3.3.3 车刀的安装

车刀必须正确牢固地安装在刀架上，如图 3-12 所示。

车刀安装的基本要求如下：

(1) 刀尖应与车床主轴轴线等高且与尾座顶尖对齐，刀杆应与零件的轴线垂直，其底面应平放在方刀架上。

(2) 刀头伸出长度应小于刀杆厚度的 1.5～2 倍，以防切削时产生振动，影响加工质量。

(3) 刀具应垫平、放正、夹牢。垫片数量不宜过多，以 1～3 片为宜，一般用两个螺钉交替锁紧车刀。

(4) 锁紧方刀架。

(5) 装好零件和刀具后，检查加工极限位置是否会干涉、碰撞。

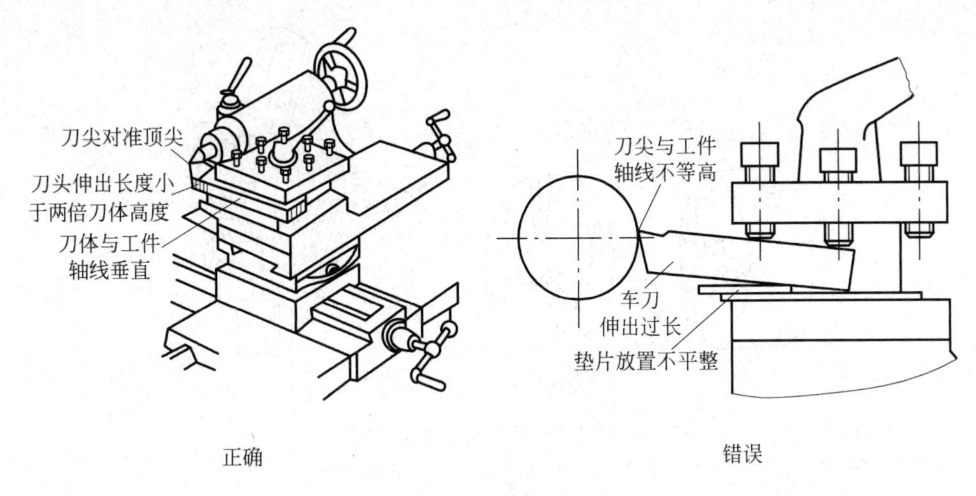

图 3-12 车刀的安装

3.4 零件的安装及车床附件

安装零件时应使被加工表面的回转中心和车床主轴的轴线重合，以保证零件在加工之前占有一个正确的位置，即定位。零件定位后还要夹紧，以承受切削力、重力等。所以零件在机床（或夹具）上的安装一般经过定位和夹紧两个过程。按零件的形状、大小和加工批量不同，安装零件的方法及所用附件也不同。在普通车床上常用的附件有三爪自定心卡盘、四爪单动卡盘、顶尖、跟刀架、中心架、心轴、花盘等。这些附件一般由专业厂家生产作为车床附件配套供应。

3.4.1 三爪自定心卡盘

三爪自定心卡盘的构造如图 3-13 所示。使用时，用卡盘扳手转动小锥齿轮 1，可使之与其相啮合的大锥齿轮 2 随之转动，大锥齿轮 2 背面的平面螺纹就使 3 个卡爪 3 同时作向心或离心移动，以夹紧或松开零件。当零件直径较大时，可换上反爪进行装夹，如图 3-13(b) 所示。虽然三爪自定心卡盘的定心精度不高，一般为 0.05～0.15mm，且夹紧力较小，仅适于夹持表面光滑的圆柱形或六角形等零件，而不适于单独安装重量大或形状复杂的零件。但由于其 3 个卡爪是同时移动的，装夹零件时能自动定心，可省去许多校正零件的时间。因此，三爪自定心卡盘仍然是车床最常用的通用夹具。

使用三爪自定心卡盘时应注意：

(1) 零件在卡爪间必须放正，轻轻夹紧，夹持长度至少 10mm，零件紧固后，随即取下扳手，以免开车时零件飞出，砸伤人或机床。

(2) 开动机床，使主轴低速旋转，检查零件有无偏摆，若有偏摆应停车，用小锤轻敲校正，然后紧固零件。

(3) 移动车刀至车削行程的左端，用手旋转卡盘，检查刀架等是否与卡盘或零件碰撞。

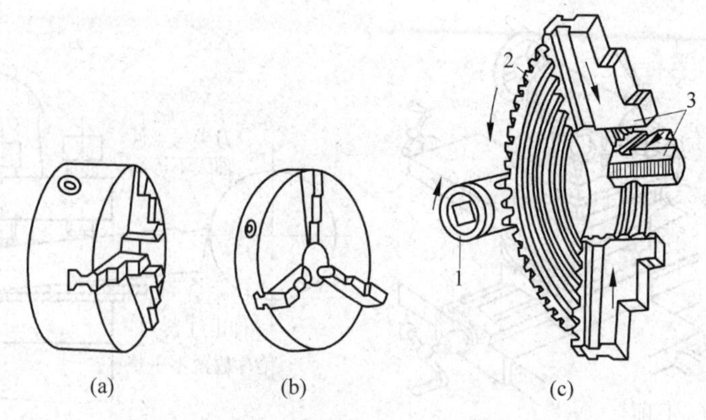

图 3-13　三爪自定心卡盘构造
(a) 外形；(b) 反爪形式；(c) 内部构造
1—小锥齿轮；2—大锥齿轮；3—卡爪

3.4.2 四爪单动卡盘

四爪单动卡盘也是常见的通用夹具，如图 3-14(a)所示。它的 4 个卡爪的径向位移由 4 个螺杆单独调整，不能自动定心，因此在安装零件时找正时间较长，要求技术水平高。用四爪单动卡盘安装零件时卡紧力大，既适于装夹圆形零件，还可装夹方形、长方形、椭圆形、内外圆偏心零件或其他形状不规则的零件。四爪单动卡盘只适用于单件小批量生产。

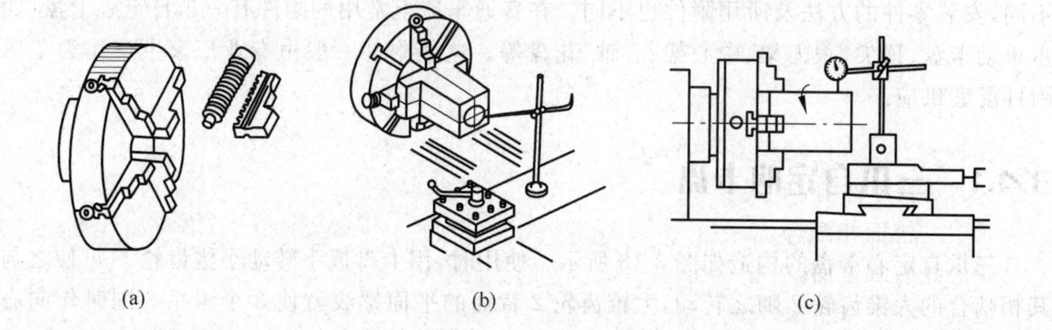

图 3-14　四爪单动卡盘及其找正
(a) 四爪单动卡盘；(b) 划线找正；(c) 用百分表找正

四爪单动卡盘安装零件时，一般用划线盘按零件外圆或内孔进行找正。当要求定位精度达到 0.02～0.05mm 时，可以按事先划出的加工界线用划线盘进行划线找正，如图 3-14(b)所示。当要求定位精度达到 0.01mm 时还可用百分表找正，如图 3-14(c)所示。下面说明以按事先划出的加工界线用划线盘找正的方法。使划针靠近零件上划出的加工界线，慢慢转动卡盘，先校正端面，在离针尖最近的零件端面上用小锤轻轻敲击至各处距离相等。将划针针尖靠近外圆，转动卡盘，校正中心，将离开针尖最远处的一个卡爪松开，拧紧其对面的一个卡爪，反复调整几次，直至校正为止。

3.4.3 顶尖、跟刀架及中心架

在顶尖上安装轴类零件，由于两端都是锥面定位，其定位的准确度比较高，即使是多次装卸与调头，也能保证各外圆面有较高的同轴度。当车细长轴（长度与直径之比大于20）时，由于零件本身的刚性不足，为防止零件在切削力作用下产生弯曲变形而影响加工精度，除了用顶尖安装零件外，还常用中心架或跟刀架做附加的辅助支承。

1. 顶尖

常用的顶尖有死顶尖和活顶尖两种，前顶尖采用死顶尖，后顶尖易磨损，在高速切削时常采用活顶尖。较长或加工工序较多的轴类零件，常采用双顶尖安装，如图3-15所示。零件装夹在前、后顶尖之间，由拨盘带动鸡心夹头（卡箍），鸡心夹头带动零件旋转。前顶尖装在主轴上，和主轴一起旋转；后顶尖装在尾座上固定不转。当不需要调头安装即可在车床上保证零件的加工精度时，也可用三爪自定心卡盘代替拨盘。

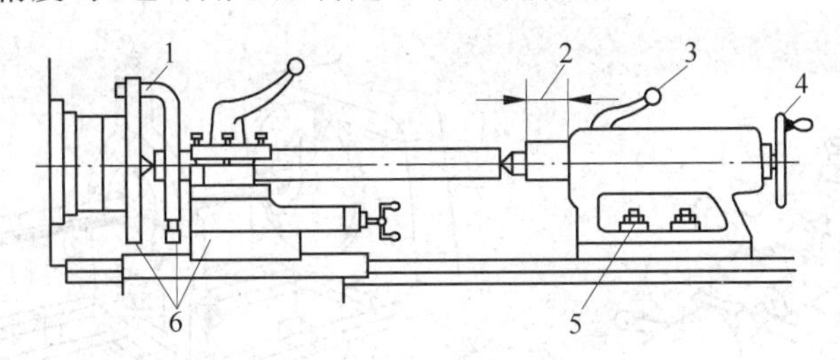

图3-15 用双顶尖安装零件

1—夹紧零件；2—调整套筒伸出长度；3—锁紧套筒；4—调整零件在顶尖间的松紧度；5—将尾座固定；6—刀架移至车削行程左侧，用手转动拨盘，检查是否碰撞

用顶尖安装零件的步骤如下：

(1) 安装零件前，车两端面，用中心钻在两端面上加工出中心孔。A型中心孔的60°锥面和顶尖的锥面相配合，前端的小圆柱孔是为保证顶尖与锥面紧密接触，并可储存润滑油。B型中心孔有双锥面，中心孔前端的120°锥面，用于防止60°定位锥面被碰坏。

(2) 在零件一端安装鸡心夹头，用手稍微拧紧鸡心夹头螺钉，在零件的另一端中心孔里涂上润滑油。

(3) 擦净与顶尖配合的各锥面，并检查中心孔是否平滑，再将顶尖用力装入锥孔内，调整尾座横向位置，直至前后顶尖轴线重合。将零件置于两顶尖间，视零件长短调整尾座位置，保证能让刀架移至车削行程的最右端，同时又要尽量使尾座套筒伸出最短，然后将尾座固定。

(4) 转动尾座手轮，调节零件在顶尖间的松紧度，使之既能自由旋转，又无轴向松动，最后紧固尾座套筒。

(5) 将刀架移至车削行程最左端。用手转动拨盘及卡箍，检查是否与刀架等碰撞。

(6) 拧紧卡箍螺钉。

(7) 当切削用量较大时，零件因发热而伸长，在加工过程中还需将顶尖位置作及时调整。

2. 跟刀架

跟刀架主要用于精车或半精车细长光轴类零件，如丝杠和光杠等。如图 3-16 所示，跟刀架被固定在车床床鞍上，与刀架一起移动，使用时，先在零件上靠后顶尖的一端车出一小段外圆，根据它调节跟刀架的两支承，然后再车出全轴长。使用跟刀架可以抵消径向切削力，从而提高精度和表面质量。

3. 中心架

中心架一般多用于加工阶梯轴及在长杆件端面进行钻孔、镗孔或攻螺纹。对不能通过机床主轴孔的大直径长轴进行车端面时，也经常使用中心架。如图 3-17 所示，中心架由压板螺钉紧固在车床导轨上，以互成 120°角的 3 个支承爪支承在零件预先加工的外圆面上进行加工，以增加零件的刚性。如果细长轴不宜加工出外圆面，可使用过渡套筒安装细长轴。加工长杆件时，需先加工一端，然后调头安装，再加工另一端。

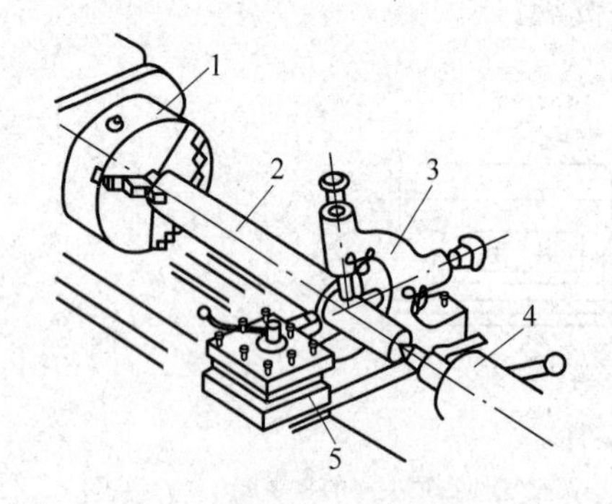

图 3-16 跟刀架的使用

1—三爪自定心卡盘；2—零件；3—跟刀架；4—尾座；5—刀架

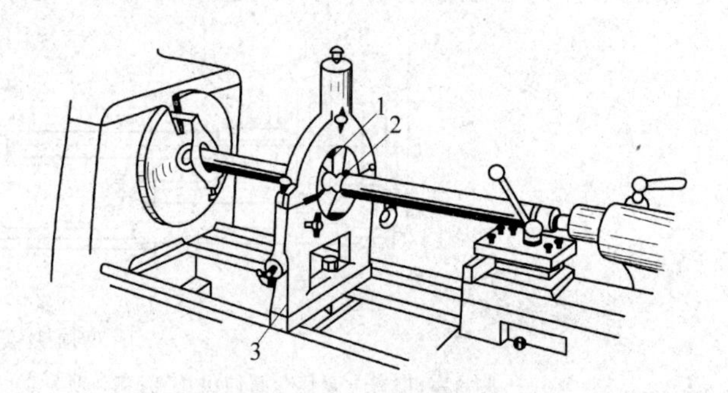

图 3-17 中心架的使用

1—可调节支承爪；2—预先车出的外圆面；3—中心架

应用跟刀架或中心架时，零件被支承部位即加工过的外圆表面，要加机油润滑。零件的转速不能过高且支承爪与零件的接触压力不能过大，以免零件与支承爪之间摩擦过热而烧坏或磨损支承。但支承爪与零件的接触压力也不能过小，以至起不到辅助支承的作用。另外，支承爪磨损后应及时调整支承爪的位置。

3.4.4 心轴

形状复杂或同轴度要求较高的盘套类零件，常用心轴安装，以保证零件外圆与内孔的同轴度及端面与内孔轴线的垂直度要求。

用心轴安装零件，应先对零件的孔进行精加工（达 IT8～IT7），然后以孔定位。心轴用双顶尖安装在车床上，以加工端面和外圆。安装时，根据零件的形状、尺寸、精度要求和加工数量的不同，采用不同结构的心轴。

1. 圆柱心轴

当零件长径比小于1时，应使用带螺母压紧的圆柱心轴，如图3-18所示。零件左端靠紧心轴的台阶，由螺母及垫圈将零件压紧在心轴上。为保证内外圆同心，孔与心轴之间的配合间隙应尽可能小些，否则其定心精度将随之降低。一般情况下，当零件孔与心轴采用H7/h6配合时，同轴度误差不超过0.02～0.03mm。

2. 小锥度心轴

当零件长径比大于1时，可采用带有小锥度(1/5000～1/1000)的心轴，如图3-19所示。零件孔与心轴配合时，靠接触面产生弹性变形来夹紧零件，故切削力不能太大，以防零件在心轴上滑动而影响正常切削。小锥度心轴的定心精度较高，可达0.01～0.005mm，多用于磨削或精车，但没有确定的轴向定位。

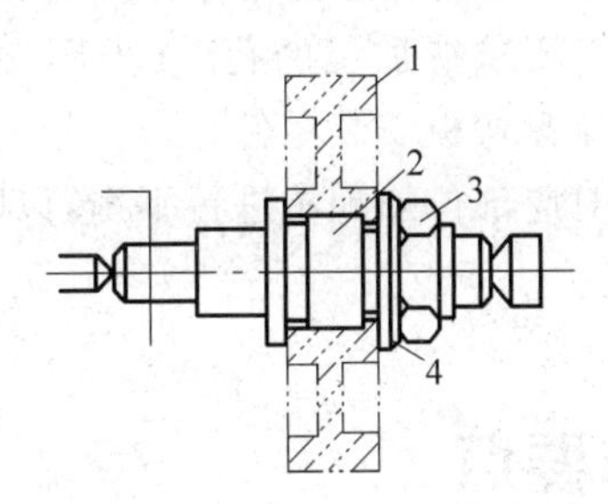

图3-18 圆柱心轴安装零件

1—零件；2—心轴；3—螺母；4—垫片

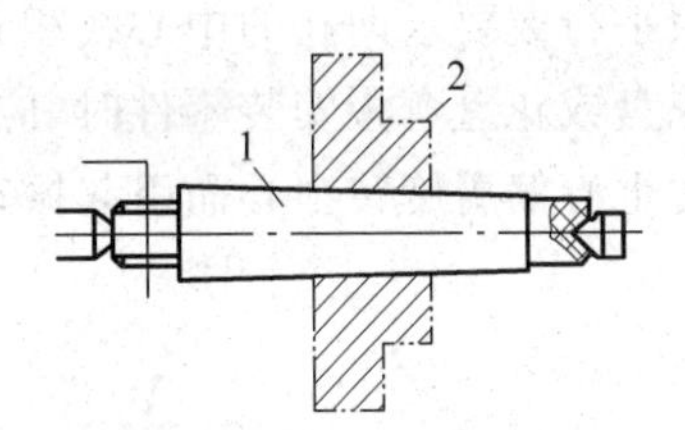

图3-19 圆锥心轴安装零件

1—心轴；2—零件

3. 胀力心轴

胀力心轴是通过调整锥形螺杆使心轴一端作微量的径向扩张，以将零件孔胀紧的一种快速装拆的心轴，适用于安装中小型零件。

4. 螺纹伞形心轴

螺纹伞形心轴，适于安装以毛坯孔为基准车削外圆的带有锥孔或阶梯孔的零件。其特点是：装拆迅速，装夹牢固，能装夹一定尺寸范围内不同孔径的零件。

此外还有弹簧心轴和离心力夹紧心轴等。

3.4.5 花盘及弯板

如图3-20(a)所示为花盘外形图，花盘端面上的T形槽用来穿压紧螺栓，中心的内螺孔可直接安装在车床主轴上。安装时花盘端面应与主轴轴线垂直，花盘本身形状精度要求高。

零件通过压板、螺栓、垫铁等固定在花盘上。花盘用于安装大、扁、形状不规则且三爪自定心卡盘和四爪单动卡盘无法装卡的大型零件，可确保所加工的平面与安装平面平行及所加工的孔或外圆的轴线与安装平面垂直。

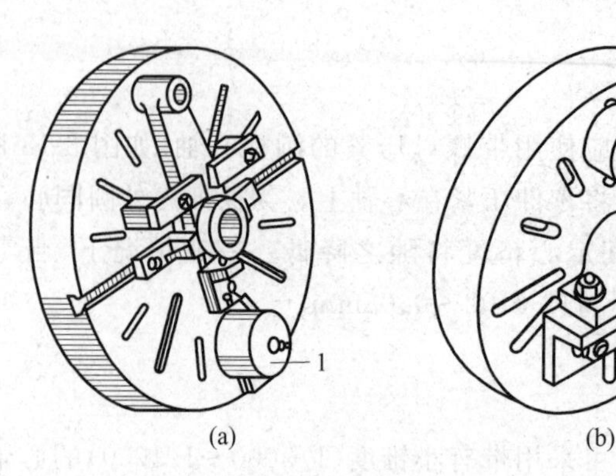

图 3-20 用花盘或用花盘弯板安装零件

1—压板；2—配重；3—弯板

弯板多为90°角铁，两平面上开有槽形孔用于穿紧固螺钉。弯板用螺钉固定在花盘上，再将零件用螺钉固定在弯板上，如图 3-20(b)所示。当要求待加工的孔(或外圆)的轴线与安装平面平行或要求两孔的中心线相互垂直时，可用花盘弯板安装零件。

用花盘或花盘弯板安装零件时，应在重心偏置的对应部位加配重进行平衡，以防加工时因零件的重心偏离旋转中心而引起振动和冲击。

3.5 车床操作要点

在车削零件时，要准确、迅速地调整背吃刀量，必须熟练地使用中滑板和小滑板的刻度盘，同时在加工中必须按照操作步骤进行。

3.5.1 刻度盘及其手柄的使用

中滑板的刻度盘紧固在丝杠轴头上，中滑板和丝杠螺母紧固在一起。当中滑板手柄带着刻度盘转一周时，丝杠也转一周，这时螺母带动中滑板移动一个螺距。所以中滑板移动的距离可根据刻度盘上的格数来计算。

$$刻度盘每转一格中滑板带动刀架横向移动距离 = \frac{丝杠螺距}{刻度盘格数}(\mathrm{mm})$$

例如，C6132 车床中滑板丝杠螺距为 4mm。中滑板刻度盘等分为 200 格，故每转一格中滑板移动的距离为 4mm÷200=0.02mm。刻度盘转一格，滑板带着车刀移动 0.02mm，即径向背吃刀量为 0.02mm，零件直径减少了 0.04mm。

小滑板刻度盘主要用于控制零件长度方向的尺寸，其刻度原理及使用方法与中滑板相同。加工外圆时，车刀向零件中心移动为进刀，远离中心为退刀。而加工内孔时则与其相反。进刀时，必须慢慢转动刻度盘手柄使刻线转到所需要的格数。当手柄转过了头或试切后发现直径太小需退刀时，由于丝杠与螺母之间存在间隙，会产生空行程(即刻度盘转动而溜板并未移动)，因此不能将刻度盘直接退回到所需的刻度，此时一定要向相反方向全部退回，以消除空行程，然后再转到所需要的格数。如图 3-21(a)所示，要求手柄转至 30 刻度，但摇过头成 40 刻度，此时不能将刻度盘直接退回到 30 刻度。如果直接退回到 30 刻度，则是错误的，如图 3-21(b)所示。而应该反转约一周后，再转至 30 刻度，如图 3-21(c)所示。

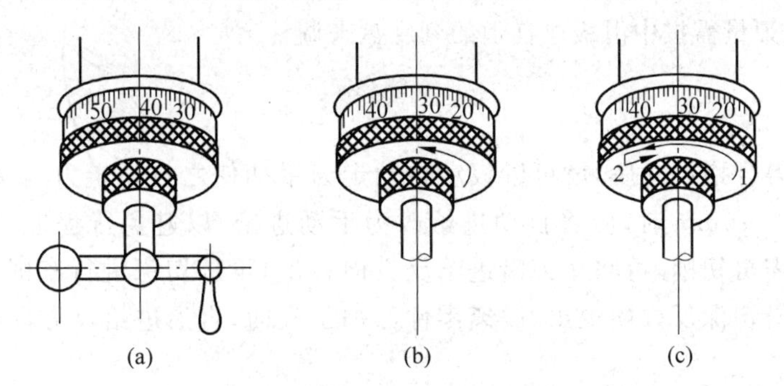

图 3-21 手柄摇过头后的纠正方法

(a) 要求手柄转至 30 刻度，但摇过头成 40 刻度；(b) 错误；(c) 正确

3.5.2 车削步骤

在正确安装零件和刀具之后，通常按以下步骤进行车削。

1. 试切

试切是精车的关键，为了控制背吃刀量，保证零件径向的尺寸精度，开始车削时，应先进行试切。试切的方法与步骤如下：

(1) 如图 3-22(a)、(b)所示，开车对刀，使刀尖与零件表面轻微接触，确定刀具与零件的接触点，作为进切深的起点，然后向右纵向退刀，记下中滑板刻度盘上的数值。注意对刀时必须开车，因为这样可以找到刀具与零件最高处的接触点，也不容易损坏车刀。

(2) 如图 3-22(c)、(d)、(e)所示，按背吃刀量或零件直径的要求，根据中滑板刻度盘上的数值进切深，并手动纵向切进 1～3mm，然后向右纵向退刀。

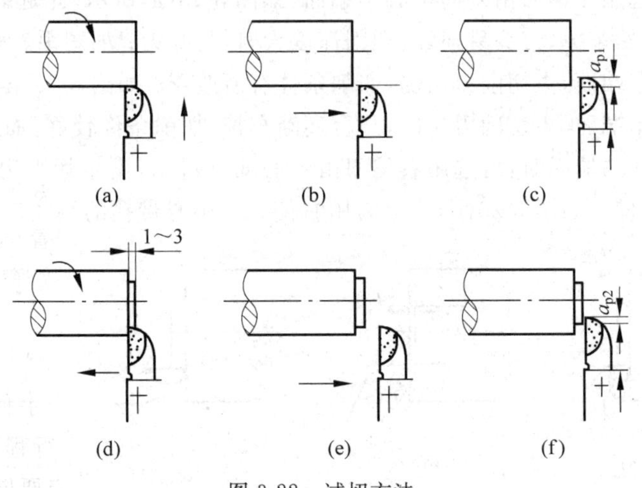

图 3-22 试切方法

(3) 如图 3-22(f)所示，进行测量。如果尺寸合格了，就按该切深将整个表面加工完；如果尺寸偏大或偏小，就重新进行试切，直到尺寸合格。试切调整过程中，为了迅速而准确地控制尺寸，背吃刀量需按中滑板丝杠上的刻度盘来调整。

2. 切削

经试切获得合格尺寸后，就可以扳动自动走刀手柄使之自动走刀。每当车刀纵向进给至末端距离 3～5mm 时，应将自动进给改为手动进给，以避免行程走刀超长或车刀切削卡盘爪。如需再切削，可将车刀沿进给反方向移出，再进切深进行车削。如不再切削，则应先将车刀沿切深反方向退出，脱离零件已加工表面，再沿进给反方向退出车刀，然后停车。

3. 检验

零件加工完后要进行测量检验，以确保零件的质量。

3.6 车削工艺

利用车床的各种附件，选用不同的车刀，可以加工端面、外圆、内孔及螺纹面等各种回转面。

3.6.1 车端面

端面常作为轴套盘类零件的轴向基准，因此，车削时常将作为基准的端面先车出。

1. 车刀的选择

车端面时如选用右偏刀由外向中心车端面，如图 3-23(a)所示，此时由副切削刃切削，车到中心时，凸台突然车掉，刀头易损坏，切削深度大时，易扎刀；如图 3-23(b)所示，如选用左偏刀由外向中心车端面，主切削刃切削，切削条件有所改善；如图 3-23(c)所示，如果用弯头车刀由外向中心车端面，主切削刃切削，凸台逐渐车掉，切削条件较好，加工质量较高；精车中心不带孔或带孔的端面时，可选用右偏刀由中心向外进给，由主切削刃切削，切削条件较好，能提高切削质量。如图 3-23(d)所示为用右偏刀车中心带孔的端面。

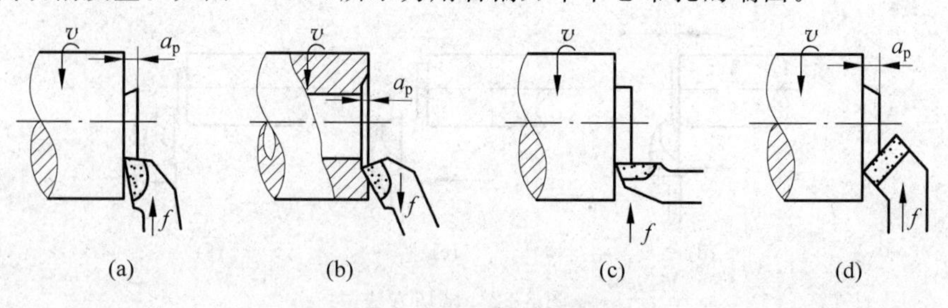

图 3-23　车端面时车刀的选择

2. 车端面操作

(1) 安装零件时，要对其外圆及端面找正。

(2) 安装车刀时，刀尖应对准零件中心，以免端面出现凸台(见图 3-24)，造成崩刀或不易切削。

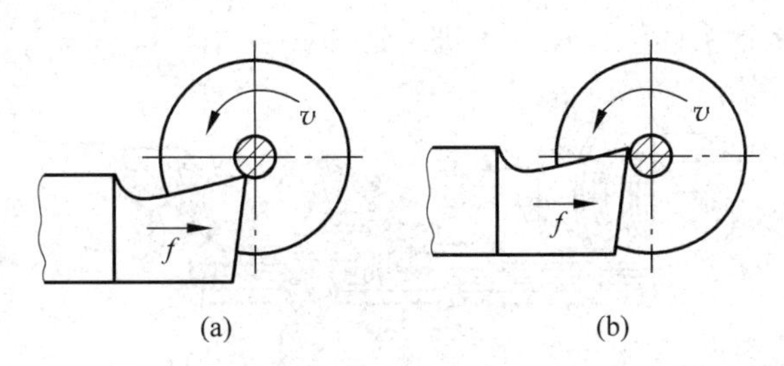

图 3-24 车端面时车刀的安装

(a) 车刀安装过低；(b) 车刀安装过高

(3) 端面质量要求较高时，最后一刀应由中心向外切削。

(4) 车大端面时，为了车刀能准确地横向进给，应将床鞍板紧固在床身上，用小滑板调整背吃刀量。

3.6.2 车圆柱面

车床上可以车外圆，还可以用钻头、镗刀、扩孔钻、铰刀进行钻孔、镗孔、扩孔和铰孔。下面仅介绍车外圆、钻孔和镗孔。

1. 车外圆

如图 3-25 所示，直头车刀可以车无台阶的光滑轴和盘套类的外圆。弯头车刀不仅可用来车削外圆，且可车端面和倒角。偏刀可用于加工有台阶的外圆和细长轴。此外直头和弯头车刀的刀头部分强度好，一般用于粗加工和半精加工，而 90°偏刀常用于精加工。

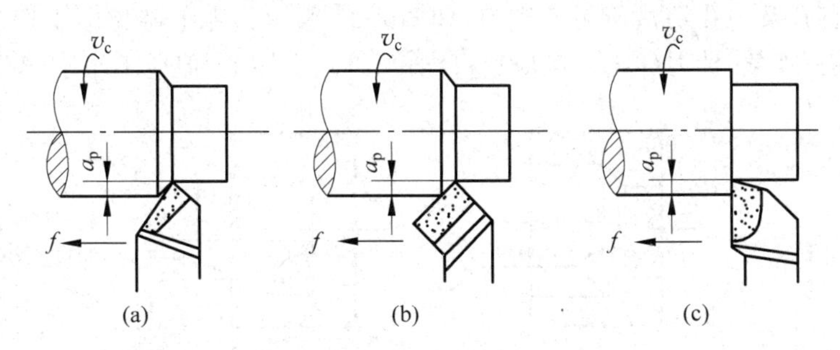

图 3-25 外圆车刀种类

(a) 尖刀车外圆；(b) 45°弯头刀车外圆；(c) 右偏刀车外圆

(1) 粗车铸、锻件毛坯时，为保护刀尖，应先车端面或倒角，且背吃刀量应大于或等于零件硬皮厚度，然后纵向走刀车外圆。

(2) 精车外圆时,必须合理选择刀具角度及切削用量,用油石修磨切削刃,正确使用切削液。特别要注意试切,以保证尺寸精度。

2. 钻孔

如图 3-26 所示,在车床上钻孔,大都将麻花钻头装在尾座套筒锥孔中进行。钻削时,零件旋转运动为主运动,钻头的纵向移动为进给运动。

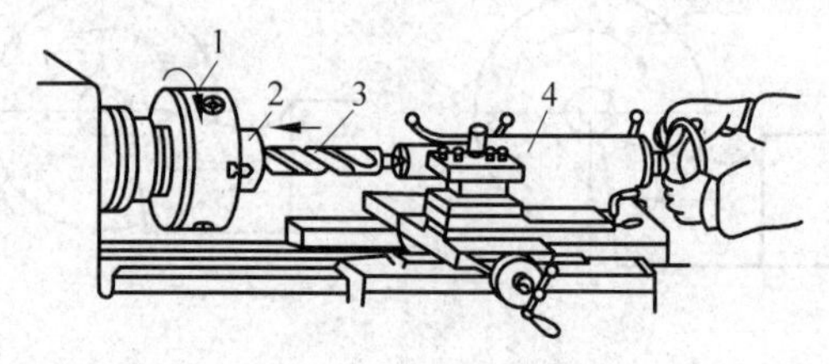

图 3-26 在车床上钻孔

1—三爪自定心卡盘;2—工件;3—钻头;4—尾座

钻孔操作步骤如下:

(1) 车平端面 为防止钻头引偏,先将零件端面车平,且在端面中心预钻锥形定心坑。

(2) 装夹钻头 锥柄钻头可直接装在尾座套筒锥孔中,直柄钻头用钻夹头夹持。

(3) 调整尾座位置 调整尾座位置,使钻头能达到所需长度,为防止振动应使套筒伸出距离尽量短。位置调好后,固定尾座。

(4) 开车钻削 钻削时速度不宜过高,以免钻头剧烈磨损,通常取 v 为 0.3～0.6m/s。钻削时先慢后快,将要钻通时,应降低进给速度,以防折断钻头。孔钻通后,先退出钻头再停车。钻削过程中,须经常退出钻头进行排屑和冷却。钻削碳素钢时,须加切削液。

3. 镗孔

钻出的孔或铸孔、锻孔,若需进一步加工,可进行镗孔。镗孔可作为孔的粗加工、半精加工或精加工,加工范围很广。镗孔能较好地纠正孔原来的轴线歪斜,提高孔的位置精度。

1) 镗刀的选择

镗通孔、盲孔及内孔切槽所用的镗刀,如图 3-27 所示。为了避免由于切削力而造成的"扎刀"或"抬刀"现象,镗刀伸出长度应尽可能短,以减少振动,但应不小于镗孔深度。

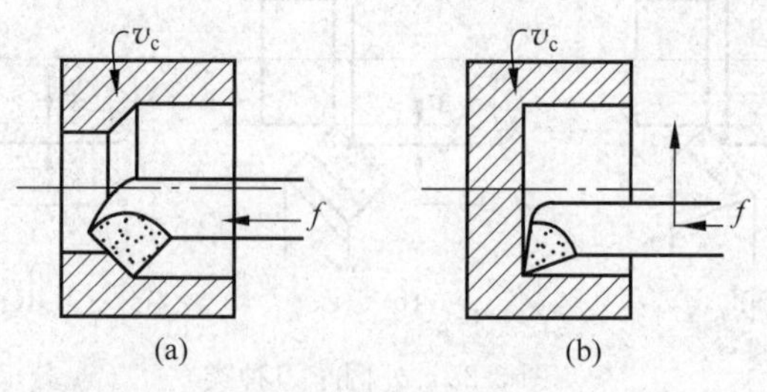

图 3-27 车床上车孔

(a) 车通孔;(b) 车不通孔

安装通孔镗刀时,主偏角可小于 90°,如图 3-27(a)所示;安装盲孔镗刀时,主偏角需大于 90°,如图 3-27(b)所示,否则内孔底平面不能镗平。镗孔在纵向进给至孔的末端时,再转为横向进给，即可镗出内端面与孔壁垂直良好的衔接表面。镗刀安装后，在开车前，应先检查镗刀杆装得是否正确，以防止镗孔时由于镗刀刀杆装得歪斜而使镗杆碰到已加工的内孔表面。

2）镗孔操作

（1）由于镗刀杆刚性较差，切削条件不好，因此，切削用量应比车外圆时小。

（2）粗镗时，应先进行试切，调整切削深度，然后自动或手动走刀。调整切深时，必须注意镗刀横向进退方向与车外圆相反。

（3）精镗时，背吃刀量和进给量应更小，调整背吃刀量时应利用刻度盘，并用游标卡尺检查零件孔径。当孔径接近最后尺寸时，应以很小的切深镗削，以保证镗孔精度。

3.6.3 车圆锥面及成形面

在机械制造业中，除采用内外圆柱面作为配合表面外，还广泛采用内外圆锥面作为配合表面，如车床主轴的锥孔、尾座的套筒、钻头的锥柄等。这是因为圆锥面配合紧密，拆卸方便，而且多次拆卸仍能准确定心。

1. 车圆锥面

车削圆锥面的方法有4种：宽刀法、小刀架转位法、偏移尾座法和靠模法。

1）宽刀法

如图3-28所示，车刀的主切削刃与零件轴线间的夹角等于零件的半锥角α。其特点是加工迅速，能车削任意角度的内外圆锥面；但不能车削太长的圆锥面，并要求机床与零件系统有较好的刚性。

2）小刀架转位法

如图3-29所示，转动小刀架，使其导轨与主轴轴线成半锥角α后再紧固其转盘，摇小刀架进给手柄车出锥面。

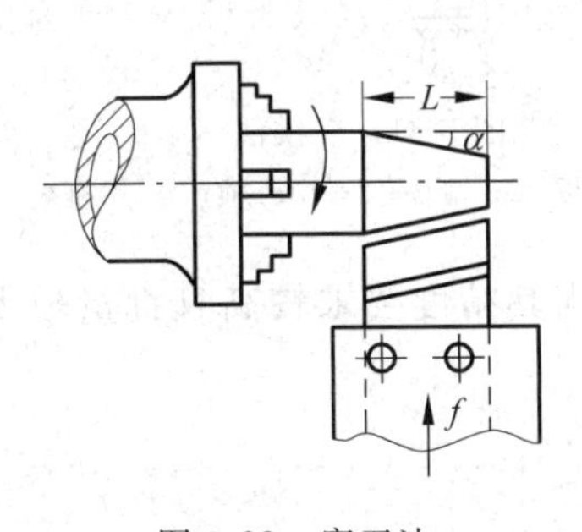

图3-28 宽刀法

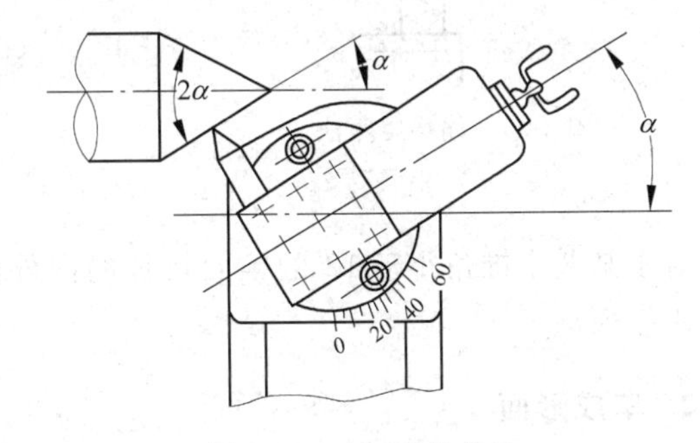

图3-29 小刀架转位法

此法调整方便，操作简单，加工质量较好，适于车削任意角度的内外圆锥面；但受小刀架行程限制，只能手动车削长度较短的圆锥面。

3）偏移尾座法

如图3-30所示，将零件置于前、后顶尖之间，调整尾座横向位置，使零件轴线与纵向走刀方向成半锥角α。

尾座偏移量为

$$S=L\sin\alpha$$

当 α 很小时，有

$$S=L\sin\alpha=L\frac{D-d}{2l}$$

式中：L 为前后顶尖间距离，mm；l 为圆锥长度，mm；D 为锥面大端直径，mm；d 为锥面小端直径，mm。

为克服零件轴线偏移后中心孔与顶尖接触不良的状况，生产中可采用球形头顶尖。偏移尾座法能自动进给车削较长的圆锥面，但由于受尾座偏移量的限制只能加工半锥角 α 小于 8°的外锥面，且精确调整尾座偏移量较费时。

4）靠模法

如图 3-31 所示，靠模板装置的底座固定在床身的后面，底座上装有锥度靠模板 4，它可绕中心轴 3 旋转到与零件轴线成半锥角 α，靠模板上装有可自由滑动的滑块 2。车削圆锥面时，首先，须将中滑板 1 上的丝杠与螺母脱开，以使中滑板能自由移动；其次，为了便于调整背吃刀量，把小滑板转过 90°，并把中滑板 1 与滑块 2 用固定螺钉连接在一起；然后调整靠模板 4 的角度，使其与零件的半锥角 α 相同。于是，当床鞍作纵向自动进给时，滑块 2 就沿着靠模板 4 滑动，从而使车刀的运动平行于靠模板 4，车出所需的圆锥面。

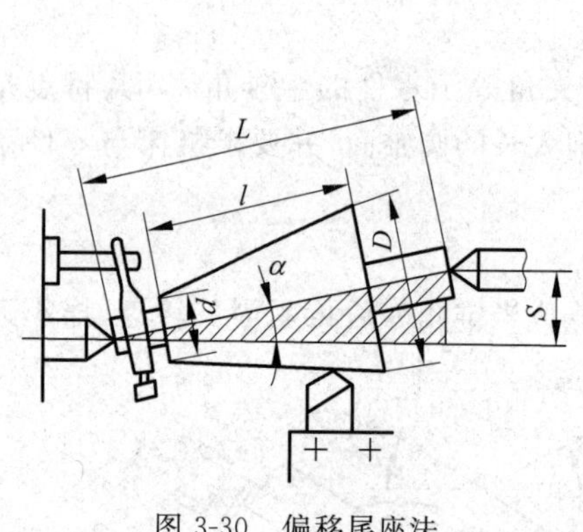

图 3-30 偏移尾座法

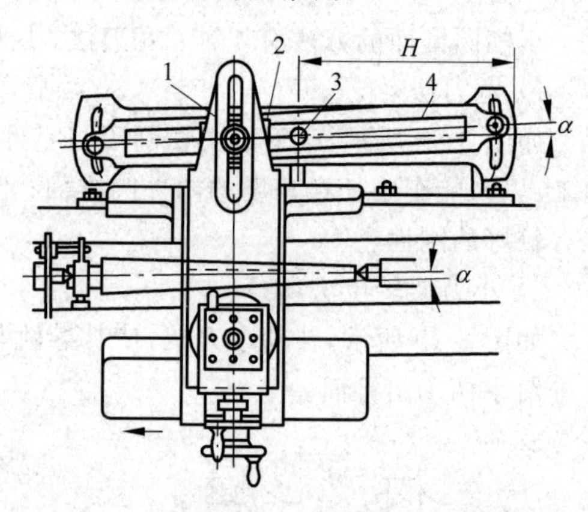

图 3-31 靠模法

1—中滑板；2—滑块；3—中心轴；4—靠模板

对于某些半锥角小于 12°的锥面较长的内外圆锥面，当其精度要求较高且批量较大时常采用靠模法。

2. 车成形面

在车床上加工成形面一般有 4 种方法。

1）用普通车刀车成形面

此法是手动控制成形，双手操纵中、小滑板手柄，使刀尖的运动轨迹与回转成形面的母线相符。此法加工成形面需要较高的技能，零件成形后，还需进行锉修，生产率较低。

2）用成形车刀车削成形面

如图 3-32 所示，此法要求切削刃形状与零件表面相吻合，装刀时刃口要与零件轴线等高，加工精度取决于刀具。由于车刀和零件接触面积大，容易引起振动，因此，需采用小切削用量，只作横向进给，且要有良好润滑条件。此法操作方便，生产率高，且能获得精确的表面形状。但由于受零件表面形状和尺寸的限制，且刀具制造、刃磨较困难，因此，只在成批生产较短成形面的零件时采用。

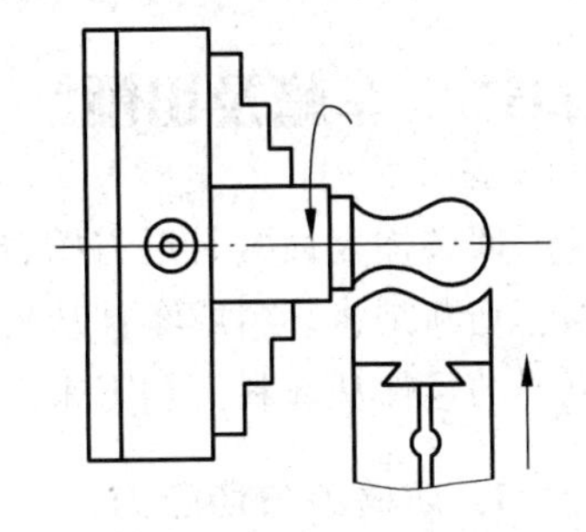

图 3-32 用成形车刀车削成形面

3）用靠模车削成形面

用靠模车削成形面的原理和靠模法车削圆锥面相同。此法加工零件尺寸不受限制，可采用机动进给，生产效率较高，加工精度较高，广泛用于成批大量生产中。

4）用数控车床加工成形面

由于数控车床刚性好，制造和对刀精度高以及能方便地进行人工补偿和自动补偿，所以能加工尺寸精度要求较高的零件，在有些场合可以以车代磨，可以利用数控车床的直线和圆弧插补功能，车削由任意直线和曲线组成的形状复杂的回转体零件。

3.6.4 车台阶面

台阶面是常见的机械结构，由一段圆柱面和端面组成。

1. 车刀的选择与安装

车轴上的台阶面应使用偏刀。安装时应使车刀主切削刃垂直于零件的轴线或与零件轴线约成 95°。

2. 车台阶操作

(1) 台阶的高度小于 5mm 时，应使车刀主切削刃垂直于零件的轴线，台阶可一次车出。装刀时可用 90°尺对刀，如图 3-33(a)所示。

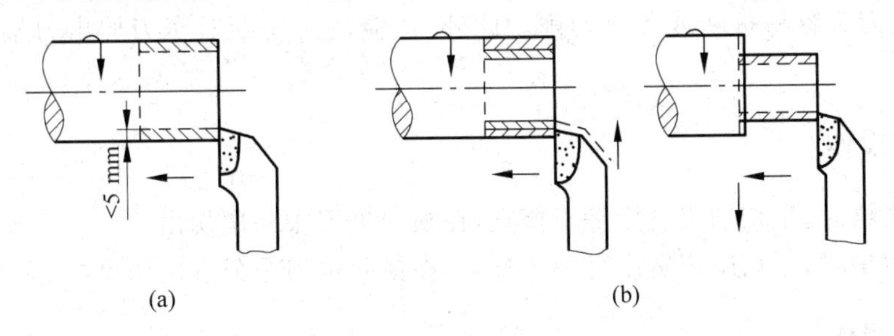

图 3-33 车台阶面

(a) 车低台阶；(b) 车高台阶

(2) 台阶高度大于 5mm 时，应使车刀主切削刃与零件轴线约成 95°，分层纵向进给切削，如图 3-33(b)所示。最后一次纵向进给时，车刀刀尖应紧贴台阶端面横向退出，以车出 90°台阶，如图 3-33(b)所示。

(3) 为使台阶长度符合要求，可用钢直尺直接在零件上确定台阶位置，并用刀尖刻出线痕，以此作为加工界线；也可用卡钳从钢直尺上量取尺寸，直接在零件上划出线痕。上述方法都不够准确，为此，划线痕应留出一定的余量。

3.6.5 车槽及切断

回转体表面常有退刀槽、砂轮越程槽等沟槽，在回转体表面上车出沟槽的方法称为车槽。切断是将坯料或零件从夹持端上分离出来，主要用于圆棒料按尺寸要求下料或把加工完毕的零件从坯料下切下来。

1. 切槽刀与切断刀

切槽刀（见图 3-34）前端为主切削刃，两侧为副切削刃；切断刀的刀头形状与切槽刀相似，但其主切削刃较窄，刀头较长。切槽与切断都是以横向进刀为主。

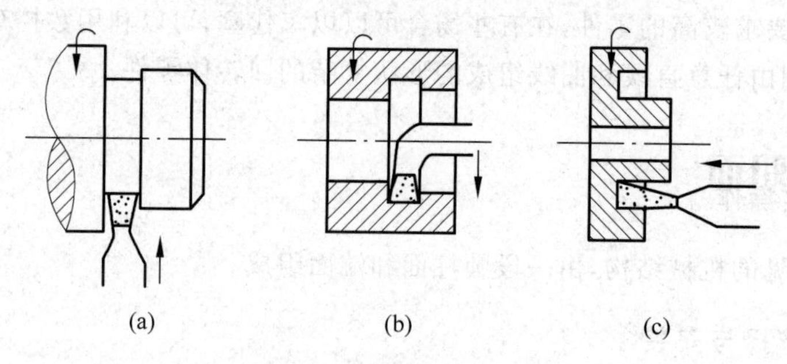

图 3-34　切槽刀及切断刀

(a) 切外槽；(b) 切内槽；(c) 切端面槽

2. 刀具安装

应使切槽刀或切断刀的主切削刃平行于零件轴线，两副偏角相等，刀尖与零件轴线等高。切断刀安装时刀尖必须严格对准零件中心。若刀尖装得过高或过低，切断处均将剩有凸起部分，且刀头容易折断或不易切削。此外，还应注意切断时车刀伸出刀架的长度不要过长。

3. 切槽操作

(1) 切窄槽时，主切削刃宽度等于槽宽，在横向进刀中一次切出。

(2) 切宽槽时，主切削刃宽度可小于槽宽，在横向进刀中分多次切出。

4. 切断操作

(1) 切断处应靠近卡盘，以免引起零件振动。

(2) 注意正确安装切断刀。

(3) 切削速度应低些，主轴和刀架各部分配合间隙要小。

(4) 手动进给要均匀。快切断时，应放慢进给速度，以防刀头折断。

3.6.6 车螺纹

螺纹种类有很多，按牙型分有三角形、梯形、方牙螺纹等数种；按标准分有米制和英制螺纹。米制三角形螺纹的牙型角为60°，用螺距或导程来表示；英制三角形螺纹的牙型角为55°，用每英寸牙数作为主要规格。各种螺纹都有左旋、右旋、单线、多线之分，其中以米制三角形螺纹即普通螺纹应用最广。

普通螺纹以大径、中径、螺距、牙型角和旋向为基本要素，是螺纹加工时必须控制的部分。在车床上能车削各种螺纹，现以车削普通螺纹为例予以说明。

1. 螺纹车刀及安装

车刀的刀尖角度必须与螺纹牙型角（米制螺纹为60°）相等，车刀前角等于零度。车刀刃磨时按样板刃磨，刃磨后用油石修光。安装车刀时，刀尖必须与零件中心等高。调整时，用对刀样板对刀，保证刀尖角的等分线严格垂直于零件的轴线。

2. 车削螺纹操作

在车床上车削单头螺纹的实质就是使车刀的纵向进给量等于零件的螺距。为保证螺距的精度，应使用丝杠与开合螺母的传动来完成刀架的进给运动。车螺纹要经过多次走刀才能完成，在多次走刀过程中，必须保证车刀每次都落入已切出的螺纹槽内，否则，就会发生“乱扣”现象。当丝杠的螺距 $P_{丝}$ 是零件螺距 $P_{工}$ 的整数倍时，可任意打开、合上开合螺母，车刀总会落入原来已切出的螺纹槽内，不会“乱扣”。若不为整数倍时，多次走刀和退刀时，均不能打开开合螺母，将发生“乱扣”。在车削螺纹时，在 $P_{丝}/P_{工}$ 不为整数的情况下，不能打开开合螺母，需开车纵向退回刀架。在 $P_{丝}/P_{工}$ 为整数的情况下，可以打开开合螺母，纵向摇回刀架。

车外螺纹的操作步骤：

(1) 开车对刀，使车刀与零件轻微接触，记下刻度盘读数，向右退出车刀，如图3-35(a)所示。

(2) 合上开合螺母，在零件表面上车出一条螺旋线，横向退出车刀，停车，如图3-35(b)所示。

(3) 开反车使车刀退到零件右端，停车，用钢直尺检查螺距是否正确，如图3-35(c)所示。

(4) 利用刻度盘调整背吃刀量，开车切削，如图3-35(d)所示。

(5) 刀将车至行程终了时，应做好退刀停车准备，先快速退出车刀，然后停车，开反车退回刀架，如图3-35(e)所示。

(6) 再次横向切入，继续切削，如图3-35(f)所示。

3. 车螺纹的进刀方法

(1) 直进刀法　用中滑板横向进刀，两切削刃和刀尖同时参加切削。直进刀法操作方便，能保证螺纹牙型精度，但车刀受力大、散热差、排屑难，刀尖易磨损。此法适用于车削脆性材料、小螺距螺纹或精车螺纹。

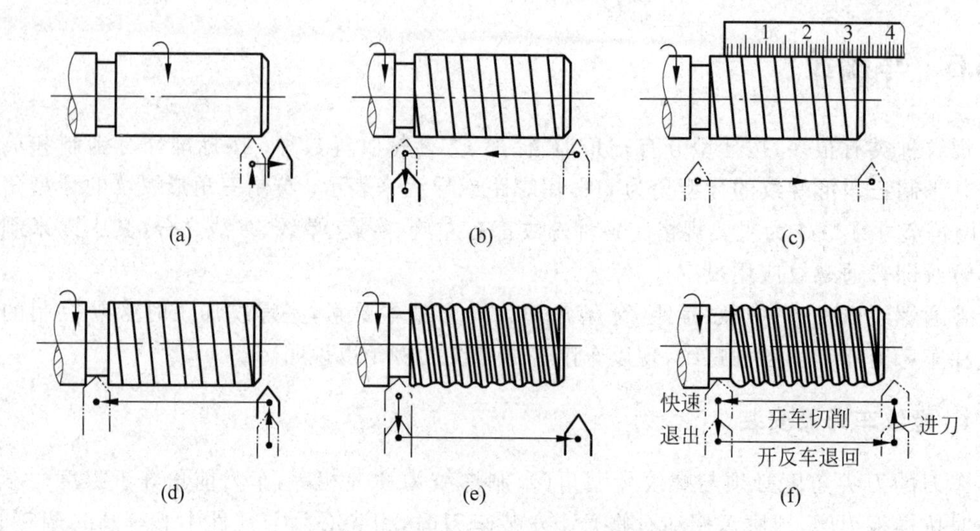

图 3-35 车削外螺纹操作步骤

（2）斜进刀法　用中滑板横向进刀和小滑板纵向进刀相配合，使车刀基本上只有一个切削刃参加切削，车刀受力小，散热、排屑有改善，可提高生产率。但螺纹牙型的一侧表面粗糙度值较大，所以在最后一刀要留有余量，用直进法进刀修光牙型两侧。此法适用于塑性材料和大螺距螺纹的粗车。

不论采用哪种进刀方法，每次的切深量要小，而总切深度由刻度盘控制，并借助螺纹量规测量。测量外螺纹用螺纹环规，测量内螺纹用螺纹塞规。

根据螺纹中径的公差，每种量规有过规、止规（塞规一般做在一根轴上，有过端、止端）。如果过规或过端能旋入螺纹，而止规或止端不能旋入时，则说明所车的螺纹中径是合格的。螺纹精度不高或单件生产且没有合适的螺纹量规时，也可用与其相配件进行检验。

4. 注意事项

（1）调整中、小滑板导轨上的斜铁，保证合适的配合间隙，使刀架移动均匀、平稳。

（2）若由顶尖上取下零件测量时，不得松开卡箍。重新安装零件时，必须使卡箍与拨盘保持原来的相对位置，并且须对刀检查。

（3）若需在切削中途换刀，则应重新对刀。由于传动系统存在间隙，对刀时应先使车刀沿切削方向走一段距离，停车后再进行对刀。此时移动小滑板使车刀切削刃与螺纹槽相吻合即可。

（4）为保证每次走刀时，刀尖都能正确落在前次车削的螺纹槽内，当丝杠的螺距不是零件螺距的整数倍时，不能在车削过程中打开开合螺母，应采用正反车法。

（5）车削螺纹时严禁用手触摸零件或用棉纱擦拭旋转的螺纹。

3.6.7 滚花

滚花是用滚花刀挤压零件，使其表面产生塑性变形而形成花纹。花纹一般有直纹和网纹两种，滚花刀也分直纹滚花刀和网纹滚花刀。如图 3-36 所示，滚花前，应将滚花部分的直径车削得比零件所要求尺寸(0.15～0.8mm)大些；然后将滚花刀的表面与零件平行接触，且使滚花刀中心线与零件中心线等高。在滚花开始进刀时，需用较大压力，待进刀一定深度后，再纵向自动进给，这样往复滚压1～2次，直到滚好为止。此外，滚花时零件转速要低，通常还需充分供给冷却液。

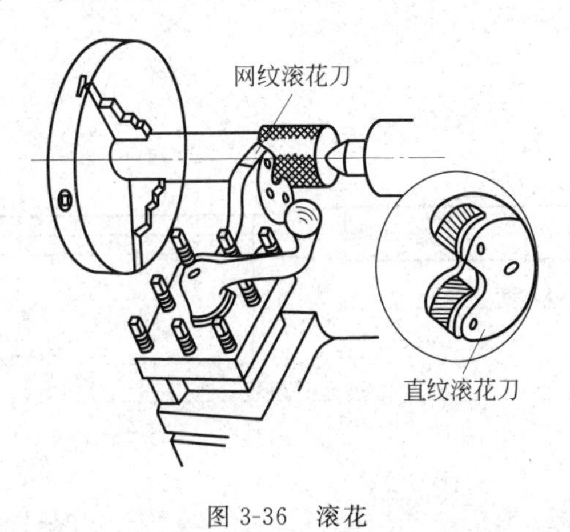

图 3-36 滚花

3.7 车削综合工艺分析

车削综合工艺分析可参照零件切削加工步骤安排，现仅讨论轴类零件及盘套类零件的车削工艺。

3.7.1 轴类、套类零件的车削

轴类零件是机械中用来支承齿轮、带轮等传动零件并传递扭矩的零件，是最常见的典型零件之一。盘套类零件是机械中使用最多的零件，其结构一般由孔、外圆、端面和沟槽等组成。

1. 轴类零件的车削

一般传动轴，各表面的尺寸精度、位置精度（如外圆面、台肩面对轴线的圆跳动）和表面粗糙度均有严格要求，长度与直径比值也较大，加工时不能一次完成全部表面，往往需多次调头安装，为保证安装精度，且方便可靠，多采用双顶尖安装。

2. 盘套类零件的车削

盘套类零件其结构基本相似，工艺过程基本相仿。除尺寸精度、表面粗糙度外，一般外圆面、端面都对孔的轴线有圆跳动要求。保证位置精度是车削工艺重点考虑的问题。加工时，通常分粗车、精车。精车时，尽可能将有位置精度要求的外圆、端面、孔在一次安装中全部加工完成，习惯称“一刀活”。若不能在一次安装中完成，一般先加工孔，然后以孔定位用心轴安装加工外圆和端面。

3.7.2 车削综合工艺

图 3-37 所示为榔头手柄零件图，材料 A3 钢，其车削加工过程见表 3-3。

全部 3.2

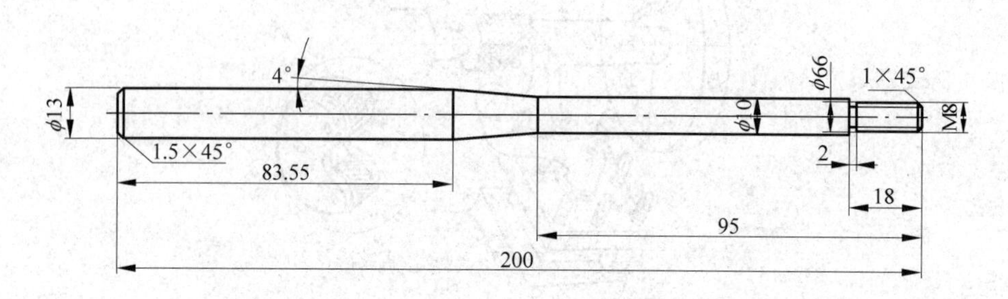

技术要求：
工件要求无毛刺

图 3-37 榔头手柄零件图

表 3-3 榔头手柄车削加工过程 mm

工序号	工序名称	工序内容	刀具	设备	装夹方法
1	下料	下料 φ14×250		锯床	
2	车	夹 φ14 毛坯外圆，车右端面	弯头外圆车刀	车床	三爪自定心卡盘及顶尖
		在右端面钻 A2.5 中心孔	中心钻		
		夹左端，外留 23mm，右端用尾座顶尖顶住，车削外圆至尺寸 φ13，保证长 210mm； 车削外圆至尺寸 φ10，保证长 90mm； 车削外圆至尺寸 φ8，保证长 18mm； 车削锥度至尺寸	右偏刀		
		切槽至尺寸	槽刀		
		套丝 M8	板牙		
		切断长 201mm	切断刀		
		车削左端面，保证长 200mm；倒角	弯头外圆车刀		
3	检验	按图样要求检验			

注：如果是大批量生产，上述工艺过程应注意工序分散的原则，以利于组织流水线生产，而且不留工艺夹头，在两顶尖间车削至尺寸。

3.8 工件材料的切削加工性

工件材料的切削加工性是指材料在一定条件下被切削加工成合格零件的难易程度。材料切削加工性有不同表示方法，考虑生产率和耐用度，表示方法如下：

（1）一定生产率条件下，加工这种材料的刀具耐用度；

（2）一定刀具耐用度前提下，加工这种材料所允许的切削速度；

（3）相同的切削条件下，刀具达到磨钝标准时所能切除工件材料的体积。此外还有：考虑已加工表面质量的表示方法；考虑切削力或切削功率的表示方法；考虑是否易于断屑的表示方法。

材料切削加工性指标通常用 v_t 表示，v_t 是指耐用度为 t 时，切削某种材料所允许的切削速度。通常取 $t=3600\text{s}(60\text{min})$，$v_t$ 写作 $v_{3600}(v_{60})$；对于一些特别难加工的材料，也可取 $t=1800\text{s}(30\text{min})$，$v_t$ 写作 $v_{1800}(v_{30})$。

如果以 45 钢的 $v_{3600}(v_{60})$ 作为基准，写作 $(v_{3600})_\text{j}$；而把其他各种材料的 $v_{3600}(v_{60})$ 同它相比，这个比值 K_r 称为材料的相对加工性。即

$$K_\text{r} = \frac{v_{3600}}{(v_{3600})_\text{j}} \tag{3-1}$$

1. 材料力学性能对切削加工性的影响

1）工件材料硬度的影响

（1）工件材料常温硬度对切削加工性的影响：工件材料硬度越高，切削力越大，切削温度越高，刀具磨损越快。

（2）工件材料高温硬度的影响：工件材料高温硬度越高，加工性越差。这是因为切削温度对切削过程的有利影响（软化）对高温硬度高的材料不起作用。

（3）金属材料中硬质点对加工性的影响：金属中硬质点越多，形状越尖锐、分布越广，则材料的加工性越差。

（4）材料的加工硬化对切削加工性的影响：加工硬化性越严重，切削加工性越差。

2）工件材料韧性的影响

韧性大的材料，切削加工性较差：在断裂前吸收的能量多，切削功率消耗多，且断屑困难。

3）工件材料弹性模量的影响

材料的弹性模量 E 是衡量材料刚度（抵抗弹性变形的性能）的指标，E 值越大，材料刚度越大，切削加工性越差。

2. 材料物理化学性能对切削加工性的影响

1）工件材料导热系数的影响

工件材料导热系数低，切削温度高，刀具易磨损，切削加工性差。金属材料导热系数大小顺序为：纯金属、有色金属、碳结构钢、铸铁、低合金结构钢、合金结构钢、工具钢、耐热钢、不锈钢。

2）工件材料物理化学反应的影响

如镁合金易燃烧，钛合金切屑易形成硬脆化合物等，不利于切削进行。

普通碳素钢的切削加工性主要取决于钢中碳的含量。低碳钢硬度低、塑性和韧性高，切削变形大，切削温度高，断屑困难，故加工性较差。高碳钢的硬度高、塑性低、导热性差，故切削力大，切削温度高，刀具耐用度低，加工性也差。相对而言，中碳钢的切削加工性较好。在碳素钢中加入一定合金元素，如 Si、Mn、Cr、Ni、Mo、W、V、Ti 等，使钢的机械性能提高，但加工性也随着变差。

铣削加工

基本要求

(1) 了解铣削加工的基本知识；

(2) 了解铣削加工的特点及主要运动；

(3) 了解铣床的调整方法和传动原理；

(4) 了解铣削加工所用刀具的结构特点、装夹方法；

(5) 了解铣床常用附件的功用；

(6) 熟悉零件在机床用平口虎钳中的装夹及校正方法；

(7) 熟悉卧式万能铣床主要组成部分的名称、运动及其作用；

(8) 掌握在卧式铣床、立式铣床上加工水平面、垂直面及沟槽的操作。

4.1 铣工概述

在铣床上用铣刀加工工件的工艺过程叫做铣削加工，简称铣工。铣削是金属切削加工中常用的方法之一。铣削时，铣刀作旋转的主运动，工件作缓慢直线的进给运动。

铣床的加工范围很广，可以加工平面(水平面、垂直面、斜面)，台阶面，沟槽(键槽、直角槽、角度槽、燕尾槽、T 形槽、圆弧槽、螺旋槽)，成形面(如齿形)，还可进行孔加工(钻孔、扩孔、铰孔、铣孔)和分度工作，如图 4-1 和图 4-2 所示。

铣床的加工精度一般为 IT9～IT8；表面粗糙度一般为 $Ra6.3\sim1.6\mu\text{m}$。

1. 铣削特点

(1) 铣刀是一种多齿刀具，在铣削时，铣刀的每个刀齿不像车刀和钻头那样连续地进行切削，而是间歇地进行切削，刀具的散热和冷却条件好，铣刀的耐用度高，切削速度可以提高。

(2) 铣削时经常是多齿进行切削，可采用较大的切削用量，与刨削相比，铣削有较高的生产率，在成批及大量生产中，铣削几乎已全部代替了刨削。

(3) 由于铣刀刀齿的不断切入、切出，铣削力不断地变化，故而铣削容易产生振动。

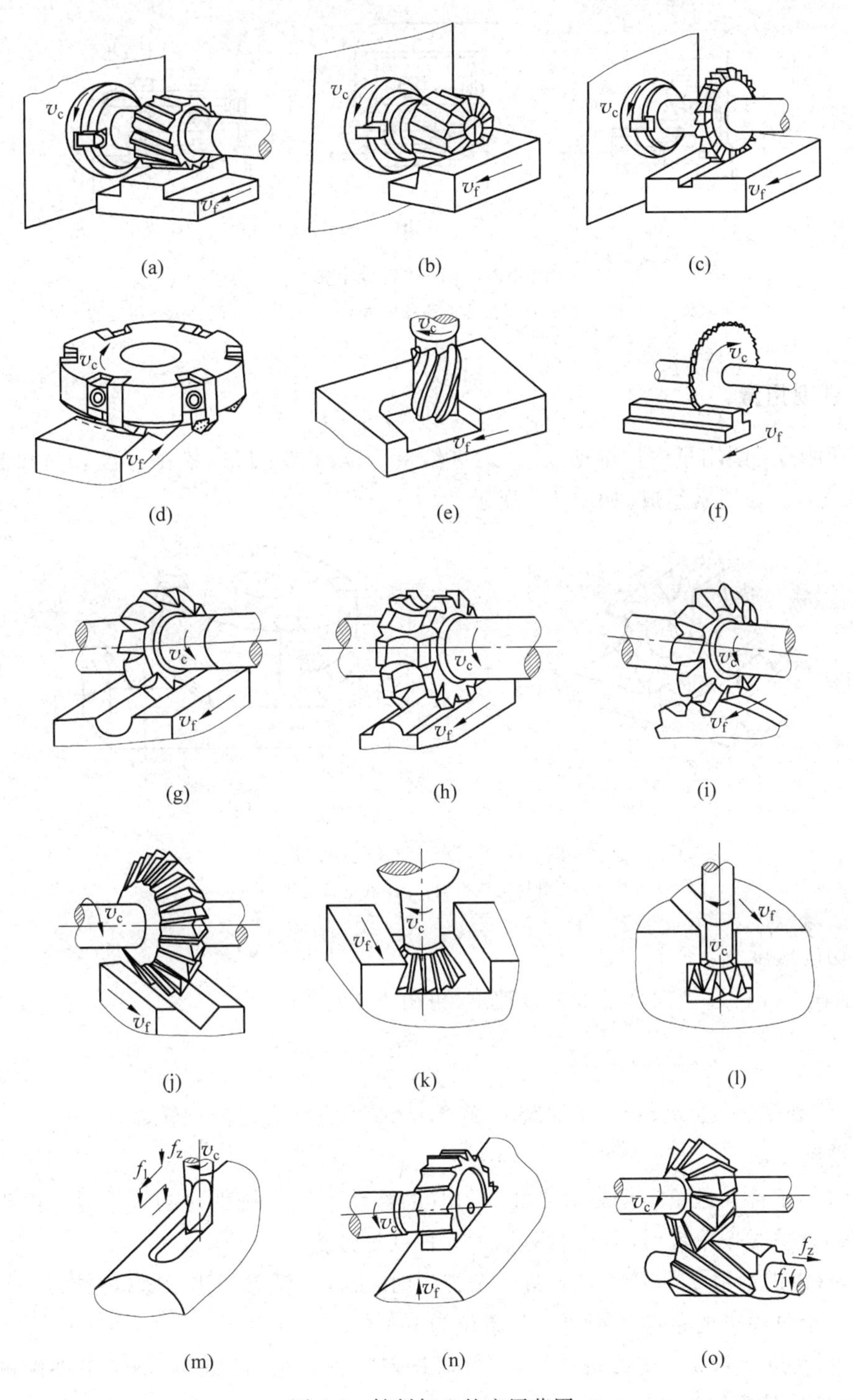

图 4-1 铣削加工的应用范围

(a) 圆柱铣刀铣平面；(b) 套式铣刀铣台阶面；(c) 三面刃铣刀铣直角槽；(d) 端铣刀铣平面；(e) 立铣刀铣凹平面；(f) 锯片铣刀切断；(g) 凸半圆铣刀铣凹圆弧面；(h) 凹半圆铣刀铣凸圆弧面；(i) 齿轮铣刀铣齿轮；(j) 角度铣刀铣 V 形槽；(k) 燕尾槽铣刀铣燕尾槽；(l) T 形槽铣刀铣 T 形槽；(m) 键槽铣刀铣键槽；(n) 半圆键槽铣刀铣半圆键槽；(o) 角度铣刀铣螺旋槽

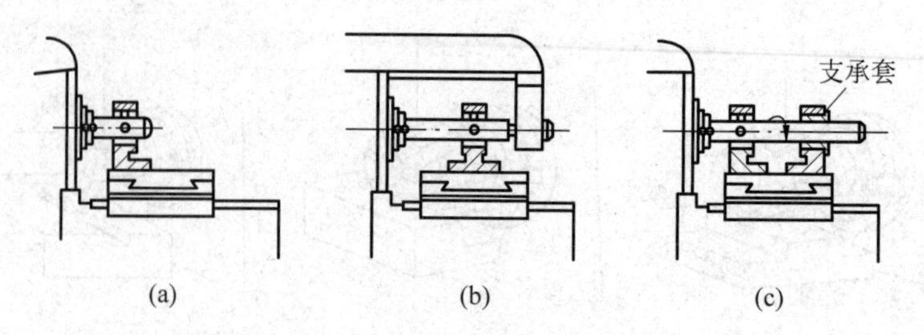

图 4-2 在卧式铣床上镗孔

(a) 卧式铣床上镗孔；(b) 卧式铣床上镗孔用吊架；(c) 卧式铣床上镗孔用支承套

2. 铣削用量

铣削时的铣削用量由切削速度（v_c）、进给量（v_f）、背吃刀量（铣削深度，a_p）和侧吃刀量（铣削宽度，a_e）四要素组成，如图 4-3 所示。

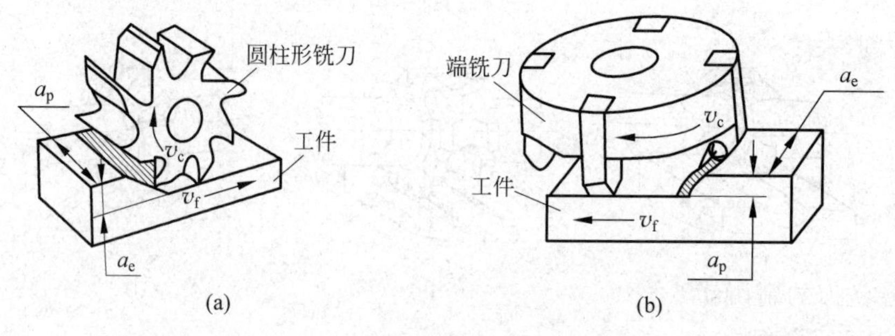

图 4-3 铣削运动及铣削用量

(a) 在卧铣上铣平面；(b) 在立铣上铣平面

1）切削速度 v_c

切削速度即铣刀最大直径处的线速度，可由下式计算：

$$v_c = \frac{\pi dn}{1000}$$

式中：v_c 为切削速度，m/min；d 为铣刀直径，mm；n 为铣刀每分钟转数，r/min。

2）进给量 v_f

铣削时，工件在进给运动方向上相对刀具的移动量即为铣削时的进给量。由于铣刀为多刃刀具，计算时按单位时间不同，有以下 3 种度量方法。

(1) 每齿进给量 f_z　铣刀每转过一个刀齿时，工件对铣刀的进给量（即铣刀每转过一个刀齿，工件沿进给方向移动的距离），其单位为 mm/z。

(2) 每转进给量 f　铣刀每一转，工件对铣刀的进给量（即铣刀每转，工件沿进给方向移动的距离），其单位为 mm/r。

(3) 每分钟进给量 v_f　又称进给速度，指工件对铣刀的每分钟进给量（即每分钟工件沿进给方向移动的距离），其单位为 mm/min。

上述三者的关系为

$$v_f = fn = f_z zn$$

式中：z 为铣刀齿数；n 为铣刀每分钟转速，r/min。

3）背吃刀量（铣削深度）a_p

铣削深度为平行于铣刀轴线方向测量的切削层尺寸（切削层是指工件上正被刀刃切削着的那层金属），单位为 mm。因周铣与端铣时相对于工件的方位不同，故铣削深度的标示也有所不同。

4）侧吃刀量（铣削宽度）a_c

铣削宽度是垂直于铣刀轴线方向测量的切削层尺寸，单位为 mm。

铣削用量选择的原则：通常粗加工时为了保证必要的刀具耐用度，应优先采用较大的侧吃刀量或背吃刀量，其次是加大进给量，最后才是根据刀具耐用度的要求选择适宜的切削速度，这样选择是因为切削速度对刀具耐用度影响最大，进给量次之，侧吃刀量或背吃刀量影响最小；精加工时为减小工艺系统的弹性变形，必须采用较小的进给量，同时抑制积屑瘤的产生。对于硬质合金铣刀应采用较高的切削速度，对高速钢铣刀应采用较低的切削速度，如铣削过程中不产生积屑瘤时，也应采用较大的切削速度。

3. 铣削方式

1）周铣和端铣

用刀齿分布在圆周表面的铣刀而进行铣削的方式叫做周铣（见图 4-3(a)）；用刀齿分布在圆柱端面上的铣刀而进行铣削的方式叫做端铣（见图 4-3(b)）。与周铣相比，端铣铣平面时较为有利，因为：

(1) 端铣刀的副切削刃对已加工表面有修光作用，能使粗糙度降低。周铣的工件表面则有波纹状残留面积。

(2) 同时参加切削的端铣刀齿数较多，切削力的变化程度较小，因此工作时振动较周铣小。

(3) 端铣刀的主切削刃刚接触工件时，切屑厚度不等于零，使刀刃不易磨损。

(4) 端铣刀的刀杆伸出较短，刚性好，刀杆不易变形，可用较大的切削用量。

由此可见，端铣法的加工质量较好，生产率较高，所以铣削平面大多采用端铣。但是，周铣对加工各种形面的适应性较广，而有些形面（如成形面等）则不能用端铣。

2）逆铣和顺铣

周铣有逆铣法和顺铣法之分，如图 4-4 所示。逆铣时，铣刀的旋转方向与工件的进给方向相反；顺铣时，则铣刀的旋转方向与工件的进给方向相同。

逆铣时，切屑的厚度从零开始渐增。实际上，铣刀的刀刃开始接触工件后，将在表面滑行一段距离才真正切入金属。这就使得刀刃容易磨损，并增加加工表面的粗糙度。逆铣时，铣刀对工件有上抬的切削分力，影响工件安装在工作台上的稳固性。

顺铣则没有上述缺点。但是，顺铣时工件的进给会受工作台传动丝杠与螺母之间间隙的影响。因为铣削的水平分力与工件的进给方向相同，铣削力忽大忽小，就会使工作台窜动和进给量不均匀，甚至引起打刀或损坏机床。因此，必须在纵向进给丝杠处有消除间隙的装置才能采用顺铣。但一般铣床上没有消除丝杠螺母间隙的装置，只能采用逆铣法。另外，对铸锻件表面的粗加工，顺铣因刀齿首先接触黑皮，将加剧刀具的磨损，此时，也是以逆铣为妥。

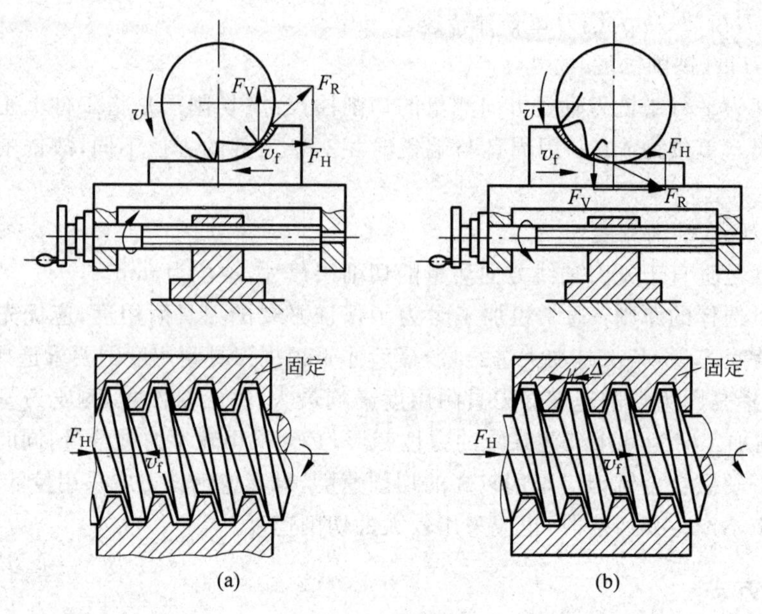

图 4-4 逆铣和顺铣

(a) 逆铣；(b) 顺铣

4.2 铣 床

铣床种类很多,常用的有卧式铣床、立式铣床、龙门铣床和数控铣床及铣镗加工中心等。在一般工厂,卧式铣床和立式铣床应用最广,其中万能卧式升降台式铣床(简称万能卧式铣床)应用最多。

4.2.1 万能卧式铣床

万能卧式铣床,如图 4-5 所示,是铣床中应用最广的一种。其主轴是水平的,与工作台面平行。下面以实习中所使用的 X6132 铣床为例,介绍万能铣床的型号、组成部分及作用。

1. 万能铣床的型号

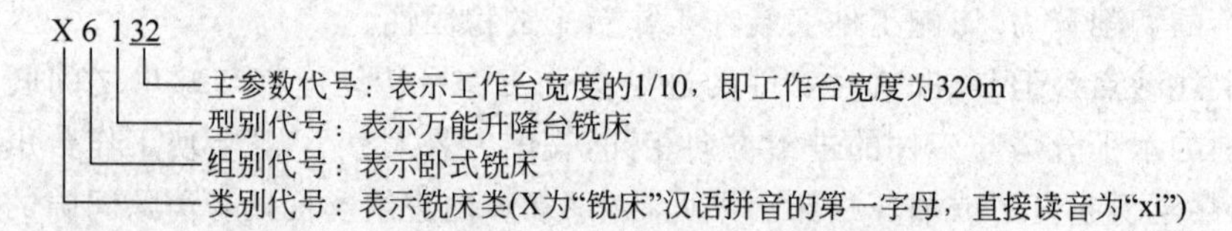

2. X6132 万能卧式铣床的主要组成部分及作用

(1) 床身　用来固定和支承铣床上所有的部件,电动机、主轴及主轴变速机构等安装在

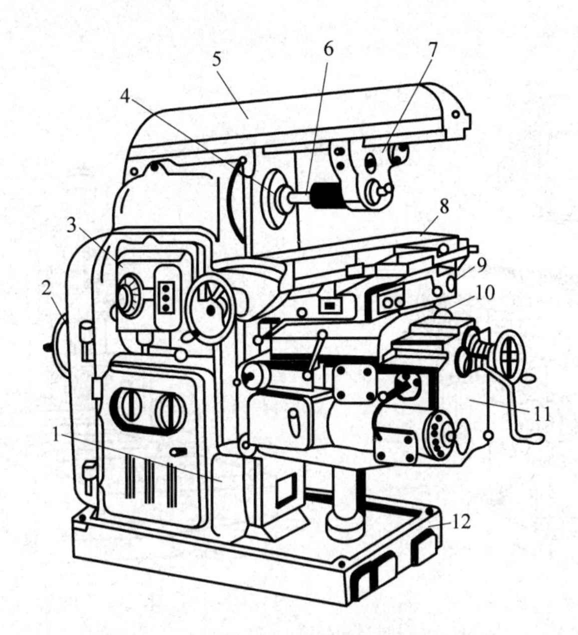

图 4-5 X6132 万能卧式升降台铣床

1—床身；2—电动机；3—变速机构；4—主轴；5—横梁；6—刀杆；7—刀杆支架；8—纵向工作台；9—转台；10—横向工作台；11—升降台；12—底座

它的内部。

(2) 横梁 它的上面安装吊架，用来支承刀杆外伸的一端，以加强刀杆的刚性。横梁可沿床身的水平导轨移动，以调整其伸出的长度。

(3) 主轴 主轴是空心轴，前端有 7∶24 的精密锥孔，其用途是安装铣刀刀杆并带动铣刀旋转。

(4) 纵向工作台 在转台的导轨上作纵向移动，带动台面上的工件作纵向进给。

(5) 横向工作台 位于升降台上面的水平导轨上，带动纵向工作一起作横向进给。

(6) 转台 其作用是能将纵向工作台在水平面内扳转一定的角度，以便铣削螺旋槽。

(7) 升降台 可以使整个工作台沿床身的垂直导轨上下移动，以调整工作台面到铣刀的距离，并作垂直进给。

带有转台的卧式铣床，由于其工作台除了能作纵向、横向和垂直方向移动外，尚能在水平面内左右扳转 45°，因此称为万能卧式铣床。

4.2.2 升降台铣床及龙门铣床

立式升降台铣床，如图 4-6 所示，其主轴与工作台面垂直。有时根据加工的需要，可以将立铣头(主轴)偏转一定的角度。

龙门铣床属大型机床之一，如图 4-7 所示为四轴龙门铣床外形图，它一般用来加工卧式、立式铣床不能加工的大型工件。

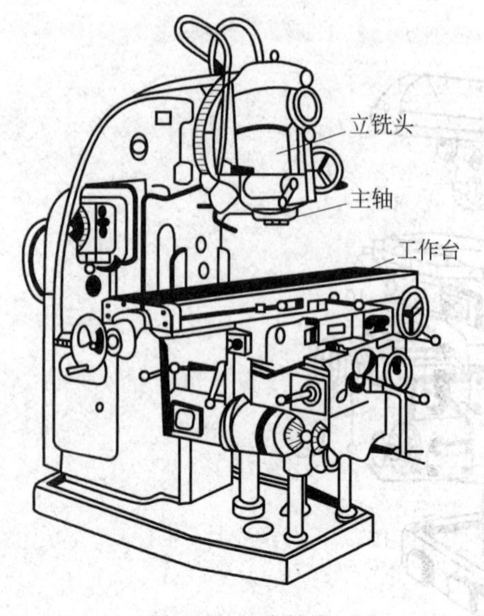

图 4-6 立式铣床

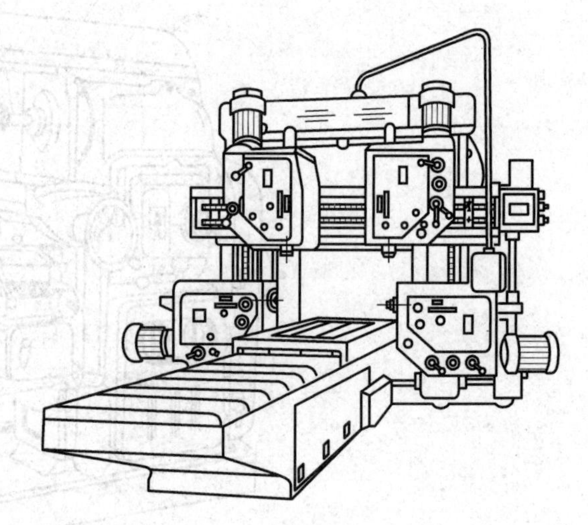

图 4-7 四轴龙门铣床外形

4.3 铣刀及其安装

4.3.1 铣刀

铣刀的分类方法很多，根据铣刀安装方法的不同可分为两大类，即带孔铣刀和带柄铣刀。带孔铣刀多用在卧式铣床上，带柄铣刀多用在立式铣床上。带柄铣刀又分为直柄铣刀和锥柄铣刀。

1. 常用的带孔铣刀

(1) 圆柱铣刀 其刀齿分布在圆柱表面上，通常分为直齿(见图 4-3(a))和斜齿(见图 4-1(a))两种，主要用于铣削平面。由于斜齿圆柱铣刀的每个刀齿是逐渐切入和切离工件的，故工作较平稳，加工表面粗糙度数值小，但有轴向切削力产生。

(2) 圆盘铣刀 即三面刃铣刀、锯片铣刀等。如图 4-1(c)所示，为三面刃铣；如图 4-1(f)所示为锯片铣刀，用于铣窄槽和切断。

(3) 角度铣刀 如图 4-1(j)、(k)、(o)所示，具有各种不同的角度，用于加工各种角度的沟槽及斜面等。

(4) 成形铣刀 如图 4-1(g)、(h)、(i)所示，其切刃呈凸圆弧、凹圆弧、齿槽形等，用于加工与切刃形状对应的成形面。

2. 常用的带柄铣刀

(1) 立铣刀 如图 4-1(e)所示。立铣刀有直柄和锥柄两种，多用于加工沟槽、小平面、台阶面等。

(2) 键槽铣刀　如图 4-1(m)所示，专门用于加工封闭式键槽。

(3) T 形槽铣刀　如图 4-1(l)所示，专门用于加工 T 形槽。

(4) 镶齿端铣刀　如图 4-1(d)所示，一般刀盘上装有硬质合金刀片，加工平面时可以进行高速铣削，以提高工作效率。

4.3.2 铣刀的安装

1. 带孔铣刀的安装

带孔铣刀中的圆柱形、圆盘形铣刀，多用长刀杆安装，如图 4-8 所示。长刀杆一端有 7∶24 锥度与铣床主轴孔配合，安装刀具的刀杆部分，根据刀孔的大小分几种型号，常用的有 $\phi16$、$\phi22$、$\phi27$、$\phi32$ 等。

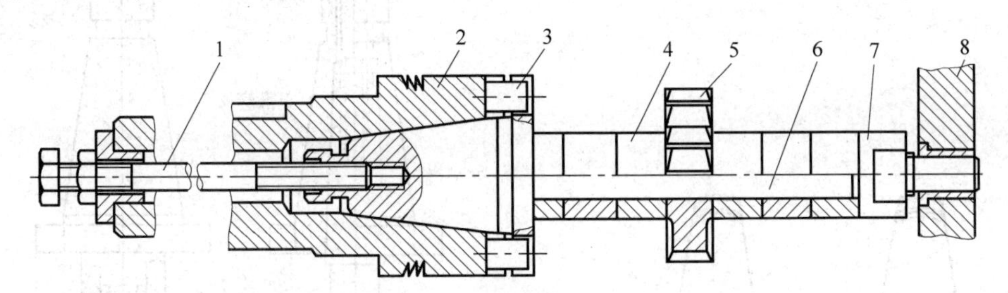

图 4-8　圆盘铣刀的安装

1—拉杆；2—铣床主轴；3—端面键；4—套筒；5—铣刀；6—刀杆；7—螺母；8—刀杆支架

用长刀杆安装带孔铣刀时要注意：

(1) 铣刀应尽可能地靠近主轴或吊架，以保证铣刀有足够的刚性；套筒的端面与铣刀的端面必须擦干净，以减小铣刀的端跳；拧紧刀杆的压紧螺母时，必须先装上吊架，以防刀杆受力弯曲。

(2) 斜齿圆柱铣所产生的轴向切削刀应指向主轴轴承，主轴转向与铣刀旋向的选择见表 4-1。

表 4-1　主轴转向与斜齿圆柱铣刀旋向的选择

情况	铣刀安装简图	螺旋线方向	主旋转方向	轴向力的方向	说明
1	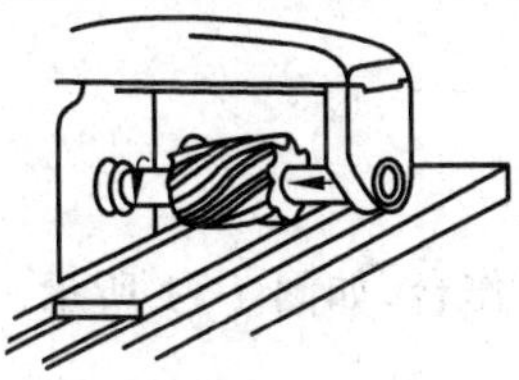	左旋	逆时针方向旋转	向着主轴轴承	正确
2	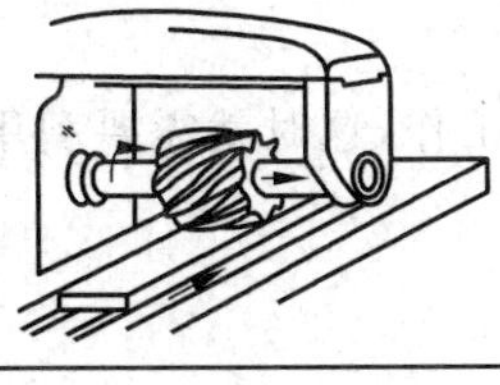	左旋	顺时针方向旋转	离开主轴轴承	不正确

(3) 带孔铣刀中的端铣刀,多用短刀杆安装,如图 4-9 所示。

2. 带柄铣刀的安装

(1) 锥柄铣刀的安装　如图 4-10(a)所示,根据铣刀锥柄的大小,选择合适的变锥套,将各配合表面擦净,然后用拉杆把铣刀及变锥套一起拉紧在主轴上。

(2) 直柄立铣刀的安装　这类铣刀多为小直径铣刀,一般不超过 $\phi 20$,多用弹簧夹头进行安装,如图 4-10(b)所示。铣刀的柱柄插入弹簧套的孔中,用螺母压弹簧套的端面,使弹簧套的外锥面受压而孔径缩小,即可将铣刀抱紧。弹簧套上有 3 个开口,故受力时能收缩。弹簧套有多种孔径,以适应各种尺寸的铣刀。

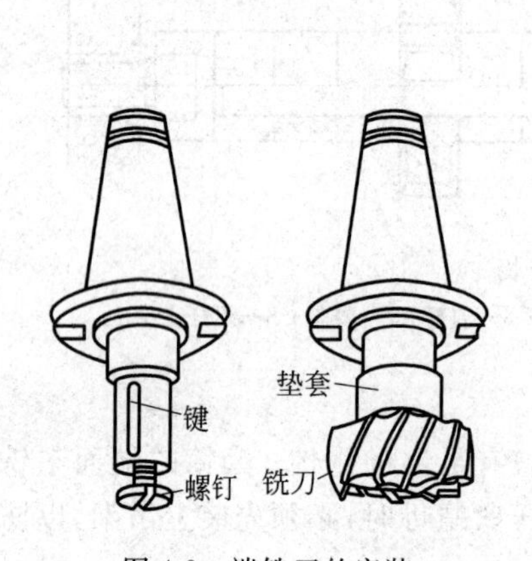

图 4-9　端铣刀的安装

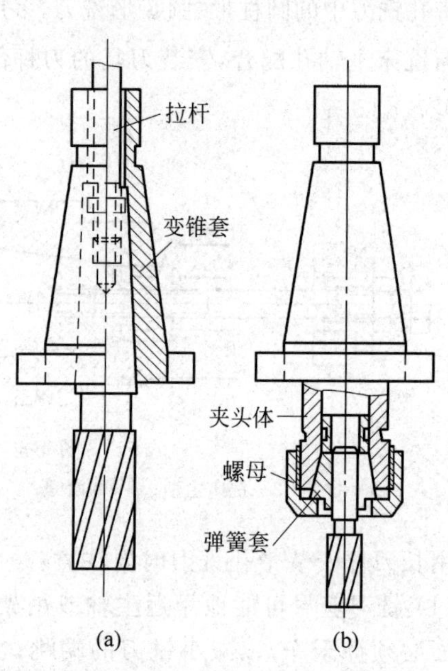

图 4-10　带柄铣刀的安装

(a) 锥柄铣刀的安装；(b) 直柄铣刀的安装

4.4 铣床附件及工件安装

4.4.1 铣床附件及其应用

铣床的主要附件有分度头、平口钳、万能铣头和回转工作台,如图 4-11 所示。

1. 分度头

在铣削加工中,常会遇到铣六方、齿轮、花键和刻线等工作,这时就需要利用分度头分度。因此,分度头是万能铣床上的重要附件。

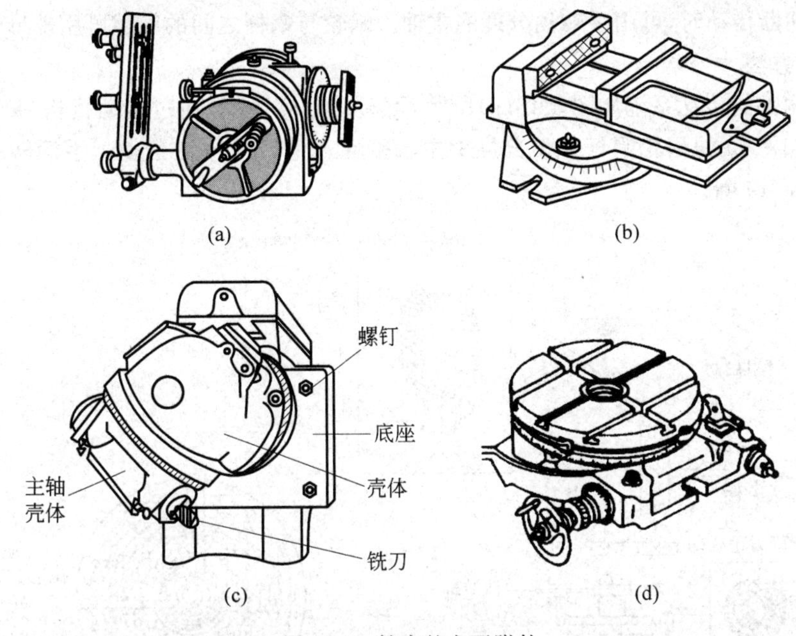

图 4-11 铣床的主要附件

(a) 分度头；(b) 平口钳；(c) 万能铣头；(d) 回转工作台

1) 分度头的作用

(1) 能使工件实现绕自身的轴线周期性地转动一定的角度(即进行分度)；

(2) 利用分度头主轴上的卡盘夹持工件，使被加工工件的轴线，相对于铣床工作台在向上90°和向下10°的范围内倾斜成需要的角度，以加工各种位置的沟槽、平面等(如铣圆锥齿轮)；

(3) 与工作台纵向进给运动配合，通过配换挂轮，能使工件连续转动，以加工螺旋沟槽、斜齿轮等。

万能分度头由于具有广泛的用途，在单件小批量生产中应用较多。

2) 分度头的结构

分度头的主轴是空心的，两端均为锥孔，前锥孔可装入顶尖(莫氏 4 号)，后锥孔可装入心轴，以便在差动分度时挂轮，把主轴的运动传给侧轴可带动分度盘旋转。主轴前端外部有螺纹，用来安装三爪自定心卡盘，如图 4-12 所示。

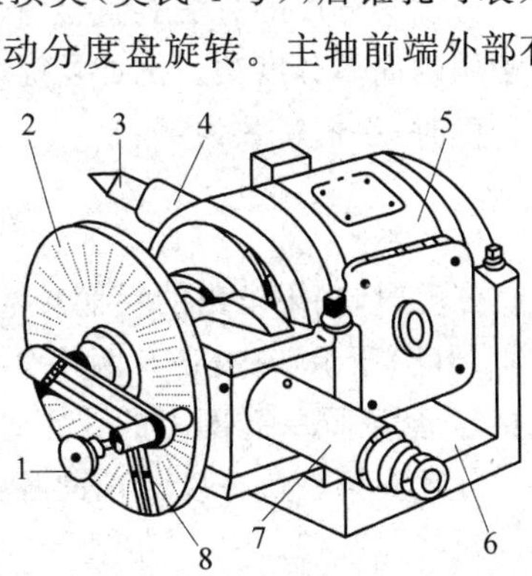

根据加工需要，分度头主轴方向可处于水平位置、垂直位置和倾斜位置。松开壳体上部的两个螺钉，主轴可以随回转体在壳体的环形导轨内转动，当主轴调整到所需的位置上后，应拧紧螺钉。主轴倾斜的角度可以从刻度上看出。

在壳体下面，固定有两个定位块，以便与铣床工作台面的 T 形槽相配合，用来保证主轴轴线准确地平行于工作台的纵向进给方向。

手柄用于紧固或松开主轴，分度时松开、分度后紧固，以防在铣削时主轴松动。另一手柄是控制蜗杆的手柄，它可以使蜗杆和蜗轮连接或脱开(即分度头内部的传动切断

图 4-12 万能分度头外形

1—手柄；2—分度盘；3—顶尖；4—主轴；5—转动体；6—底座；7—挂轮轴；8—扇形叉

或结合)，在切断传动时，可用手转动分度的主轴。蜗轮与蜗杆之间的间隙可用螺母调整。

3）分度方法

分度头内部的传动系统如图 4-13(a)所示，可转动分度手柄，通过传动机构(传动比 1∶1 的一对齿轮，1∶40 的蜗轮蜗杆)，使分度头主轴带动工件转动一定角度。手柄转一圈，主轴带动工件转 1/40 圈。

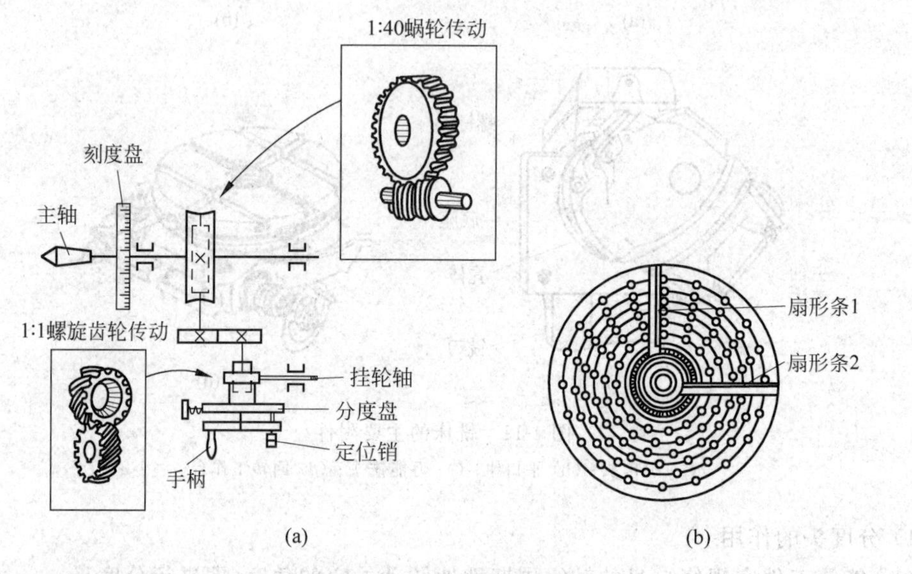

图 4-13 分度头的传动

如果要将工件的圆周等分为 Z 等份，则每次分度工件应转过 $1/Z$ 圈。设每次分度手柄的转数为 n，则手柄转数 n 与工件等分数 Z 之间有如下关系：

$$1:40=\frac{1}{Z}:n$$

$$n=\frac{40}{Z}$$

分度头分度的方法有直接分度法、简单分度法、角度分度法和差动分度法等。这里仅介绍常用的简单分度法。例如：铣齿数 $Z=35$ 的齿轮，需对齿轮毛坯的圆周作 35 等分，每一次分度时，手柄转数为

$$n=\frac{40}{Z}=\frac{40}{35}\text{圈}=1\frac{1}{7}\text{圈}$$

分度时，如果求出的手柄转数不是整数，可利用分度盘上的等分孔距来确定。分度盘如图 4-13(b)所示，一般备有两块分度盘。分度盘的两面各钻有不通的许多圈孔，各圈孔数均不相等，然而同一孔圈上的孔距是相等的。

分度头第一块分度盘正面各圈孔数依次为 24、25、28、30、34、37；反面各圈孔数依次为 38、39、41、42、43。

第二块分度盘正面各圈孔数依次为 46、47、49、51、53、54；反面各圈孔数依次为 57、58、59、62、66。

按上例计算结果，即每分一齿，手柄需转过 $1\frac{1}{7}$ 圈，其中 $\frac{1}{7}$ 圈需通过分度盘来控制。用

简单分度法需先将分度盘固定；再将分度手柄上的定位销调整到孔数为 7 的倍数(如 28、42、49)的孔圈上，如在孔数为 28 的孔圈上。此时分度手柄转过 1 整圈后，再沿孔数为 28 的孔圈转过 4 个孔距，即

$$n = 1\frac{1}{7}\text{圈} = 1\frac{4}{28}\text{圈}$$

为了确保手柄转过的孔距数可靠，可调整分度盘上的扇形条 1、2 间的夹角(见图 4-13(b))，使之正好等于分子的孔距数，这样依次进行分度时就可准确无误。

分度手柄摇 40 圈，分度头主轴转一圈(360°)，那么，手柄摇一圈，主轴转过的角度为

$$\theta = \frac{360^\circ}{40} = 9^\circ$$

如果工件上要求 x 的分度，那么手柄转数 $n=\frac{x}{\theta}=\frac{x}{9^\circ}$。

例：某轴上需要沿轴向铣出两个槽，两个槽之间的夹角为 30°，试计算铣出分度头手柄应转过的圈数。

由公式得 $$n=\frac{x}{\theta}=\frac{30}{9}\text{圈}=3\frac{3}{9}\text{圈}$$

2. 平口钳

平口钳是一种通用夹具，经常用其安装小型工件。

3. 万能铣头

在卧式铣床上装上万能铣头，不仅能完成各种立铣的工作，而且还可以根据铣削的需要，把铣头主轴扳成任意角度。万能铣头的底座用螺栓固定在铣床的垂直导轨上。铣床主轴的运动通过铣头内的两对锥齿轮传到铣头主轴上。铣头的壳体可绕铣床主轴轴线偏转任意角度。铣头主轴的壳体还能在铣头壳体上偏转任意角度。因此，铣头主轴就能在空间偏转成所需要的任意角度。

4. 回转工作台

回转工作台又称为转盘、平分盘、圆形工作台等。它的内部有一套蜗轮蜗杆。摇动手轮，通过蜗杆轴，就能直接带动与转台相连接的蜗轮转动。转台周围有刻度，可以用来观察和确定转台位置。拧紧固定螺钉，转台就固定不动。转台中央有一孔，利用它可以方便地确定工件的回转中心。当底座上的槽和铣床工作台的 T 形槽对齐后，即可用螺栓把回转工作台固定在铣床工作台上。铣圆弧槽时，工件安装在回转工作台上，铣刀旋转，用手均匀缓慢地摇动回转工作台而使工件铣出圆弧槽。

4.4.2 工件的安装

铣床上常用的工件安装方法有以下几种。

1. 平口钳安装工件

在铣削加工时，常使用平口钳夹紧工件，如图 4-14 所示。它具有结构简单、夹紧牢靠等

特点，所以使用广泛。平口钳的尺寸规格，是以其钳口宽度来区分的。X62W 型铣床配用的平口钳为 160mm。

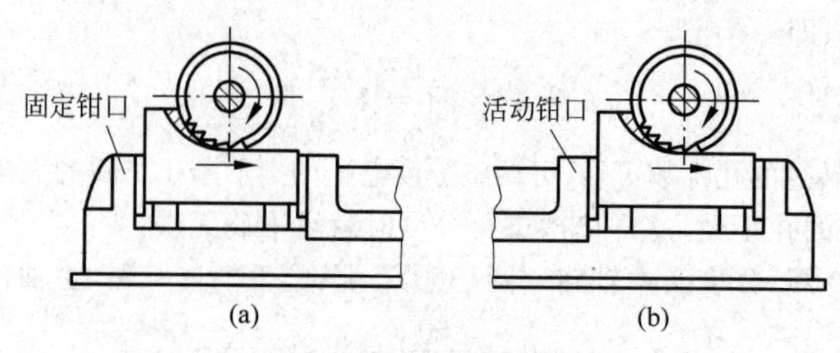

图 4-14 平口钳安装工件
(a) 正确；(b) 不正确

平口钳分为固定式和回转式两种。回转式平口钳可以绕底座旋转 360°，固定在水平面的任意位置上，因而扩大了其工作范围，是目前平口钳应用的主要类型。平口钳用两个 T 形螺栓固定在铣床上，底座上还有一个定位键，它与工作台上中间的 T 形槽相配合，以提高平口钳安装时的定位精度。

2. 用压板、螺栓安装工件

对于大型工件或平口钳难以安装的工件，可用压板、螺栓和垫铁将工件直接固定在工作台上，如图 4-15(a)所示。

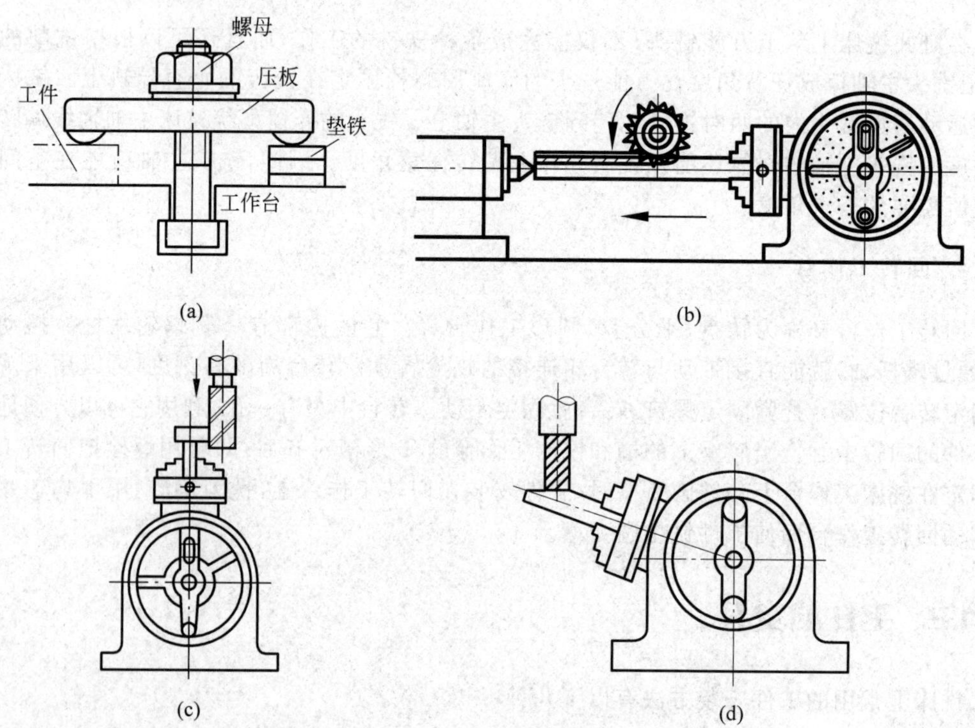

图 4-15 工件在铣床上常用的安装方法
(a) 用压板、螺钉安装工件；(b) 用分度头安装工件；
(c) 分度头卡盘在垂直位置安装工件；(d) 分度头卡盘在倾斜位置安装工件

注意事项：

(1) 压板的位置要安排得当，压点要靠近切削面，压力大小要适合。粗加工时，压紧力要大，以防止切削中工件移动；精加工时，压紧力要合适，注意防止工件发生变形。

(2) 工件如果放在垫铁上，要检查工件与垫铁是否贴紧了，若没有贴紧，必须垫上铜皮或纸，直到贴紧为止。

(3) 压板必须压在垫铁处，以免工件因受压紧力而变形。

(4) 安装薄壁工件，在其空心位置处，可用活动支撑(千斤顶等)增加刚度。

(5) 工件压紧后，要用划针盘复查加工线是否仍然与工作台平行，避免工件在压紧过程中变形或走动。

3. 用分度头安装工件

分度头安装工件一般用在等分工作中，它既可以用分度头卡盘(或顶尖)与尾架顶尖一起使用安装轴类零件，如图 4-15(b)所示；也可以只使用分度头卡盘安装工件；又由于分度头的主轴可以在垂直平面内转动，因此可以利用分度头在水平、垂直及倾斜位置安装工件，如图 4-15(c)、(d)所示。

当零件的生产批量较大时，可采用专用夹具或组合夹具装夹工件，这样既能提高生产效率，又能保证产品质量。

4.5 铣削基本操作

4.5.1 铣平面

铣平面可以用圆柱铣刀、端铣刀或三面刃盘铣刀在卧式铣床或立式铣床上进行铣削。

1. 用圆柱铣刀铣平面

圆柱铣刀一般用于卧式铣床铣平面。铣平面用的圆柱铣刀，一般为螺旋齿圆柱铣刀。铣刀的宽度必须大于所铣平面的宽度。螺旋线的方向应使铣削时所产生的轴向力将铣刀推向主轴轴承方向。

圆柱铣刀通过长刀杆安装在卧式铣床的主轴上，刀杆上的锥柄与主轴上的锥孔相配，并用一拉杆拉紧。刀杆上的键槽与主轴上的方键相配，用来传递动力。安装铣刀时，先在刀杆上装几个垫圈，然后装上铣刀，如图 4-16(a)所示。应使铣刀切削刃的切削方向与主轴旋转方向一致，同时铣刀还应尽量装在靠近床身的地方。再在铣刀的另一侧套上垫圈，然后用手轻轻旋上压紧螺母，如图 4-16(b)所示。再安装吊架，使刀杆前端进入吊架轴承内，拧紧吊架的紧固螺钉，如图 4-16(c)所示。初步拧紧刀杆螺母，开车观察铣刀是否装正，然后用力拧紧螺母，如图 4-16(d)所示。

操作方法：根据工艺卡的规定调整机床的转速和进给量，再根据加工余量的多少来调整铣削深度，然后开始铣削。铣削时，先用手动使工作台纵向靠近铣刀，而后改为自动进给；当进给行程尚未完毕时不要停止进给运动，否则铣刀在停止的地方切入金属就比较深，形成

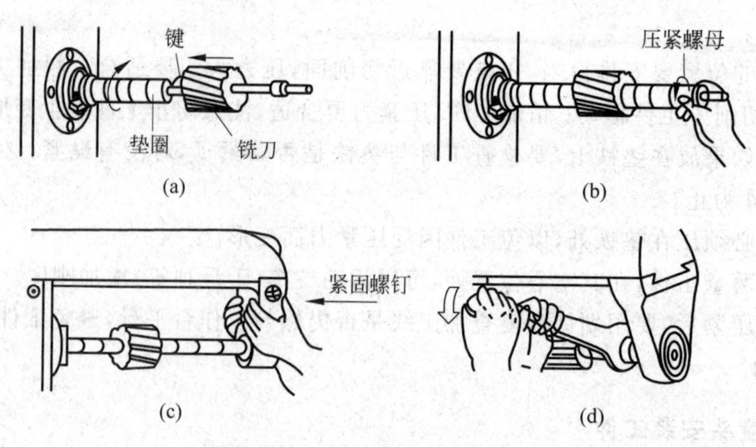

图 4-16 安装圆柱铣刀的步骤

表面深啃现象；铣削铸铁时不加切削液(因铸铁中的石墨可起润滑作用)，铣削钢料时要用切削液(通常用含硫矿物油作切削液)。

用螺旋齿铣刀铣削时，同时参加切削的刀齿数较多，每个刀齿工作时都是沿螺旋线方向逐渐地切入和脱离工作表面，切削比较平稳。在单件小批量生产的条件下，用圆柱铣刀在卧式铣床上铣平面仍是常用的方法。

2. 用端铣刀铣平面

端铣刀一般用于立式铣床上铣平面，有时也用于卧式铣床上铣侧面，如图 4-17 所示。

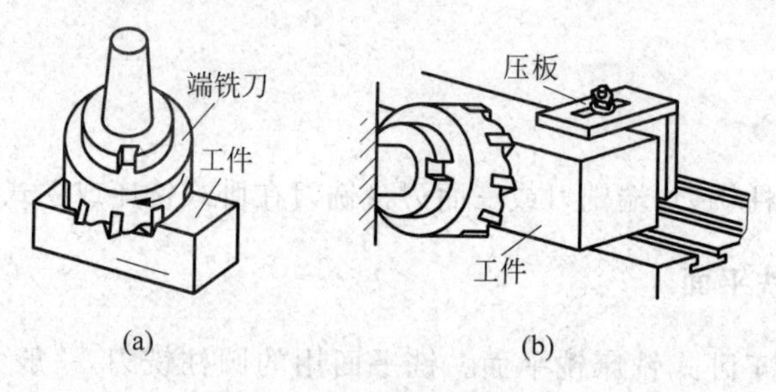

图 4-17 用端铣刀铣平面
(a) 立式铣床；(b) 卧式铣床

端铣刀一般中间带有圆孔。通常先将铣刀装在短刀轴上，再将刀轴装入机床的主轴上，并用拉杆螺丝拉紧。

用端铣刀铣平面与用圆柱铣刀铣平面相比，其特点是：切削厚度变化较小，同时切削的刀齿较多，因此切削比较平稳；端铣刀的主切削刃担负着主要的切削工作，而副切削刃又有修光作用，所以表面光整；此外，端铣刀的刀齿易于镶装硬质合金刀片，可进行高速铣削，且其刀杆比圆柱铣刀的刀杆短些，刚性较好，能减少加工中的振动，有利于提高铣削用量。因此，端铣既提高了生产率，又提高了表面质量，所以在大批量生产中，端铣已成为加工平面的主要方式之一。

4.5.2 铣斜面

工件上具有斜面的结构很常见，铣削斜面的方法也很多，下面介绍常用的几种方法。

(1) 使用倾斜垫铁铣斜面　如图 4-18(a)所示，在零件设计基准的下面垫一块倾斜的垫铁，则铣出的平面就与设计基准面成倾斜位置，改变倾斜垫铁的角度，即可加工不同角度的斜面。

(2) 用万能铣头铣斜面　如图 4-18(b)所示，由于万能铣头能方便地改变刀轴的空间位置，因此可以转动铣头以使刀具相对工作倾斜一个角度来铣斜面。

(3) 用角度铣刀铣斜面　如图 4-18(c)所示，较小的斜面可用合适的角度铣刀加工。当加工零件批量较大时，则常采用专用夹具铣斜面。

(4) 用分度头铣斜面　如图 4-18(d)所示，在一些圆柱形和特殊形状的零件上加工斜面时，可利用分度头将工件转成所需位置而铣出斜面。

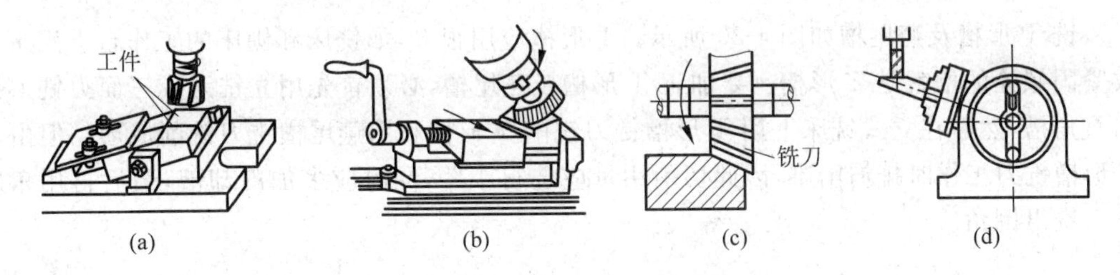

图 4-18　铣斜面的几种方法

(a) 用倾斜垫铁铣斜面；(b) 用万能铣头铣斜面；(c) 用角度铣刀铣斜面；(d) 用分度头铣斜面

4.5.3 铣键槽

在铣床上能加工的沟槽种类很多，如直槽、角度槽、V 形槽、T 形槽、燕尾槽和键槽等，这里仅介绍键槽、T 形槽和燕尾槽的加工。

1. 铣键槽

常见的键槽有封闭式和敞开式两种。在轴上铣封闭式键槽，一般用键槽铣刀加工，如图 4-19(a)所示。键槽铣刀一次轴向进给不能太大，切削时要注意逐层切下。敞开式键槽多在卧式铣床上用三面刃铣刀进行加工，如图 4-19(b)所示。注意在铣削键槽前，做好对刀工作，以保证键槽的对称度。

若用立铣刀加工，则由于立铣刀中央无切削刃，不能向下进刀，因此必须预先在槽的一端钻一个落刀孔，才能用立铣刀铣键槽。对于直径为 3～20mm 的直柄立铣刀，可用弹簧夹头装夹，弹簧夹头可装入机床主轴孔中；对于直径为 10～50mm 的锥柄铣刀，可利用过渡套装入机床主轴孔中。对于敞开式键槽，可在卧式铣床上进行，一般采用三面刃铣刀加工。

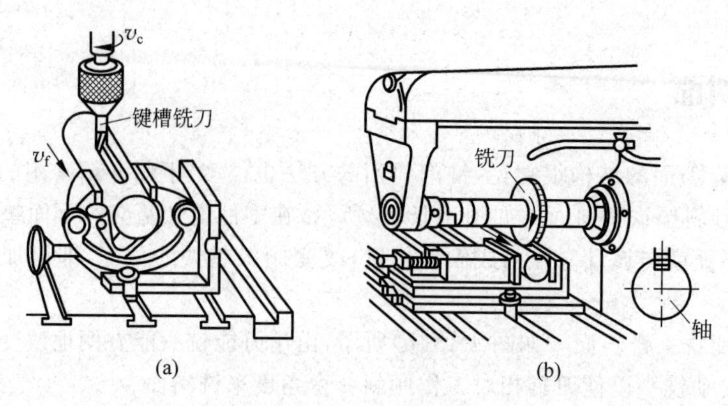

图 4-19 铣键槽

(a) 在立式铣床上铣封闭式键槽；(b) 在卧式铣床上铣敞开式键槽

2. 铣 T 形槽及燕尾槽

铣 T 形槽及燕尾槽如图 4-20 所示。T 形槽应用很多，如铣床和刨床的工作台上用来安放紧固螺栓的槽就是 T 形槽。要加工 T 形槽及燕尾槽，必须首先用立铣刀或三面刃铣刀铣出直角槽，然后在立式铣床上用 T 形槽铣刀铣削 T 形槽和用燕尾槽铣刀铣削成形。但由于 T 形槽铣刀工作时排屑困难，因此切削用量应选得小些，同时应多加冷却液，最后再用角度铣刀铣出倒角。

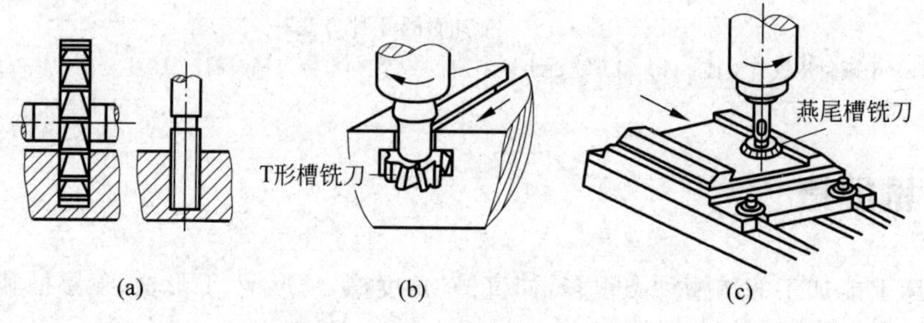

图 4-20 铣 T 形槽及燕尾槽

(a) 先铣出直槽；(b) 铣 T 形槽；(c) 铣燕尾槽

4.5.4 铣成形面

如零件的某一表面在截面上的轮廓线是由曲线和直线所组成的，这个面就是成形面。成形面一般在卧式铣床上用成形铣刀来加工，如图 4-21(a)所示。成形铣刀的形状要与成形面的形状相吻合。如零件的外形轮廓由不规则的直线和曲线组成，这种零件就称为具有曲线外形表面的零件。这种零件一般在立式铣床上铣削，加工方法有：按划线用手动进给铣削；用圆形工作台铣削；用靠模铣削，如图 4-21(b)所示。

对于要求不高的曲线外形表面，可按工件上划出的线迹移动工作台进行加工，顺着线迹将打出的样冲眼铣掉一半。在成批及大量生产中，可以采用靠模夹具或专用的靠模铣床来对曲线外形面进行加工。

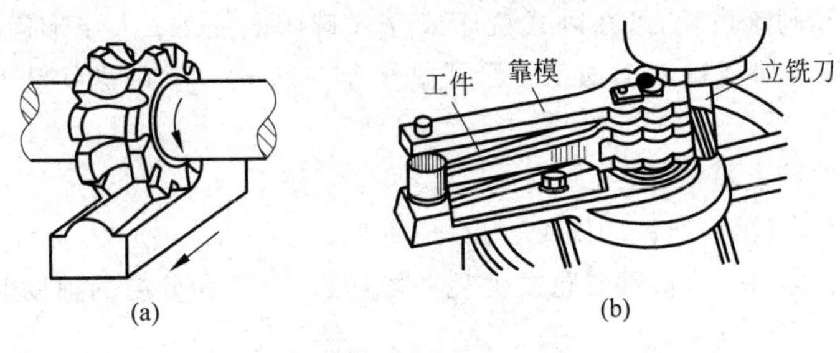

图 4-21 铣成形面

(a) 用成形铣刀铣成形面；(b) 用靠模铣曲面

4.5.5 铣齿形

齿轮齿形的加工原理可分为两大类：展成法（又称范成法），它是利用齿轮刀具与被切齿轮的互相啮合运转而切出齿形的方法，如插齿和滚齿加工等；成形法（又称型铣法），它是利用仿照与被切齿轮齿槽形状相符的盘状铣刀或指状铣刀切出齿形的方法，如图 4-22 所示。在铣床上加工齿形的方法属于成形法。

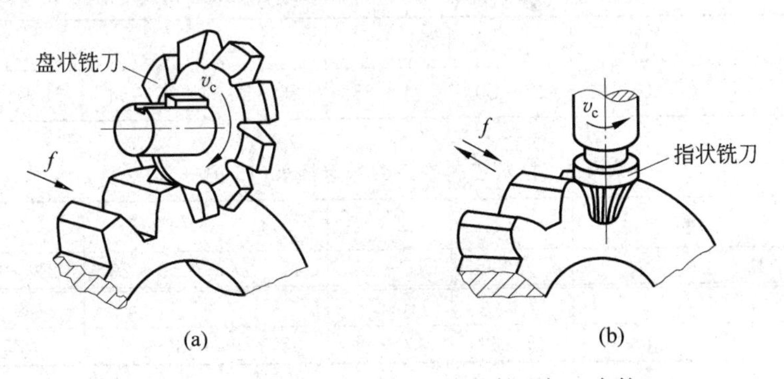

图 4-22 用盘状模数铣刀和指状铣刀加工齿轮

(a) 盘状铣刀铣齿轮；(b) 指状铣刀铣齿轮

铣削时，常用分度头和尾架装夹工件，如图 4-23 所示。可用盘状模数铣刀在卧式铣床上铣齿（见图 4-22(a)），也可用指状模数铣刀在立式铣床上铣齿（见图 4-22(b)）。

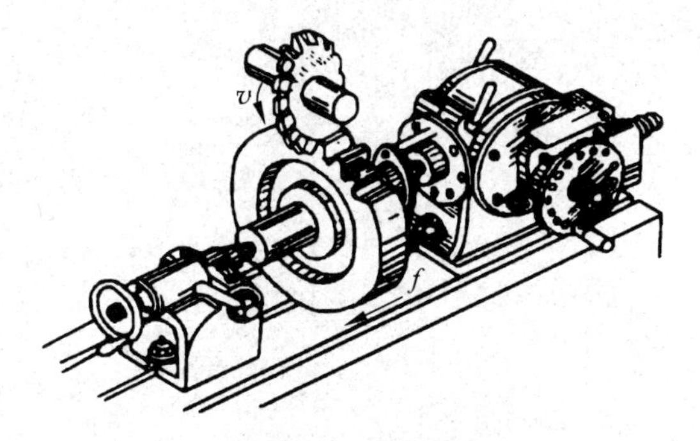

图 4-23 分度头和尾架装夹工件

圆柱形齿轮和圆锥齿轮，可在卧式铣床或立式铣床上加工；人字形齿轮在立式铣床上加工；蜗轮则可以在卧式铣床上加工。卧式铣床加工齿轮一般用盘状铣刀，而在立式铣床上则使用指状铣刀。

成形法加工的特点是：

(1) 设备简单，只用普通铣床即可，刀具成本低；

(2) 由于铣刀每切一齿槽都要重复消耗一段切入、退刀和分度的辅助时间，因此生产率较低；

(3) 加工出的齿轮精度较低，只能达到IT11～IT9级。这是因为在实际生产中，不可能为每加工一种模数、一种齿数的齿轮就制造一把成形铣刀，而只能将模数相同且齿数不同的铣刀编成号数，每号铣刀有它规定的铣齿范围，即每号铣刀的刀齿轮廓只与该号范围的最小齿数齿槽的理论轮廓相一致，对其他齿数的齿轮只能获得近似齿形。

根据同一模数而齿数在一定的范围内，可将铣刀分成8把一套和15把一套的两种规格。8把一套适用于铣削模数为0.3～8的齿轮；15把一套适用于铣削模数为1～16的齿轮，15把一套的铣刀加工精度较高一些。铣刀号数小，加工的齿轮齿数少；反之刀号大，能加工的齿数就多。8把一套的规格见表4-2，15把一套的规格见表4-3。

表4-2 模数齿轮铣刀刀号选择表(8把一套)

铣刀号数	1	2	3	4	5	6	7	8
齿数范围	12～13	14～16	17～20	21～25	26～34	35～54	55～134	135以上

表4-3 模数齿轮铣刀刀号选择表(15把一套)

铣刀号数	1	1.5	2	2.5	3	3.5	4	4.5
齿数范围	12	13	14	15～16	17～18	19～20	21～22	23～25
铣刀号数	5	5.5	6	6.5	7	7.5	8	
齿数范围	26～29	30～34	35～41	42～54	55～79	80～134	135以上	

根据以上特点，成形法铣齿一般多用于修配或单件制造某些转速低、精度要求不高的齿轮。大批量生产或生产精度要求较高的齿轮，都在专门的齿轮加工机床上完成。

齿轮铣刀的规格标示在其侧面上，表示出：铣削模数、压力角、加工何齿轮、铣刀号数、加工齿轮的齿数范围、何年制造和铣刀材料等。

板料冲压

板料冲压是利用装在冲床上的冲模，使金属板料变形或分离，从而获得零件的加工方法。它是机械制造中重要的加工方法之一，应用十分广泛。

常用的冲压材料是低碳钢、铜及其合金、铝及其合金、奥氏体不锈钢等强度低而塑性好的金属。冲压件尺寸精确，表面光洁，一般不再进行切削加工，只需钳工稍加修整或电镀后，即可作为零件使用。

冲压模具是在冷冲压加工中，将材料(金属或非金属)加工成零件(或半成品)的一种特殊工艺装备，称为冷冲压模具(俗称冷冲模)。

在冲压零件的生产中，合理的冲压成形工艺、先进的模具、高效的冲压设备是必不可少的三要素。冲压加工的特点：由于冷冲压加工具有上述突出的优点，因此在批量生产中得到了广泛的应用，在现代工业生产中占有十分重要的地位，是国防工业及民用工业生产中必不可少的加工方法。

5.1 冲压设备

冲压设备属锻压机械。常见冷冲压设备有机械压力机(以 J××表示其型号)和液压机(以 Y××表示其型号)。冲压设备有以下几种分类：

(1) 机械压力机按驱动滑块机构的种类可分为曲柄式和摩擦式；

(2) 按滑块个数可分为单动和双动；

(3) 按床身结构形式可分为开式(C 型床身)和闭式(Ⅱ型床身)；

(4) 按自动化程度可分为普通压力机和高速压力机等。

常用冲压设备主要有剪床、冲床、液压机等。冲床是进行冲压加工的基本设备，常用的有开式双柱冲床。如图 5-1 所示，电动机 5 通过 V 带减速系统 4 带动带轮转动；踩下踏板 7 后，离合器 3 闭合并带动曲轴 2 旋转，再经过连杆 11 带动滑块 9 沿导轨 10 作上下往复运动，进行冲压加工。如果将踏板踩下后立即抬起，滑块冲压一次后便在制动器 1 的作用下，停止在最高位置上；如果踏板不抬起，滑块就进行连续冲击。冲床的规格以额定公称压力来表示，如 100kN。其他主要技术参数有滑块行程距离(mm)，滑块行程次数(str/min)和封闭高度等。

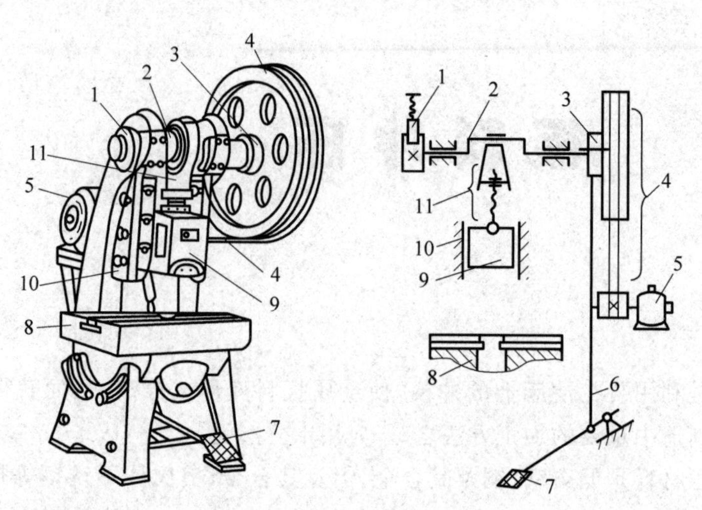

图 5-1　开式双柱曲轴冲床示意图

1—制动器；2—曲轴；3—离合器；4—V 带减速系统；5—电动机；
6—拉杆；7—踏板；8—工作台；9—滑块；10—导轨；11—连杆

5.2　板料冲压的基本工序

1. 冲压的类型

冲压模具是冲压生产必不可少的工艺装备，是技术密集型产品。冲压件的质量、生产效率以及生产成本等，与模具设计和制造有直接关系。模具设计与制造技术水平的高低，是衡量一个国家产品制造水平高低的重要标志之一，在很大程度上决定着产品的质量、效益和新产品的开发能力。

冲压模具的形式很多，一般可按以下几个主要特征分类。

1）根据工艺性质分类

（1）冲裁模　沿封闭或敞开的轮廓线使材料产生分离的模具，如落料模、冲孔模、切断模、切口模、切边模、剖切模等。

（2）弯曲模　使板料毛坯或其他坯料沿着直线（弯曲线）产生弯曲变形，从而获得一定角度和形状的工件的模具。

（3）拉深模　把板料毛坯制成开口空心件，或使空心件进一步改变形状和尺寸的模具。

（4）成形模　将毛坯或半成品工件按凸、凹模的形状直接复制成形，而材料本身仅产生局部塑性变形的模具，如胀形模、缩口模、扩口模、起伏成形模、翻边模、整形模等。

2）根据工序组合程度分类

（1）单工序模　在压力机的一次行程中，只完成一道冲压工序的模具。

（2）复合模　只有一个工位，在压力机的一次行程中，在同一工位上同时完成两道或两道以上冲压工序的模具。

（3）级进模（也称连续模）　在毛坯的送进方向上，具有两个或更多的工位，在压力机的一次行程中，在不同的工位上逐次完成两道或两道以上冲压工序的模具。

2. 冲压的基本工序

冲压加工因制件的形状、尺寸和精度的不同，所采用的工序也不同。根据材料的变形特点可将冷冲压工序分为分离工序和成形工序两类。

(1) 分离工序是指坯料在冲压力作用下，变形部分的应力达到强度，使坯料发生断裂而产生分离。分离工序主要有剪裁和冲裁等。

(2) 成形工序是指坯料在冲压力作用下，使坯料产生塑性变形，成为具有一定形状、尺寸与精度制件的加工工序。成形工序主要有弯曲、拉深、翻边、旋压、胀形等。

下面具体介绍几种常用的基本工序。

1) 冲裁

冲裁是利用模具使板料沿着一定的轮廓形状产生分离的一种冲压工序。它包括落料、冲孔、切断、修边、切舌、剖切等工序，其中落料和冲孔是最常见的两种工序。

(1) 落料　若使材料沿封闭曲线相互分离，封闭曲线以内的部分作为冲裁件时，称为落料。落料时，从板材上冲下的部分是成品，而板材本身则成为废料或冲剩的余料，如图 5-2 所示。

(2) 冲孔　若使材料沿封闭曲线相互分离，封闭曲线以外的部分作为冲裁件时，则称为冲孔。冲孔是在板材或半成品产品上冲出所需要的孔洞，冲孔后的板材或半成品产品本身是成品，冲下的是废料。图 5-3 所示的垫圈即由落料和冲孔两道工序完成。

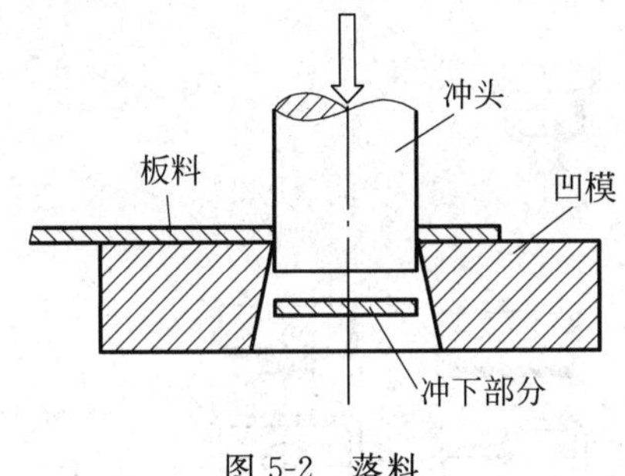

图 5-2　落料

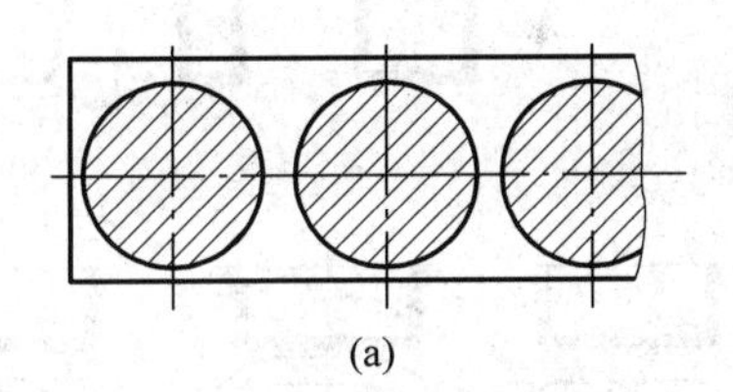

图 5-3　垫圈的落料与冲孔

(a) 落料；(b) 冲孔

冲裁是冲压工艺的最基本工序之一，在冲压加工中应用极广。它既可直接冲出成品零件，也可以为弯曲、拉深和挤压等其他工序准备坯料，还可以在已成形的工件进行再加工(切边、切舌、冲孔等工序)。

2) 弯曲(压弯)

弯曲是将板料、型材、管材或棒料等按设计要求弯成一定的角度和一定的曲率，形成所需形状零件的冲压工序。它属于成形工序，是冲压基本工序之一，在冲压零件生产中应用较普遍，如图 5-4 所示。

根据所使用的工具与设备的不同，弯曲方法可分为在压

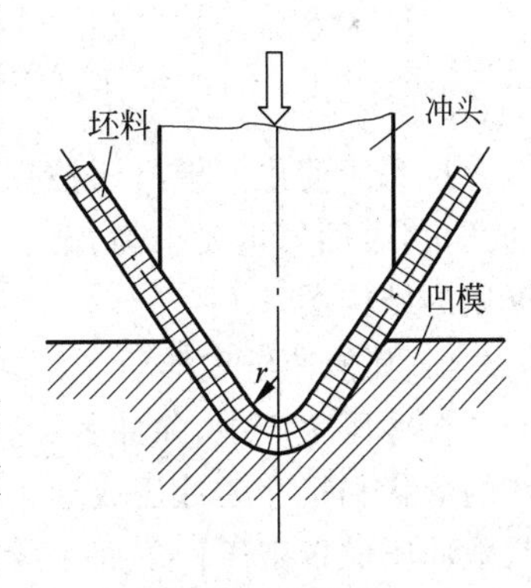

图 5-4　弯曲

力机上利用模具进行的压弯以及在专用弯曲设备上进行的折弯、滚弯、拉弯等。各种弯曲方法尽管所用设备与工具不同，但其变形过程及特点有共同规律。如图 5-5 所示是用弯曲方法加工的一些典型零件。

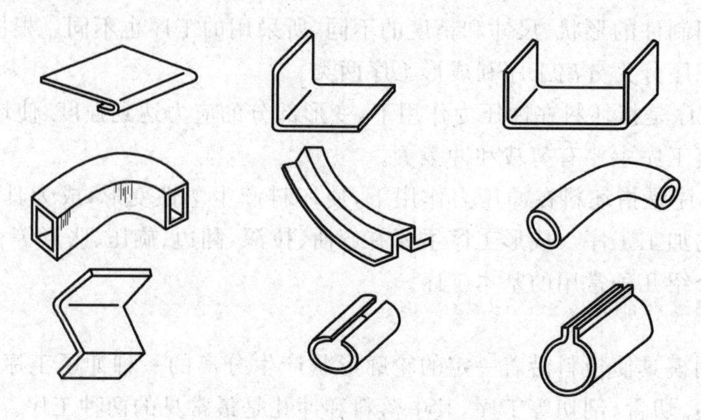

图 5-5 弯曲成形典型零件

3）拉深

拉深（又称拉延）是利用拉深模在压力机的压力作用下，将平板坯料或空心工件制成开口空心零件的加工方法。它是冲压基本工序之一，广泛应用于汽车、电子、日用品、仪表、航空和航天等各种工业部门的产品生产中，不仅可以加工旋转体零件，还可加工盒形零件及其他形状复杂的薄壁零件，如图 5-6 所示。

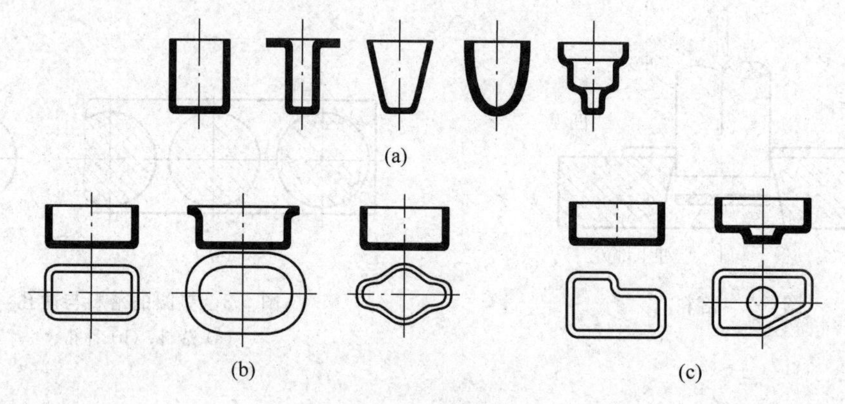

图 5-6 拉深件类型

(a) 轴对称旋转体拉深件；(b) 盒形件；(c) 不对称拉深件

拉深所使用的模具叫拉深模。拉深模结构相对较简单，与冲裁模比较，工作部分有较大的圆角，表面质量要求高，凸、凹模间隙略大于板料厚度。图 5-7 所示为有压边圈的首次拉深模的结构图。

4）其他冲压成形

在冲压生产中，除冲裁、弯曲和拉深工序以外，还有一些通过板料的局部变形来改变毛坯的形状和尺寸的冲压成形工序，如胀形、翻边、缩口、旋压和校形等，这类冲压工序统称为其他冲压成形工序。下面主要介绍翻边冲压成形。

翻边是在带孔的平坯料上用扩孔的方法获得凸缘的工序，是在模具的作用下，将坯料

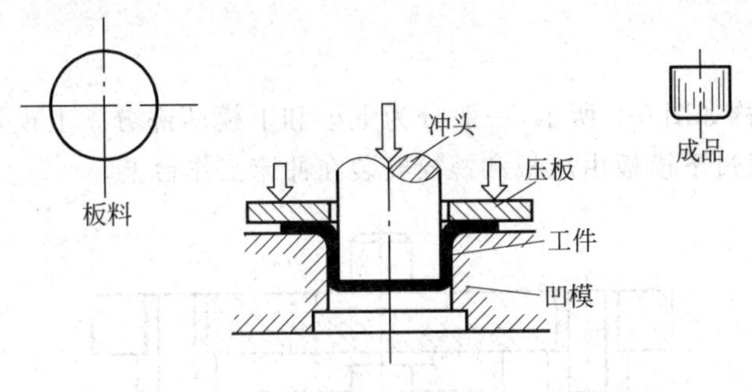

图 5-7 首次拉深模的结构图

的孔边缘或外边缘冲制成竖立边的成形方法。根据坯料的边缘状态和应力、应变状态的不同,翻边可以分为内孔翻边和外缘翻边,也可分为伸长类翻边和压缩类翻边。

图 5-8 所示为翻边模结构图。

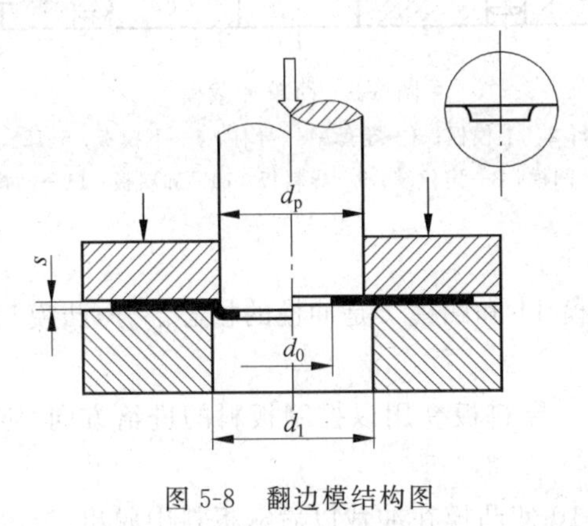

图 5-8 翻边模结构图

5.3 冲 模

1. 冲模类型

冲模是使板料分离或成形的工具。冲模按其结构特点不同,分为简单冲模、复合冲模和连续冲模 3 类。

通常模具由两类零件组成:

(1) 工艺零件,这类零件直接参与工艺过程的完成并和坯料有直接接触,包括工作零件、定位零件、卸料与压料零件等;

(2) 结构零件,这类零件不直接参与完成工艺过程,也不和坯料有直接接触,只对模具完成工艺过程起保证作用,或对模具功能起完善作用,包括导向零件、紧固零件、标准件及其他零件等。

应该指出,不是所有的冲模都必须具备上述零件,尤其是单工序模,但是工作零件和必要的固定零件等是不可缺少的。

2. 冲模模具

典型的冲模结构如图5-9所示，一般分为上模和下模两部分。上模通过模柄安装在冲床滑块上，下模则通过下模板由压板和螺栓安装在冲床工作台上。

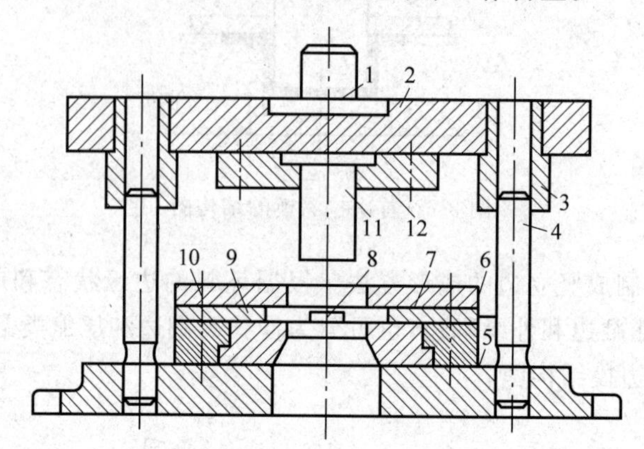

图5-9 简单冲裁模

1—模柄；2—上模板；3—导套；4—导柱；5—下模板；6,12—压板；7—凹模；8—定位销；9—导料板；10—卸料板；11—凸模

冲模各部分的作用如下：

(1) 凸模和凹模　凸模11和凹模7是冲模的核心部分，凸模与凹模配合使板料产生分离或成形。

(2) 导料板和定位销　导料板9用以控制板料的进给方向，定位销8用以控制板料的进给量。

(3) 卸料板　卸料板10使凸模在冲裁以后从板料中脱出。

(4) 模架　模架包括上模板2、下模板5和导柱4、导套3。上模板2用以固定凸模11和模柄1等，下模板5用以固定凹模7、导料板9和卸料板10等。导柱4和导套3分别固定在上、下模板上，以保证上、下模对准。

5.4 冲压件的结构设计

由于板料冲压件通常都是大批量生产的，因此冲压件的设计不仅要求保证其使用性能，而且还应具有良好的冲压技术结构。这样才能保证冲压件的品质，减少板料的消耗，延长模具的使用寿命，降低成本及提高生产率。对落料和冲孔的要求如下：

(1) 落料与冲孔的形状应便于合理排样，使材料利用率最高。

(2) 落料与冲孔形状力求简单、对称，尽可能采用规则形状，并避免狭长的缺口和悬臂，否则制造模具困难，而且降低模具寿命。

(3) 冲孔时，孔径必须大于坯料厚度 s；方孔的边长必须大于 $0.9s$；孔与孔之间、孔与工件边缘之间的距离必须大于 s；外缘的凸起与凹入的尺寸必须大于 $1.5s$。

(4) 为了避免应力集中损坏模具，要求落料和冲孔的两条直线相交处或直线与曲线相交处必须采用圆弧连接。

对拉伸件的要求如下：

(1) 拉伸件最好采用回转体形(轴对称)的零件，其拉伸工艺性较好，而非回转体、空间曲线形的零件，拉伸难度较大。因此，在使用条件允许的情况下，应尽量简化拉伸件的外形。

(2) 应尽量避免深度过大的冲压件，否则需要增加拉伸次数，且易出现废品。

(3) 带有凸缘的拉伸件，凸缘宽度设计要合适，不宜过大或过小，一般要求 $d+12s \leqslant D \leqslant d+25s$(见图 5-10)。

(4) 拉伸件的圆角半径在不增加工艺程序的情况下，最小许可半径 $r_5 \geqslant 2s, r_d \geqslant 3s$；$r_b \geqslant 3s, r \geqslant 0.15H$。否则需增加一次整形工序，其允许圆角半径为 $r \geqslant (0.1-0.3)s$(见图 5-11)。

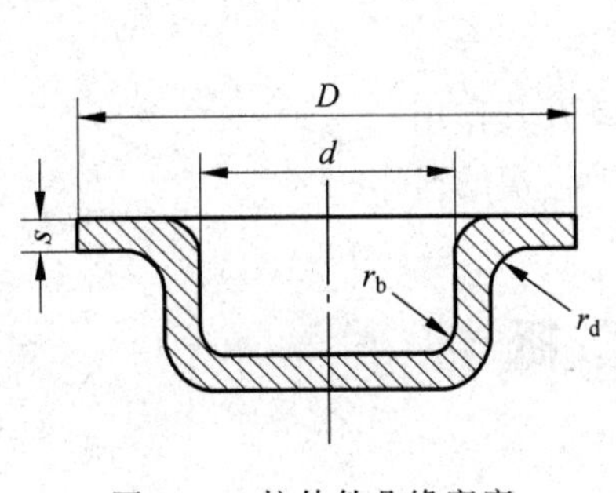

图 5-10 拉伸件凸缘宽度

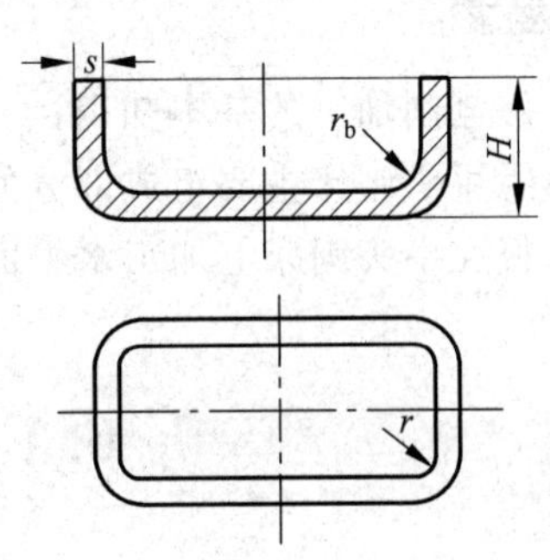

图 5-11 拉伸件的圆角半径

(5) 为保证弯曲件的质量，应防止板料在弯曲时产生偏移和窜动。利用板料上已有的孔与模具上的销钉配合定位。若没有合适的孔，应考虑另加定位工艺孔或考虑其他定位方法。

对冲压件精度的要求不应超过冲压工序所能达到的一般精度，否则需增加其他精整工序，因而增加了冲压件的成本。通常要求落料不超过 IT10，冲孔不超过 IT9，弯曲不超过 IT10～IT9。拉伸件高度尺寸精度为 IT10～IT8，经整形工序后，尺寸精度达 IT8～IT7。拉伸件直径尺寸精度为 IT10～IT9。一般对冲压件表面质量所提出的要求尽可能不高于原材料的表面质量，否则要增加前加工等工序。

刨削加工

基本要求

(1) 了解刨削加工的基本知识；

(2) 熟悉牛头刨床主要组成部分的名称、运动及其作用；

(3) 掌握在牛头刨床上加工水平面、垂直面及沟槽的操作。

6.1 刨工概述

在牛头刨床上加工时，刨刀的纵向往复直线运动为主运动，零件随工作台作横向间歇进给运动，如图 6-1 所示。

1. 刨削加工的特点

(1) 生产率一般较低。刨削是不连续的切削过程，刀具切入、切出时切削力有突变，将引起冲击和振动，限制了刨削速度的提高。此外，单刃刨刀实际参加切削的长度有限，一个表面往往要经过多次行程才能加工出来，刨刀返回行程时不进行工作。由于以上原因，刨削生产率一般低于铣削，但对于狭长表面（如导轨面）的加工，以及在龙门刨床上进行多刀、多件加工，其生产率可能高于铣削。

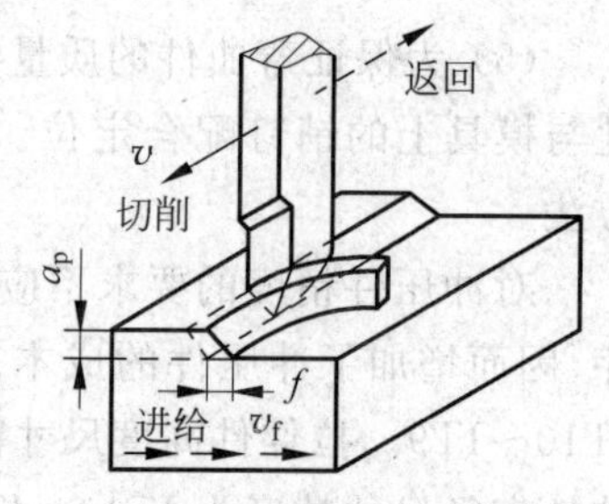

图 6-1　牛头刨床的刨削运动和切削量

(2) 刨削加工通用性好、适应性强。刨床结构较车床、铣床等简单，调整和操作方便；刨刀形状简单，和车刀相似，制造、刃磨和安装都较方便；刨削时一般不需加切削液。

2. 刨削加工范围

刨削加工的尺寸公差等级一般为 IT9～IT8，表面粗糙度 Ra 值为 6.3～1.6μm，用宽刀精刨时，Ra 值可达 1.6μm。此外，刨削加工还可保证一定的相互位置精度，如面对面的平行度和垂直度等。刨削在单件、小批生产和修配工作中得到广泛应用，主要用于加工各种平面（水平面、垂直面和斜面）、各种沟槽（直槽、T 形槽、燕尾槽等）和成形面等，如图 6-2 所示。

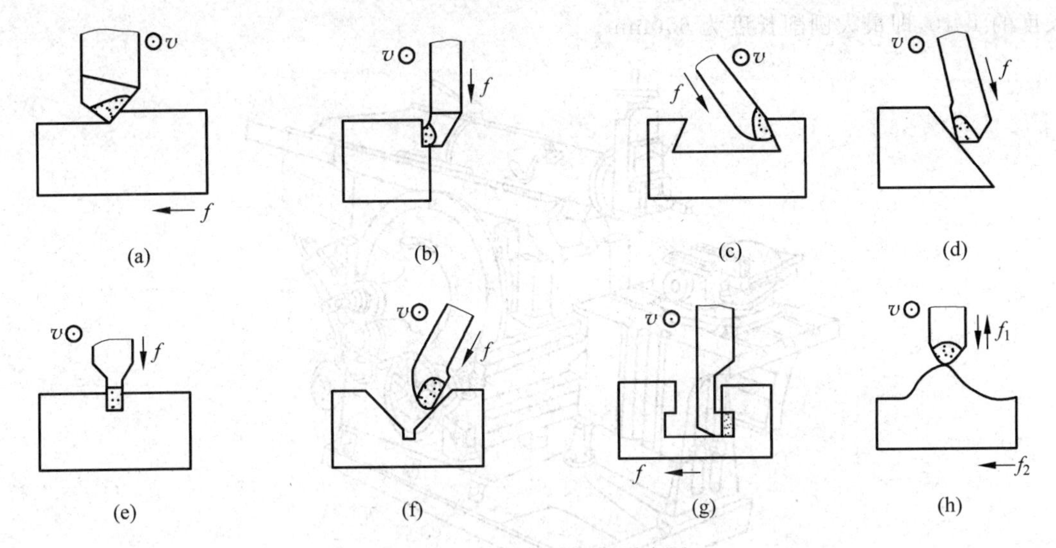

图 6-2 刨削加工的主要应用

(a) 平面刨刀刨平面；(b) 偏刀刨垂直面；(c) 角度偏刀刨燕尾槽；(d) 偏刀刨斜面；(e) 切刀切断；(f) 偏刀刨 V 形槽；(g) 弯切刀刨 T 形槽；(h) 成形刨刀刨成形面

6.2 刨 床

刨床主要有牛头刨床和龙门刨床，常用的是牛头刨床。牛头刨床最大的刨削长度一般不超过 1000mm，适合于加工中小型零件。龙门刨床由于其刚性好，而且有 2～4 个刀架可同时工作，因此主要用于加工大型零件或同时加工多个中、小型零件，其加工精度和生产率均比牛头刨床高。刨床上加工的典型零件如图 6-3 所示。

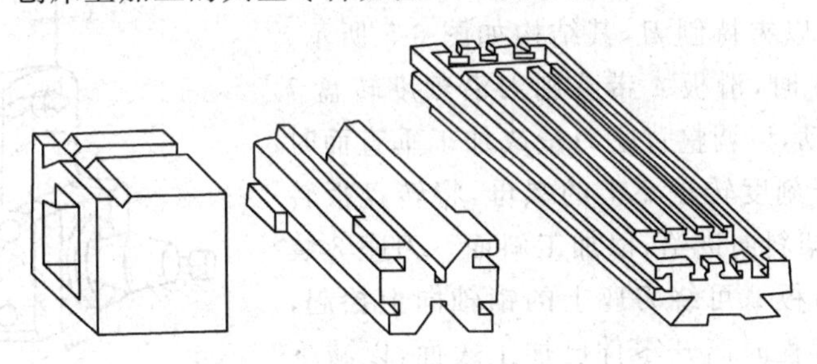

图 6-3 刨床上加工的典型零件

6.2.1 牛头刨床

1. 牛头刨床的组成

如图 6-4 所示为 B6065 型牛头刨床的外形。型号 B6065 中，B 为机床类别代号，表示刨床，读作“bào”；6 和 0 分别为机床组别和系别代号，表示牛头刨床；65 为主参数最大刨削长度的1/10，即最大刨削长度为650mm。

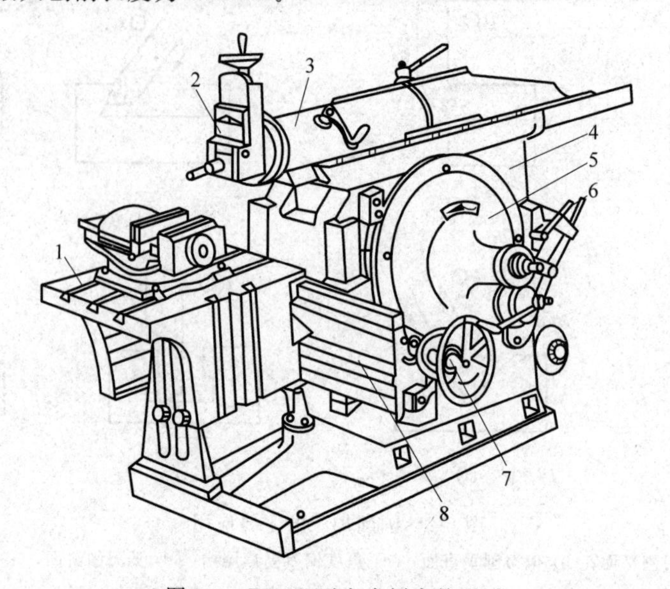

图6-4 B6065型牛头刨床外形图

1—工作台；2—刀架；3—滑枕；4—床身；5—摆杆机构；6—变速机构；7—进给机构；8—横梁

B6065型牛头刨床主要由以下几部分组成。

（1）床身 用以支撑和连接刨床各部件。其顶面水平导轨供滑枕带动刀架进行往复直线运动，侧面的垂直导轨供横梁带动工作台升降。床身内部有主运动变速机构和摆杆机构。

（2）滑枕 用以带动刀架沿床身水平导轨作往复直线运动。滑枕往复直线运动的快慢、行程的长度和位置，均可根据加工需要调整。

（3）刀架 用以夹持刨刀，其结构如图6-5所示。当转动刀架手柄5时，滑板4带着刨刀沿刻度转盘7上的导轨上、下移动，以调整背吃刀量或加工垂直面时作进给运动。松开刻度转盘7上的螺母，将转盘扳转一定角度，可使刀架斜向进给，以加工斜面。刀座3装在滑板4上。抬刀板2可绕刀座上的销轴向上抬起，以使刨刀在返回行程时离开零件已加工表面，以减少刀具与零件的摩擦。

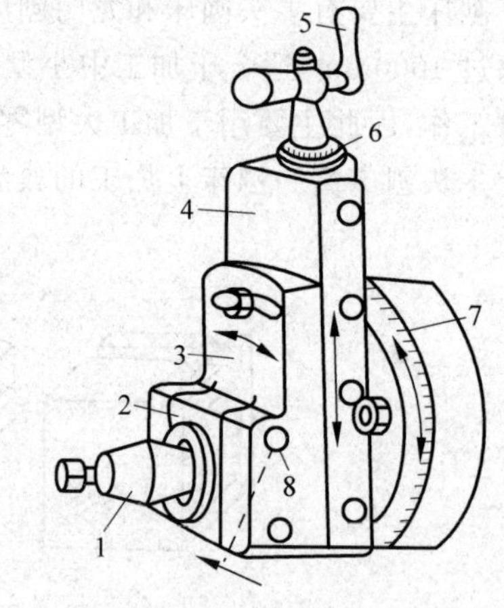

图6-5 刀架

1—刀夹；2—抬刀板；3—刀座；4—滑板；5—手柄；6—刻度环；7—刻度转盘；8—销轴

（4）工作台 用以安装零件，可随横梁作上下调整，也可沿横梁导轨作水平移动或间歇进给运动。

2. 牛头刨床的传动系统

B6065型牛头刨床的传动系统主要包括摆杆机构和棘轮机构。

1）摆杆机构

摆杆机构的作用是将电动机传来的旋转运动变为滑枕的往复直线运动，其结构如图6-6

所示。摆杆 7 上端与滑枕内的螺母 2 相连，下端与支架 5 相连。摆杆齿轮 3 上的偏心滑块 6 与摆杆 7 上的导槽相连。当摆杆齿轮 3 由小齿轮 4 带动旋转时，偏心滑块 6 就在摆杆 7 的导槽内上下滑动，从而带动摆杆 7 绕支架 5 中心左右摆动，于是滑枕便作往复直线运动。摆杆齿轮转动一周，滑枕带动刨刀往复运动一次。

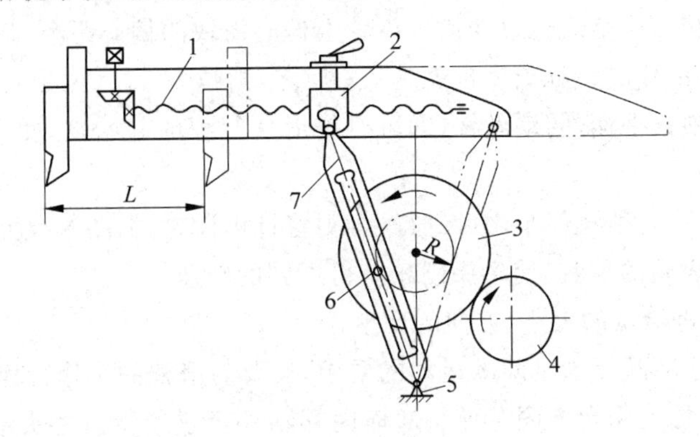

图 6-6 摆杆机构

1—丝杠；2—螺母；3—摆杆齿轮；4—小齿轮；5—支架；6—偏心滑块；7—摆杆

2）棘轮机构

棘轮机构的作用是使工作台在滑枕完成回程与刨刀再次切入零件之前的瞬间，作间歇横向进给，横向进给机构如图 6-7(a)所示，棘轮机构如图 6-7(b)所示。

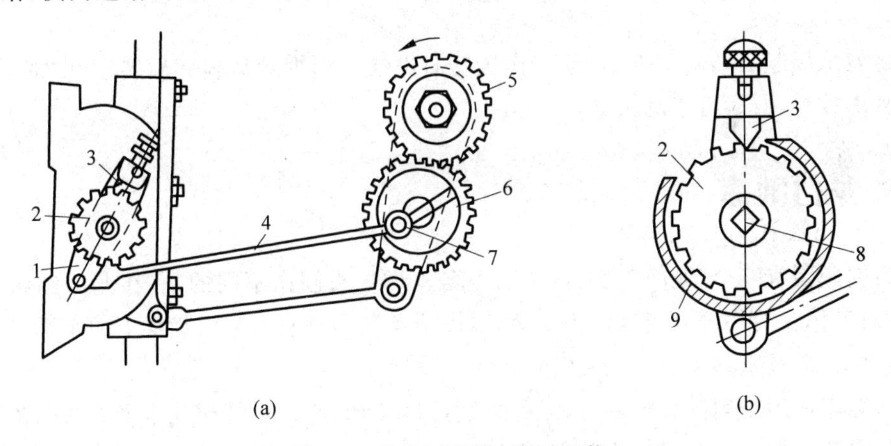

图 6-7 牛头刨床横向进给机构

(a) 横向进给机构；(b) 棘轮机构

1—棘爪架；2—棘轮；3—棘爪；4—连杆；5,6—齿轮；7—偏心销；8—横向丝杠；9—棘轮罩

齿轮 5 与摆杆齿轮为一体，摆杆齿轮逆时针旋转时，齿轮 5 带动齿轮 6 转动，使连杆 4 带动棘爪 3 逆时针摆动。棘爪 3 逆时针摆动时，其上的垂直面拨动棘轮 2 转过若干齿，使横向丝杠 8 转过相应的角度，从而实现工作台的横向进给。而当棘轮顺时针摆动时，由于棘爪后面为一斜面，只能从棘轮齿顶滑过，不能拨动棘轮，所以工作台静止不动，这样就实现了工作台的横向间歇进给。

3. 牛头刨床的调整

1) 滑枕行程长度、起始位置、速度的调整

刨削时，滑枕行程的长度一般应比零件刨削表面的长度长 30～40mm，如图 6-6 所示。滑枕行程长度的调整方法是通过改变摆杆齿轮上偏心滑块的偏心距离，其偏心距越大，摆杆摆动的角度就越大，滑枕的行程长度也就越长；反之，则越短。

松开滑枕内的锁紧手柄，转动丝杠，即可改变滑枕行程的起始点，使滑枕移到所需要的位置。

调整滑枕速度时，必须在停车之后进行，否则将打坏齿轮，如图 6-4 所示，可以通过变速机构 6 来改变变速齿轮的位置，使牛头刨床获得不同的转速。

2) 工作台横向进给量的大小、方向的调整

工作台的进给运动既要满足间歇运动的要求，又要与滑枕的工作行程协调一致，即在刨刀返回行程将结束时，工作台连同零件一起横向移动一个进给量。牛头刨床的进给运动是由棘轮机构实现的。

如图 6-7 所示，棘爪架空套在横梁丝杠轴上，棘轮用键与丝杠轴相连。工作台横向进给量的大小，可通过改变棘轮罩的位置，从而改变棘爪每次拨过棘轮的有效齿数来调整。棘爪拨过棘轮的齿数较多时，进给量大；反之则小。此外，还可通过改变偏心销 7 的偏心距来调整，偏心距小，棘爪架摆动的角度就小，棘爪拨过的棘轮齿数少，进给量就小；反之，进给量则大。

若将棘爪提起后转动 180°，可使工作台反向进给。当把棘爪提起后转动 90°时，棘轮便与棘爪脱离接触，此时可手动进给。

6.2.2 龙门刨床

龙门刨床因有一个“龙门”式的框架而得名。与牛头刨床不同的是，在龙门刨床上加工时，零件随工作台的往复直线运动为主运动，进给运动是垂直刀架沿横梁上的水平移动和侧刀架在立柱上的垂直移动。

龙门刨床适用于刨削大型零件，零件长度可达几米、十几米甚至几十米；也可在工作台上同时装夹几个中、小型零件，用几把刀具同时加工，故生产率较高。龙门刨床特别适于加工各种水平面、垂直面及各种平面组合的导轨面、T 形槽等。龙门刨床的外形如图 6-8 所示。

龙门刨床的主要特点是：自动化程度高，各主要运动的操纵都集中在机床的悬挂按钮站和电气柜的操纵台上，操纵十分方便；工作台的工作行程和空回行程可在不停车的情况下实现无级变速；横梁可沿立柱上下移动，以适应不同高度零件的加工；所有刀架都有自动抬刀装置，并可单独或同时进行自动或手动进给，垂直刀架还可转动一定的角度，用来加工斜面。

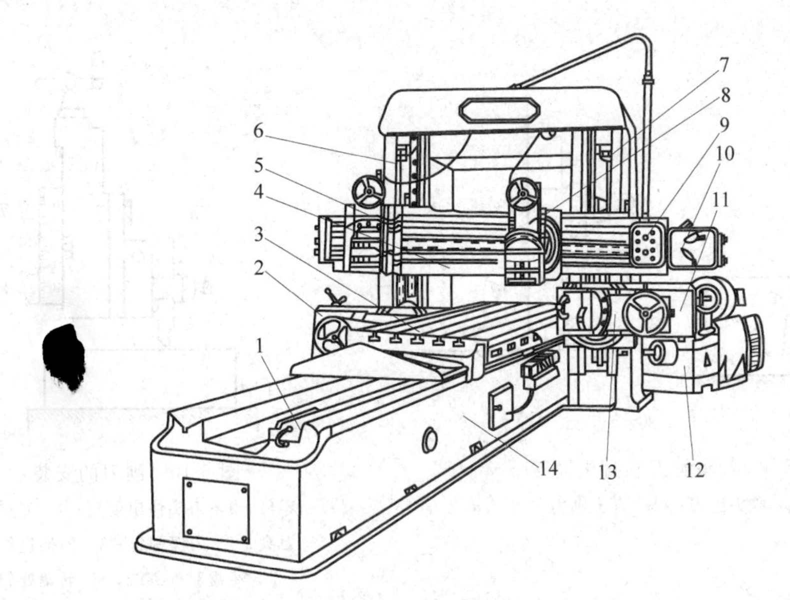

图 6-8 B2010A 型龙门刨床

1—液压安全器；2—左侧刀架进给箱；3—工作台；4—横梁；5—左垂直刀架；6—左立柱；7—右立柱；8—右垂直刀架；9—悬挂按钮站；10—垂直刀架进给箱；11—右侧刀架进给箱；12—工作台减速箱；13—右侧刀架；14—床身

6.3 刨刀及其安装

1. 刨刀

刨刀的几何形状与车刀相似，但刀杆的截面积比车刀大 1.25～1.5 倍，以承受较大的冲击力。刨刀的前角比车刀稍小，刃倾角取较大的负值，以增加刀头的强度。刨刀的一个显著特点是刨刀的刀头往往做成弯头，如图 6-9 所示为弯、直头刨刀比较示意图。做成弯头的目的是当刀具碰到零件表面上的硬点时，刀头能绕 O 点向后上方弹起，使切削刃离开零件表面，不会啃入零件已加工表面或损坏切削刃，因此，弯头刨刀比直头刨刀应用更广泛。

刨刀的形状和种类依加工表面形状不同而有所不同。常用刨刀及其应用如图 6-2 所示。平面刨刀用以加工水平面；偏刀用于加工垂直面、台阶面和斜面；角度偏刀用以加工角度和燕尾槽；切刀用以切断或刨沟槽；内孔刀用以加工内孔表面（如内键槽）；弯切刀用以加工 T 形槽及侧面上的槽；成形刀用以加工成形面。

2. 刨刀的安装

如图 6-10 所示，安装刨刀时，将转盘对准零线，以便准确控制背吃刀量，刀头不要伸出太长，以免产生振动和折断。直头刨刀伸出长度一般为刀杆厚度的 1.5～2 倍，弯头刨刀伸出长度可稍长些，以弯曲部分不碰刀座为宜。装刀或卸刀时，应使刀尖离开零件表面，以防损坏刀具或者擦伤零件表面，必须一只手扶住刨刀，另一只手使用扳手，用力方向自上而下，否则容易将抬刀板掀起，碰伤或夹伤手指。

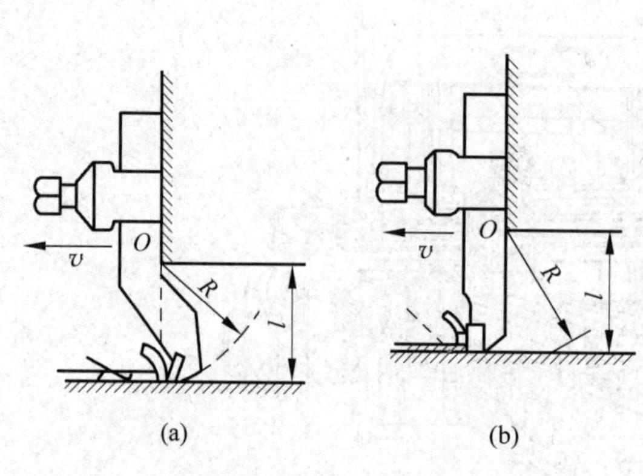

图 6-9 弯头刨刀和直头刨刀

(a) 弯头刨刀；(b) 直头刨刀

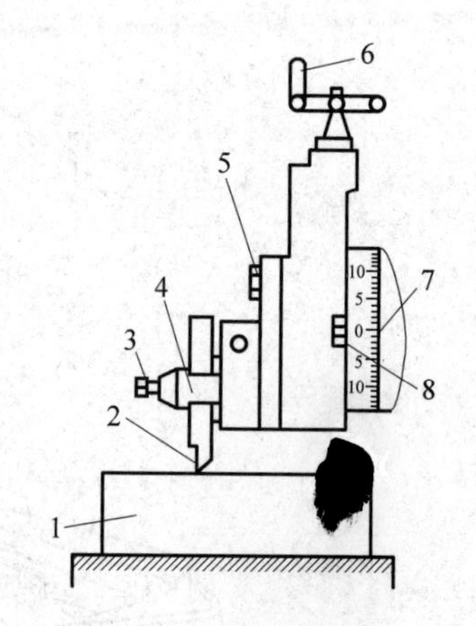

图 6-10 刨刀的安装

1—零件；2—刀头伸出要短；3—刀夹螺钉；4—刀夹；5—刀座螺钉；6—刀架进给手柄；7—转盘对准零线；8—转盘螺钉

3. 工件的安装

在刨床上，零件的安装方法视零件的形状和尺寸而定。常用的有平口钳安装、工作台安装和专用夹具安装等。装夹零件的方法与铣削相同，可参照铣床中零件的安装及铣床附件所述内容。

6.4 刨削基本操作

刨削主要用于加工平面、沟槽和成形面。

6.4.1 刨平面

1. 刨水平面

刨削水平面的顺序如下：

(1) 正确安装刀具和零件。

(2) 调整工作台的高度，使刀尖轻微接触零件表面。

(3) 调整滑枕的行程长度和起始位置。

(4) 根据零件材料、形状、尺寸等要求，合理选择切削用量。

(5) 试切。先用手动试切，进给 1～1.5mm 后停车，测量尺寸，根据测得结果调整背吃刀量，再自动进给进行刨削。当零件表面粗糙度值低于 $Ra6.3\mu m$ 时，应先粗刨，再精刨。精刨时，背吃刀量和进给量应小些，切削速度应适当高些。此外，在刨刀返回行程时，用手掀起刀座上的抬刀板，使刀具离开已加工表面，以保证零件表面质量。

(6) 检验。零件刨削完工后,停车检验,尺寸和加工精度合格后即可卸下。

2. 刨垂直面和斜面

刨垂直面的方法如图 6-11 所示,此时采用偏刀,并使刀具的伸出长度大于整个刨削面的高度。刀架转盘应对准零线,以使刨刀沿垂直方向移动。刀座必须偏转 10°～15°,以使刨刀在返回行程时离开零件表面,减少刀具的磨损,避免零件已加工表面被划伤。刨垂直面和斜面的加工方法一般在不能或不便于进行水平面刨削时才使用。

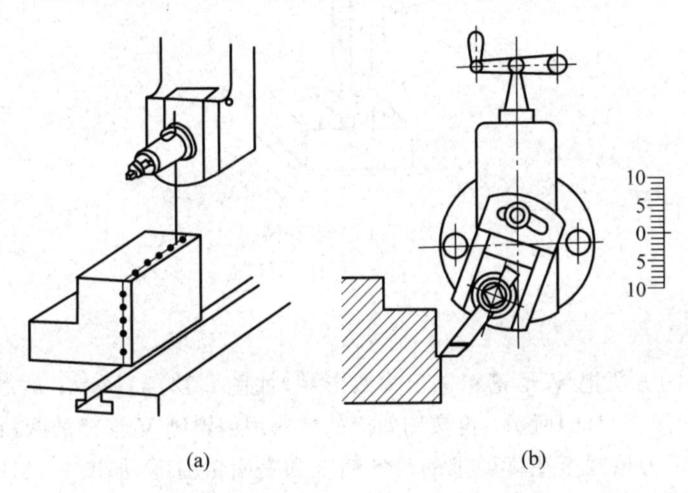

图 6-11 刨垂直面

(a) 按划线找正; (b) 调整刀架垂直进给

刨斜面与刨垂直面基本相同,只是刀架转盘必须按零件所需加工的斜面扳转一定角度,以使刨刀沿斜面方向移动。如图 6-12 所示,采用偏刀或样板刀,转动刀架手柄进行进给,可以刨削左侧或右侧斜面。

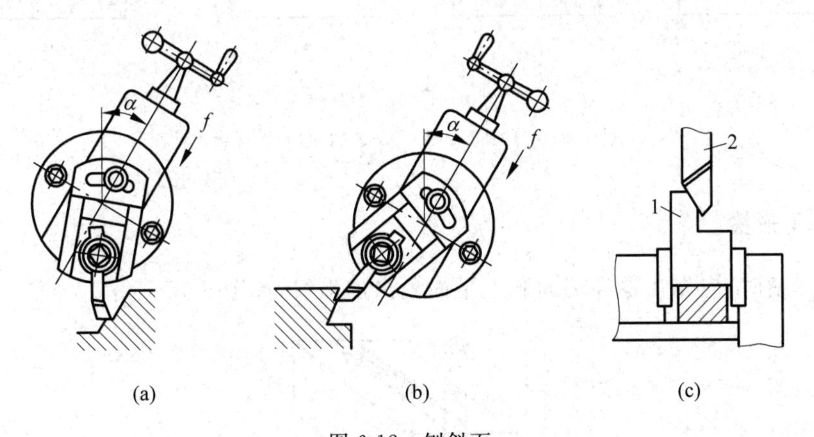

图 6-12 刨斜面

(a) 用偏刀刨左侧斜面; (b) 用偏刀刨右侧斜面; (c) 用样板刀刨斜面

1—零件; 2—样板刀

6.4.2 刨沟槽

1. 刨直槽

刨直槽时用切刀以垂直进给完成,如图 6-13 所示。

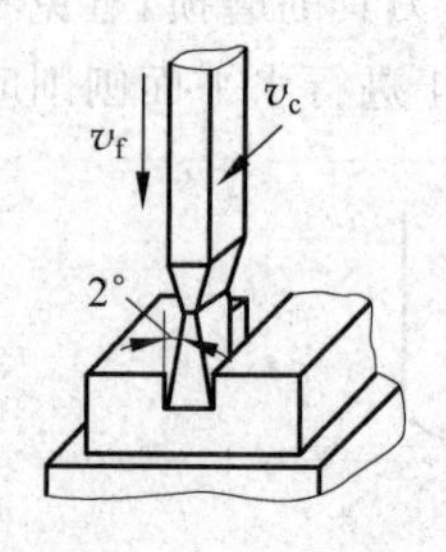

图 6-13 刨直槽

2. 刨 V 形槽

先按刨平面的方法把 V 形槽粗刨出大致形状,如图 6-14(a)所示;然后用切刀刨 V 形槽底的直角槽,如图 6-14(b)所示;再按刨斜面的方法用偏刀刨 V 形槽的两斜面,如图 6-14(c)所示;最后用样板刀精刨至图样要求的尺寸精度和表面粗糙度,如图 6-14(d)所示。

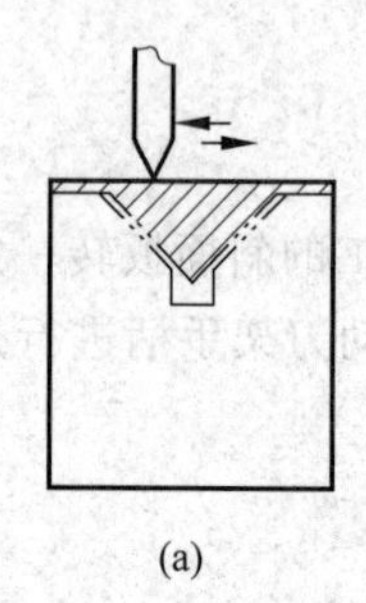

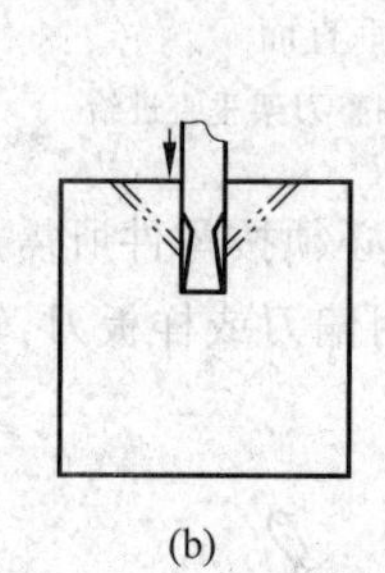

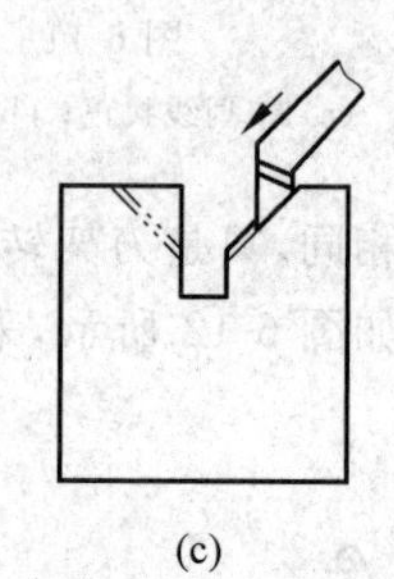

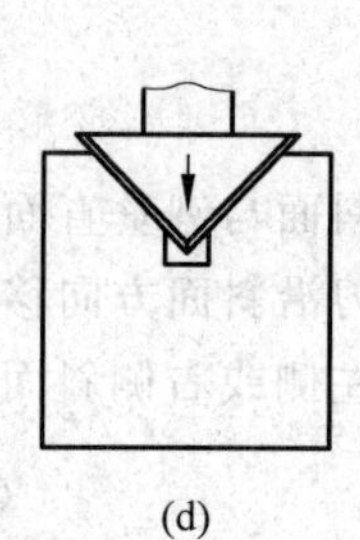

图 6-14 刨 V 形槽

(a) 刨平面; (b) 刨直角槽; (c) 刨斜面; (d) 样板刀精刨

3. 刨 T 形槽

刨 T 形槽时,应先在零件端面和上平面划出加工线,如图 6-15 所示。

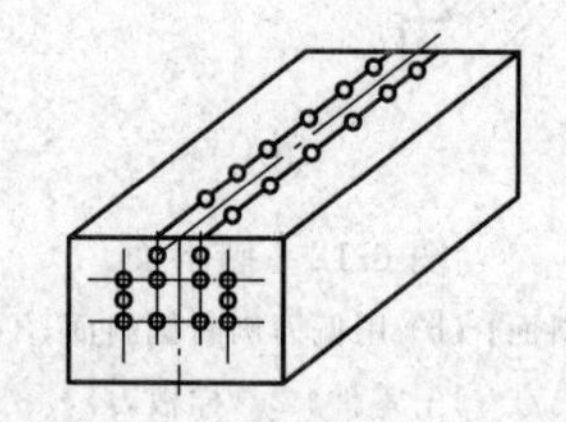

图 6-15 T 形槽零件划线图

4. 刨燕尾槽

刨燕尾槽与刨T形槽相似，应先在零件端面和上平面划出加工线，如图6-16所示。但刨侧面时须用角度偏刀，如图6-17所示，刀架转盘要扳转一定角度。

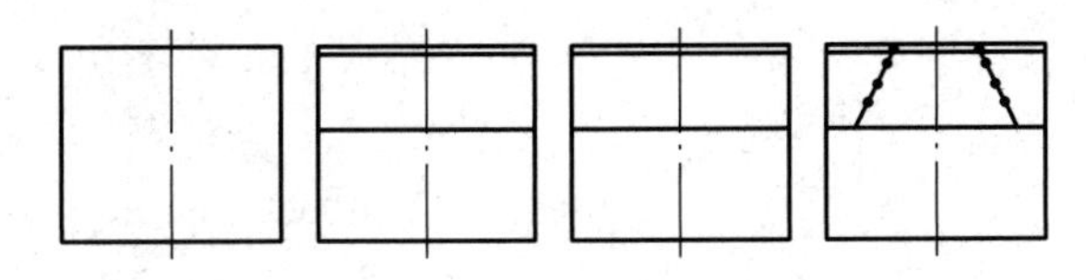

图6-16 燕尾槽的划线

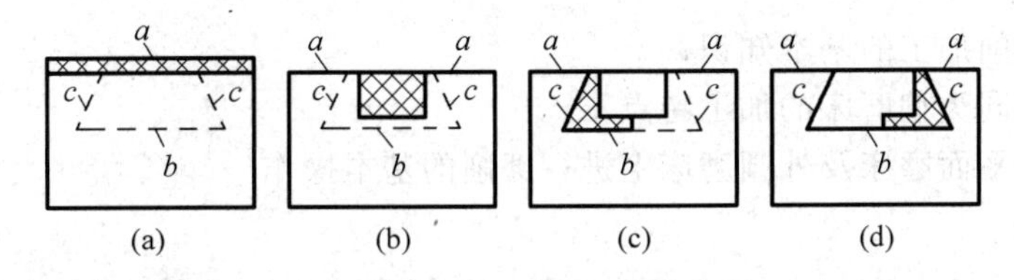

图6-17 燕尾槽的刨削步骤

(a) 刨平面；(b) 刨直槽；(c) 刨左燕尾槽；(d) 刨右燕尾槽

6.4.3 刨成形面

在刨床上刨削成形面，通常是先在零件的侧面划线，然后根据划线分别移动刨刀作垂直进给和移动工作台作水平进给，从而加工出成形面。也可用成形刨刀加工，使刨刀刃口形状与零件表面一致，一次成形。

磨削加工

基本要求

(1) 了解磨削加工的基本知识；

(2) 了解不同类型磨床的加工特点；

(3) 掌握在平面磨床及外圆磨床上进行磨削的基本操作。

7.1 磨工概述

磨削加工的用途很广，可用不同类型的磨床分别加工内外圆柱面、内外圆锥面、平面、成形表面(如花键、齿轮、螺纹等)及刃磨各种刀具等。磨削加工使用的机床为磨床，磨床种类很多，常用的有外圆磨床、内圆磨床、平面磨床等。

磨削加工是机械制造中最常用的加工方法之一，它的应用范围很广，可以磨削难以切削的各种高硬超硬材料；可以磨削各种表面；可以用于荒加工(磨削钢坯、割浇冒口等)、粗加工、精加工和超精加工。磨削后工件的尺寸公差等级可达 IT6～IT4，表面粗糙度可以达到 Ra0.8～0.025μm。磨削比较容易实现生产过程自动化，在工业发达国家，磨床已占机床总数的 25%左右，个别行业可达到 40%～50%。磨削是机械零件精密加工的主要方法之一，与车、铣、刨、钻、镗加工方法相比有不同的特点。

磨削加工具有以下特点：

(1) 磨削属多刃、微刃切削。磨削用的砂轮是由许多细小坚硬的磨粒用结合剂黏结在一起经焙烧而成的疏松多孔体，如图 7-1 所示。这些锋利的磨粒就像铣刀的切削刃，在砂轮高速旋转的条件下，切入零件表面，故磨削是一种多刃、微刃切削过程。

(2) 加工尺寸精度高，表面粗糙度值低。磨削的切削厚度极薄，每个磨粒的切削厚度可小到微米，故磨削的尺寸公差等级可达 IT6～IT5，表面粗糙度值达 Ra0.8～0.1μm。高精度磨削时，尺寸可超过 IT5，表面粗糙度值不大于 Ra0.012μm。

(3) 加工材料广泛。由于磨料硬度极高，故磨削不仅可加工一般金属材料，如碳钢、铸铁等，还可加工一般刀具难以加工的高硬度材料，如淬火钢、各种切削刀具材料及硬质合金等。

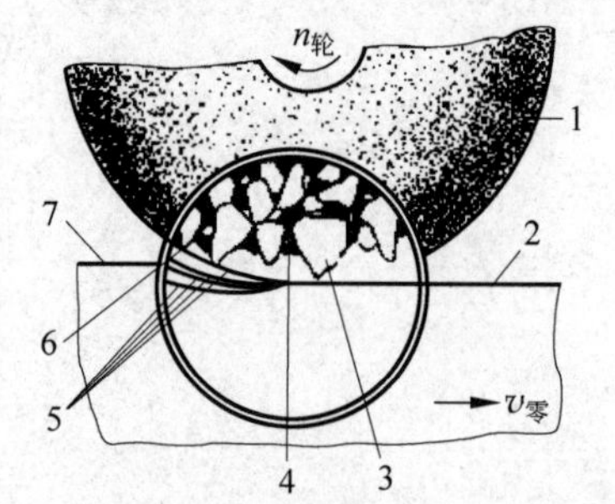

图 7-1 砂轮的组成

1—砂轮；2—已加工表面；3—磨粒；4—结合剂；5—加工表面；6—空隙；7—待加工表面

（4）砂轮有自锐性。当作用在磨粒上的切削力超过磨粒的极限强度时，磨粒就会破碎，形成新的锋利棱角进行磨削；当此切削力超过结合剂的黏结强度时，钝化的磨粒就会自行脱落，使砂轮表面露出一层新鲜锋利的磨粒，从而使磨削加工能够继续进行。砂轮的这种自行推陈出新、保持自身锋利的性能称为自锐性。砂轮有自锐性可使砂轮连续进行加工，这是其他刀具没有的特性。

（5）磨削温度高。磨削过程中，由于切削速度很高，产生大量切削热，温度超过1000℃。同时，高温的磨屑在空气中发生氧化作用，产生火花。在如此高温下，将会使零件材料性能改变而影响质量。因此，为减少摩擦和迅速散热，降低磨削温度，及时冲走屑末，以保证零件表面质量，磨削时需使用大量切削液。

7.2 磨　床

1. 外圆磨床

常用的外圆磨床分为普通外圆磨床和万能外圆磨床。在普通外圆磨床上可磨削零件的外圆柱面和外圆锥面；在万能外圆磨床上由于砂轮架、头架和工作台上都装有转盘，能回转一定的角度，且增加了内圆磨具附件，所以万能外圆磨床除可磨削外圆柱面和外圆锥面外，还可磨削内圆柱面、内圆锥面及端平面，故万能外圆磨床较普通外圆磨床应用更广。

在型号M1432A中，M为机床类别代号，表示磨床，读作“磨”；1为机床组别代号，表示外圆磨床；4为机床系别代号，表示万能外圆磨床；32为主参数最大磨削直径的1/10，即最大磨削直径为320mm；A表示在性能和结构上经过一次重大改进。M1432A型万能外圆磨床由床身、工作台、头架、尾座、砂轮架和内圆磨头等部分组成。

（1）床身　床身用来固定和支承磨床上所有部件，上部装有工作台和砂轮架，内部装有液压传动系统和机械传动装置。床身上的纵向导轨供工作台移动用，横向导轨供砂轮架移动用。

（2）工作台　工作台有两层，称上工作台和下工作台，下工作台沿床身导轨作纵向往复直线运动，上工作台可相对下工作台转动一定的角度，以便磨削圆锥面。

（3）头架　头架安装在上工作台上，头架上有主轴，主轴端部可安装顶尖、拨盘或卡盘，以便装夹零件并带动其旋转。头架内的双速电动机和变速机构可使零件获得不同的转速。头架在水平面内可偏转一定角度。

（4）尾座　尾座安装在上工作台上，尾座的套筒内装有顶尖，用来支承细长零件的另一端。尾座在工作台上的位置可根据零件的不同长度调整，当调整到所需的位置时将其紧固。尾座可在工作台上纵向移动，扳动尾座上的手柄时，套筒可伸出或缩进，以便装卸零件。

（5）砂轮架　砂轮安装在砂轮架的主轴上，由单独电动机通过V带传动带动砂轮高速旋转。砂轮架可在床身后部的导轨上作横向移动，其移动方式有自动周期进给、快速引进和退出、手动3种，前两种是由液压传动实现的。砂轮架还可绕垂直轴旋转某一角度。

（6）内圆磨头　内圆磨头用于磨削内圆表面，其主轴可安装内圆磨削砂轮，由另一电动机带动。内圆磨头可绕支架旋转，用时翻下，不用时翻向砂轮架上方。

2. 平面磨床

平面磨床主要用于磨削零件上的平面。平面磨床与其他磨床不同的是工作台上安装有电磁吸盘或其他夹具,用作装夹零件。图 7-2 为 M7120A 型平面磨床外形图。磨头 2 沿滑板 3 的水平导轨可作横向进给运动,这可由液压驱动或横向进给手轮 4 操纵。滑板 3 可沿立柱 6 的导轨垂直移动,以调整磨头 2 的高低位置及完成垂直进给运动,该运动也可操纵垂直进给手轮 9 实现。砂轮由装在磨头壳体内的电动机直接驱动旋转。

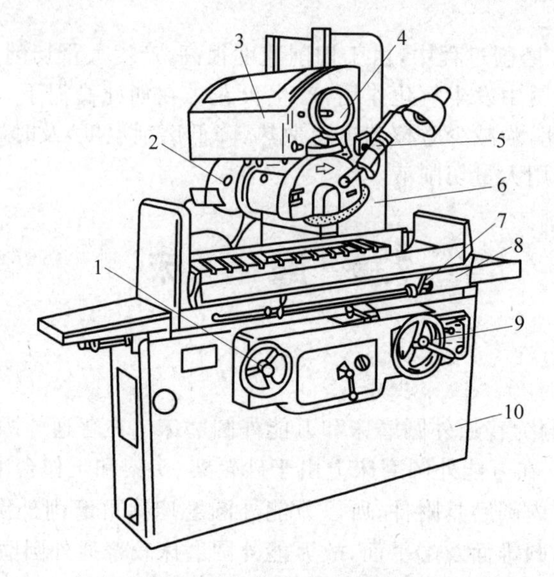

图 7-2 M7120A 型平面磨床外形图

1—驱动工作台手轮；2—磨头；3—滑板；4—横向进给手轮；5—砂轮修整器；
6—立柱；7—行程挡块；8—工作台；9—垂直进给手轮；10—床身

3. 内圆磨床

内圆磨床主要用于磨削内圆柱面、内圆锥面、端面等。图 7-3 所示为 M2120 型内圆磨床外形图,型号中 2 和 1 分别为机床组别、系别代号,表示内圆磨床; 20 为主参数最大磨削孔径的 1/10,即最大磨削孔径为 200mm。

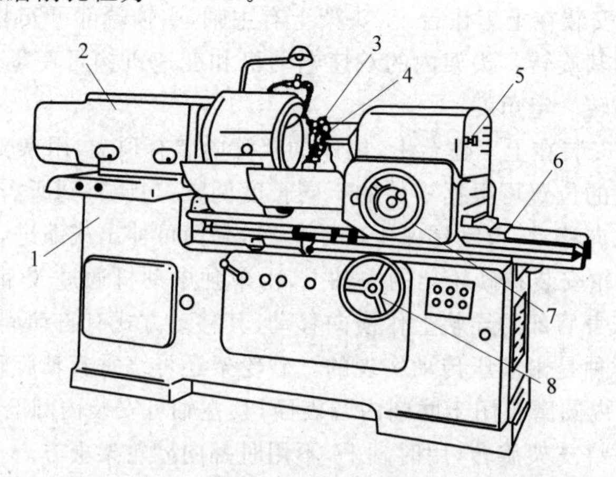

图 7-3 M2120 型内圆磨床外形图

1—床身；2—头架；3—砂轮修整器；4—砂轮；5—磨具架；
6—工作台；7—操纵磨具架手轮；8—操纵工作台手轮

内圆磨床的结构特点为砂轮转速特别高，一般可达10 000～20 000r/min，以适应磨削速度的要求。加工时，零件安装在卡盘内，磨具架5安装在工作台6上，可绕垂直轴转动一个角度，以便磨削圆锥孔。磨削运动与外圆磨削基本相同，只是砂轮与零件按相反。

7.3 砂轮的安装、平衡及修整

7.3.1 砂轮的特性

砂轮是磨削的切削工具。磨粒、结合剂和空隙是构成砂轮的三要素，如图7-1所示。

表示砂轮的特性主要包括磨料、粒度、硬度、结合剂、组织、形状和尺寸等。

1. 磨料

磨料直接担负着切削工作，必须硬度高、耐热性好，还必须有锋利的棱边和一定的强度。常用磨料有刚玉类、碳化硅类和超硬磨料。常用的几种刚玉类、碳化硅类磨料的代号、特点及用途见表7-1。

表7-1 常用磨料的代号、特点及其用途

磨料名称	代号	特　点	用　途
棕刚玉	A	硬度高，韧性好，价格较低	适合于磨削各种碳钢、合金钢和可锻铸铁等
白刚玉	WA	比棕刚玉硬度高，韧性低，价格较高	适合于加工淬火钢、高速钢和高碳钢
黑色碳化硅	C	硬度高，性脆而锋利，导热性好	用于磨削铸铁、青铜等脆性材料及硬质合金刀具
绿色碳化硅	GC	硬度比黑色碳化硅更高，导热性好	主要用于加工硬质合金、宝石、陶瓷和玻璃等

其余几种为铬刚玉(PA)、微晶刚玉(MA)、单晶刚玉(SA)、人造金刚石(SD)、立方氮化硼(CBN)。

2. 粒度

粒度是指磨粒颗粒的大小。以刚能通过的那一号筛网的网号来表示磨料的粒度，如60#微粉的磨粒直径＜40μm，如W20磨粒尺寸在20～14μm。粗磨用粗粒度，精磨用细粒度；当工件材料软、塑性大、磨削面积大时，采用粗粒度，以免堵塞砂轮烧伤工件。可用筛选法或显微镜测量法来区别。

3. 硬度

硬度是指砂轮上磨料在外力作用下脱落的难易程度，取决于结合剂的结合能力及所占比例，与磨料硬度无关。磨粒易脱落，表明砂轮硬度低，反之则表明砂轮硬度高。硬度分7大级(超软、软、中软、中、中硬、硬、超硬)，16小级。砂轮硬度的选择原则如下：

(1) 磨削硬材，选软砂轮；磨削软材，选硬砂轮；

(2) 磨导热性差的材料，不易散热，选软砂轮以免工件烧伤；

(3) 砂轮与工件接触面积大时，选较软的砂轮；

(4) 成形磨精磨时，选硬砂轮；粗磨时，选较软的砂轮。

大体上说，磨硬金属时，用软砂轮；磨软金属时，用硬砂轮。

4. 结合剂

常用结合剂有陶瓷结合剂（代号 V）、树脂结合剂（代号 B）、橡胶结合剂（代号 R）、金属结合剂（代号 M）等。陶瓷结合剂（V）化学稳定性好、耐热、耐腐蚀、价廉，占 90%，但性脆，不宜制成薄片，不宜高速，线速度一般为 35m/s。树脂结合剂（B）强度高、弹性好、耐冲击，适于高速磨或切槽切断等工作，但耐腐蚀耐热性差（300℃），自锐性好。橡胶结合剂（R）强度高、弹性好，耐冲击，适于抛光轮、导轮及薄片砂轮，但耐腐蚀耐热性差（200℃），自锐性好。金属结合剂（M）青铜、镍等，强度、韧性高，成形性好，但自锐性差，适于金刚石、立方氮化硼砂轮。

5. 组织

组织是指砂轮中磨料、结合剂、空隙三者体积的比例关系。组织号是由磨料所占的百分比来确定的，反映了砂轮中磨料、结合剂和气孔三者体积的比例关系，即砂轮结构的疏密程度。组织分紧密、中等、疏松 3 类 13 级。紧密组织成形性好，加工质量高，适于成形磨、精密磨和强力磨削。中等组织适于一般磨削工作，如淬火钢、刀具刃磨等。疏松组织不易堵塞砂轮，适于粗磨、磨软材、磨平面、磨内圆等接触面积较大时，磨热敏性强的材料或薄件。

6. 形状和尺寸

根据机床结构与磨削加工的需要，砂轮制成各种形状和尺寸。为方便选用，在砂轮的非工作表面上印有特性代号，如代号 PA 60KV6P300×40×75，表示砂轮的磨料为铬刚玉（PA），粒度为 60＃，硬度为中软（K），结合剂为陶瓷（V），组织号为 6 号，形状为平形砂轮（P），尺寸外径为 300mm，厚度为 40mm，内径为 75mm。

7.3.2 砂轮的安装、平衡及修整

1. 砂轮的安装、平衡

砂轮因在高速下工作，安装时应首先检查外观没有裂纹后，再用木槌轻敲，如果声音嘶哑，则禁止使用，否则砂轮破裂后会飞出伤人。砂轮的安装方法如图 7-4 所示。

为使砂轮工作平稳，一般直径大于 125mm 的砂轮都要进行平衡试验，如图 7-5 所示。将砂轮装在心轴 2 上，再将心轴放在平衡架 6 的平衡轨道 5 的刃口上。若不平衡，较重部分总是转到下面，可移动法兰盘端面环槽内的平衡铁 4 进行调整。经反复平衡试验，直到砂轮可在刃口上任意位置都能静止，即说明砂轮各部分的质量分布均匀。这种方法称为静平衡。

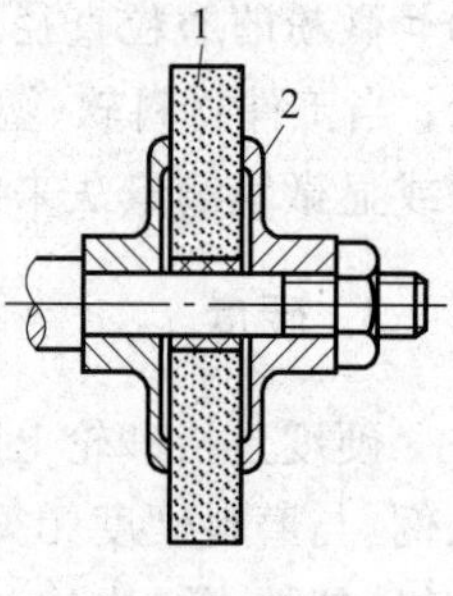

图 7-4 砂轮的安装

1—砂轮；2—弹性垫板

2. 砂轮的修整

砂轮工作一定时间后，磨粒逐渐变钝，这时必须修整。修整时，将砂轮表面一层变钝的磨粒切去，使砂轮重新露出完整锋利的磨粒，以恢复砂轮的几何形状。砂轮常用金刚石笔进

行修整，如图 7-6 所示。修整时要使用大量的冷却液，以免金刚石因温度急剧升高而破裂。砂轮修整除用于磨损砂轮外，还用于以下场合：①砂轮被切屑堵塞；②部分工材黏结在磨粒上；③砂轮廓形失真；④精密磨中的精细修整等。

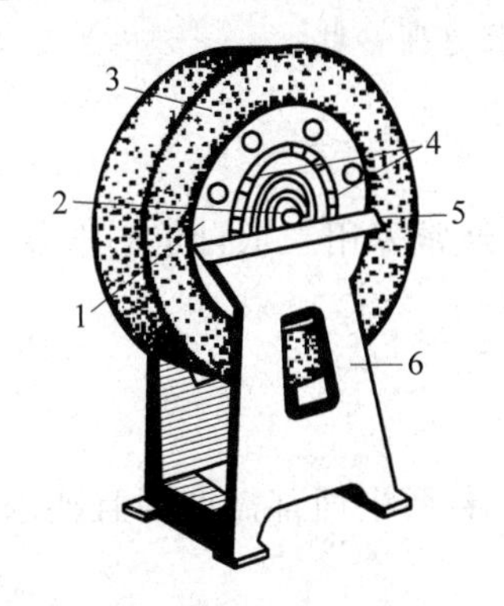

图 7-5　砂轮的平衡

1—砂轮套筒；2—心轴；3—砂轮；4—平衡铁；5—平衡轨道；6—平衡架

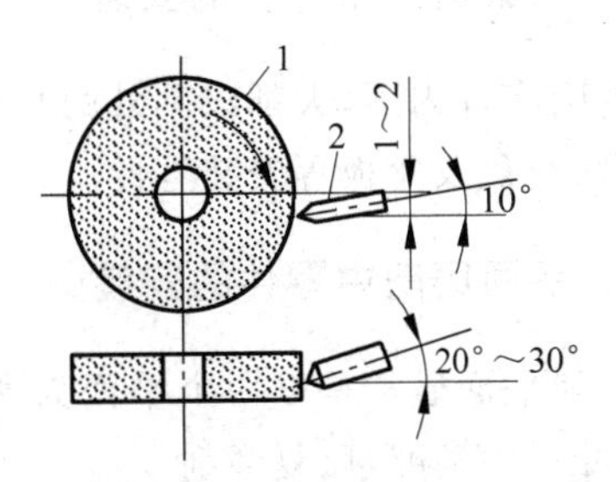

图 7-6　砂轮的修整

1—砂轮；2—金刚石笔

7.4　零件的安装及磨床附件

在磨床上安装零件的主要附件有顶尖、卡盘、花盘和心轴等。

1. 外圆磨削中零件的安装

在外圆磨床上磨削外圆，零件常采用顶尖安装、卡盘安装和心轴安装 3 种方式。

(1) 顶尖安装　顶尖安装适用于两端有中心孔的轴类零件。如图 7-7 所示，零件支承在顶尖之间，其安装方法与车床顶尖装夹基本相同，不同点是磨床所用顶尖是不随零件一起转动的(称死顶尖)，这样可以提高加工精度，避免由于顶尖转动带来的误差。同时，尾座顶尖靠弹簧推力顶紧零件，可自动控制松紧程度，这样既可以避免零件轴向窜动带来的误差，又可以避免零件因磨削热可能产生的弯曲变形。

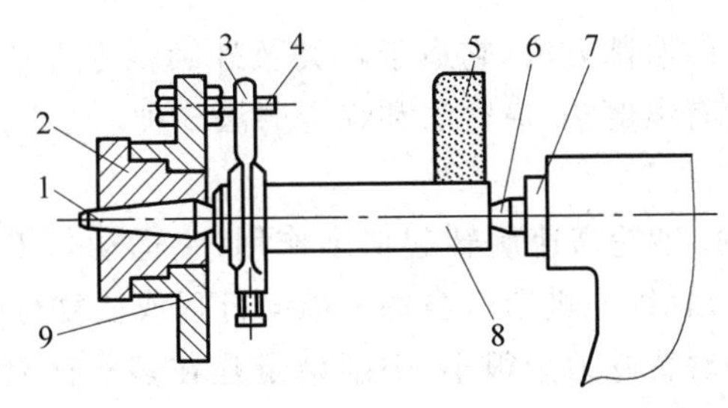

图 7-7　顶尖安装

1—前顶尖；2—头架主轴；3—鸡心夹头；4—拨杆；5—砂轮；6—后顶尖；7—尾座套筒；8—零件；9—拨盘

(2) 卡盘安装　磨削短零件上的外圆可视装卡部位形状不同,分别采用三爪自定心卡盘、四爪单动卡盘或花盘安装,安装方法与车床基本相同。

(3) 心轴安装　磨削盘套类空心零件常以内孔定位磨削外圆,大都采用心轴安装。装夹方法与车床所用心轴类似,只是磨削用的心轴精度要求更高一些。

2. 内圆磨削中零件的安装

磨削零件内圆,大都以其外圆和端面作为定位基准,通常采用三爪自定心卡盘、四爪单动卡盘、花盘及弯板等安装零件。

3. 平面磨削中零件的安装

磨削平面通常是以一个平面为基准磨削另一平面。若两平面都需磨削且要求相互平行,则可互为基准,反复磨削。

在平面磨床上磨削平面,零件安装常采用电磁吸盘和精密虎钳两种方式。

(1) 电磁吸盘安装　磨削中小型零件的平面,常采用电磁吸盘工作台吸住零件。电磁吸盘工作台有长方形和圆形两种,分别用于矩台平面磨床和圆台平面磨床。当磨削键、垫圈、薄壁套等尺寸小而壁较薄的零件时,因零件与工作台接触面积小,吸力弱,易被磨削力弹出造成事故。因此安装这类零件时,需在其四周或左右两端用挡铁围住,以免零件走动。

(2) 精密虎钳安装　电磁吸盘只能安装钢、铸铁等磁性材料的零件,对于铜、铜合金、铝等非磁性材料制成的零件,可在电磁吸盘上安放一精密虎钳安装零件。精密虎钳与普通虎钳相似,但精度很高。

7.5 磨削工艺

由于磨削的加工精度高,表面粗糙度值小,能磨高硬脆的材料,因此应用十分广泛。现仅就内外圆柱面、内外圆锥面及平面的磨削工艺进行讨论。

1. 外圆磨削

外圆磨削是一种基本的磨削方法,它适于轴类及外圆锥零件的外表面磨削。在外圆磨床上磨削外圆常用的方法有纵磨法、横磨法和综合磨法 3 种。

1) 纵磨法

如图 7-8 所示,磨削时,砂轮高速旋转起切削作用(主运动),零件转动(圆周进给)并与工作台一起作往复直线运动(纵向进给),当每一纵向行程或往复行程终了时,砂轮作周期性横向进给(背吃刀量)。每次背吃刀量很小,磨削余量是在多次往复行程中磨去的。当零件加工到接近最终尺寸时,采用无横向进给的几次光磨行程,直至火花消失为止,以提高零件的加工精度。纵向磨削的特点是具有较大适应性,一个砂轮可磨削长度不同的、直径不等的各种零件,且加工质量好,但磨削效率较低。目前生产中,特别是单件、小批生产以及精磨时广泛采用这种方法,尤其适用于细长轴的磨削。

2）横磨法

如图 7-9 所示，横磨削时，所用砂轮的宽度大于零件表面的长度，零件无纵向进给运动，而砂轮以很慢的速度连续地或断续地向零件作横向进给，直至余量被全部磨掉为止。横磨的特点是生产率高，但精度及表面质量较低。该法适于磨削长度较短、刚性较好的零件。当零件磨到所需的尺寸后，如果需要靠磨台肩端面，则将砂轮退出 0.005～0.01mm，手摇工作台纵向移动手轮，使零件的台肩端面贴靠砂轮，磨平即可。

3）综合磨法

综合磨法是先用横磨分段粗磨，相邻两段间有 5～15mm 重叠量，如图 7-10 所示，然后将留下的 0.01～0.03mm 余量用纵磨法磨去。当加工表面的长度为砂轮宽度的 2～3 倍以上时，可采用综合磨法。综合磨法能集纵磨、横磨法的优点于一身，既能提高生产效率，又能提高磨削质量。

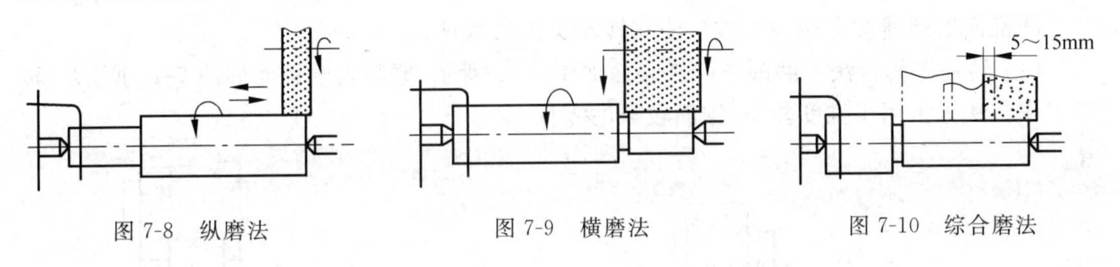

图 7-8　纵磨法　　图 7-9　横磨法　　图 7-10　综合磨法

2. 内圆磨削

内圆磨削方法与外圆磨削相似，只是砂轮的旋转方向与磨削外圆时相反（见图 7-11），其操作方法以纵磨法应用最广，且生产率较低，磨削质量较低。其原因是由于受零件孔径限制使砂轮直径较小，砂轮圆周速度较低，所以生产率较低。又由于冷却排屑条件不好，砂轮轴伸出长度较长，使得表面质量不易提高。但由于磨孔具有万能性，不需成套刀具，故在单件、小批生产中应用较多，特别是淬火零件，磨孔仍是精加工孔的主要方法。砂轮在零件孔中的接触位置有两种：一种是与零件孔的后面接触，如图 7-12(a)所示，这时冷却液和磨屑向下飞溅，不影响操作人员的视线和安全；另一种是与零件孔的前面接触，如图 7-12(b)所示，情况正好与上述相反。通常，在内圆磨床上采用后面接触。而在万能外圆磨床上磨孔，应采用前面接触方式，这样可采用自动横向进给；若采用后接触方式，则只能手动横向进给。

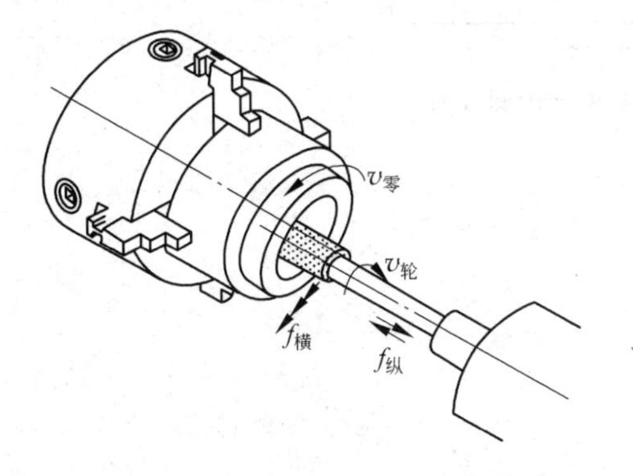

图 7-11　四爪单动卡盘安装零件

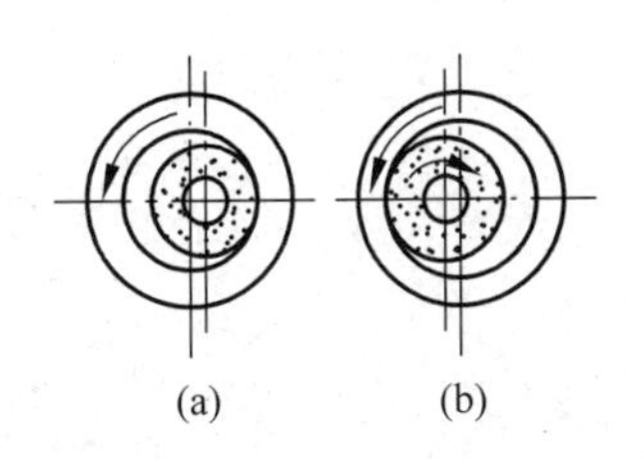

图 7-12　砂轮与零件的接触形式

3. 平面磨削

平面磨削常用的方法有周磨(在卧轴矩形工作台平面磨床上以砂轮圆周表面磨削零件)和端磨(在立轴圆形工作台平面磨床上以砂轮端面磨削零件)两种,见表 7-2。

表 7-2　周磨和端磨的比较

分类	砂轮与零件的接触面积	排屑及冷却条件	零件发热变形	加工质量	效率	适用场合
周磨	小	好	小	较高	低	精磨
端磨	大	差	大	低	高	粗磨

4. 圆锥面磨削

圆锥面磨削通常有转动工作台法和转动头架法两种。

(1) 转动工作台法　磨削外圆锥表面如图 7-13 所示,磨削内圆锥面如图 7-14 所示。转动工作台法大多用于锥度较小、锥面较长的零件。

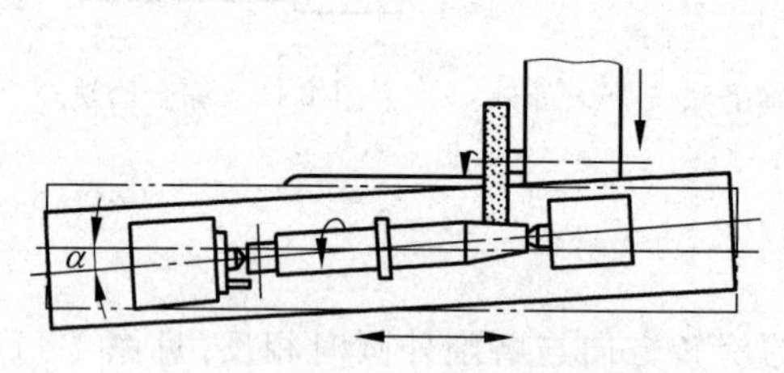

图 7-13　转动工作台磨外圆锥面

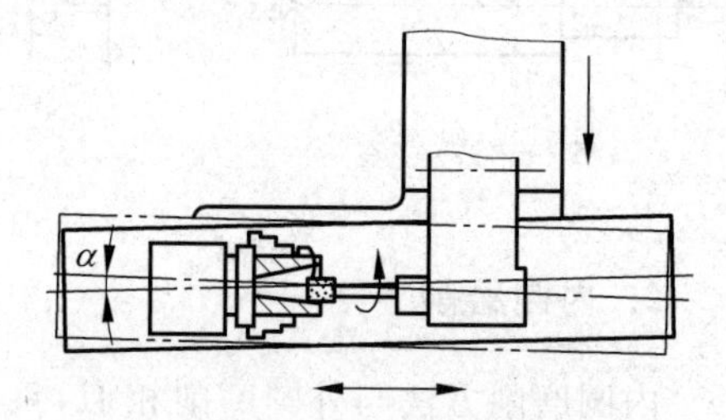

图 7-14　转动工作台磨内圆锥面

(2) 转动零件头架法　转动零件头架法常用于磨削锥度较大、锥面较短的内外圆锥面,如图 7-15 所示为磨削内圆锥面。

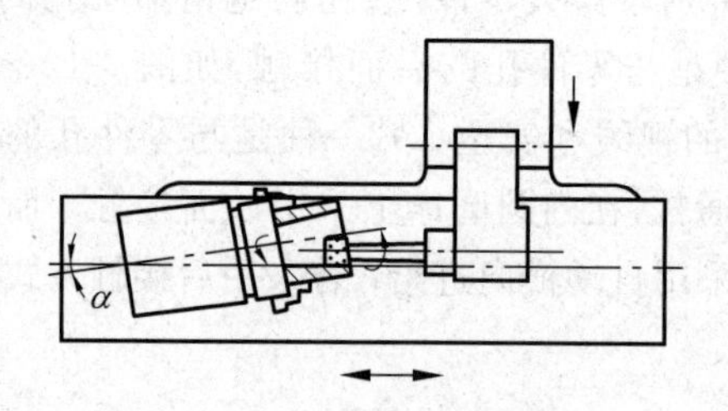

图 7-15　转动头架磨内圆锥面

热加工

焊　接

基本要求

(1) 掌握焊接基本概念；

(2) 了解氧气切割和等离子弧切割的原理和应用；

(3) 了解其他焊接方法的特点和应用；

(4) 掌握常见的焊接方法和设备的安全操作。

8.1　焊接概述

8.1.1　焊接定义

焊接是指通过适当的物理化学过程，如加热、加压或二者并用等方法，使两个或两个以上分离的物体产生原子(分子)间的结合力而连接成一体的连接方法。焊接是金属加工的一种重要工艺，广泛应用于机械制造、造船业、石油化工、汽车制造、桥梁、锅炉、航空航天、原子能、电子电力、建筑等领域。

8.1.2　焊接方法分类及发展现状

1. 焊接方法分类

目前在工业生产中应用的焊接方法已达百余种，根据焊接过程和特点可将其分为熔焊、压焊、钎焊3大类，每大类可按不同的方法分为若干小类，如图8-1所示。

(1) 熔焊是通过将需连接的两构件的接合面加热熔化成液体，然后冷却结晶连成一体的焊接方法。

(2) 压焊是在焊接过程中，对焊件施加一定的压力，同时采取加热或不加热的方式，完成零件连接的焊接方法。

(3) 钎焊是利用熔点低于被焊金属的钎料，将零件和钎料加热到钎料熔化，利用钎料润湿母材，填充接头间隙并与母材相互溶解和扩散而实现连接的方法。

2. 焊接的发展现状

目前工业生产中广泛应用的焊接方法是19世纪末和20世纪初现代科学技术发展的产

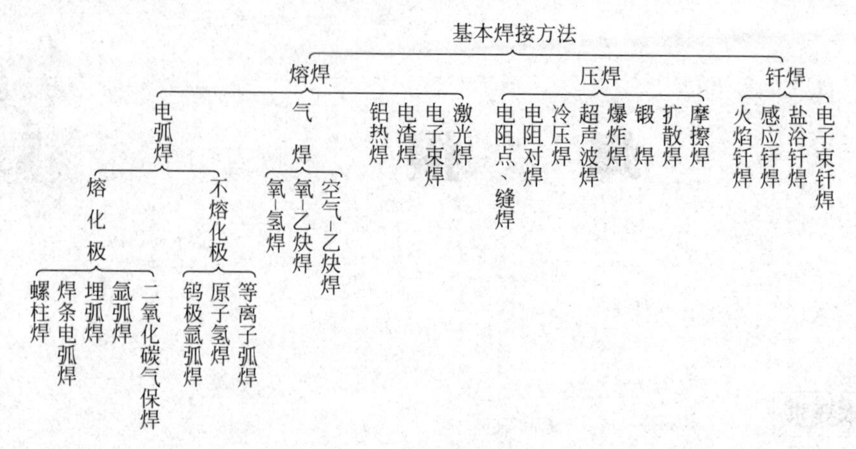

图 8-1　基本焊接方法

物。特别是冶金学、金属学以及电工学的发展，奠定了焊接工艺及设备的理论基础；而冶金工业、电力工业和电子工业的进步，则为焊接技术的长远发展提供了有利的物质和技术条件。电子束焊、激光焊等 20 余种基本方法和成百种派生方法的相继发明及应用，体现了焊接技术在现代工业中的重要地位。

3. 焊接安全生产和劳动保护

(1) 电焊机工作时切勿用手触碰焊机导电部分。

(2) 工作时应注意电源接线的绝缘是否损坏，如有损坏，应及时修理或更换；经常检查焊机机壳接地线的可靠性。

(3) 工作场所附近，不可堆放易燃、易爆物品。

(4) 未戴电焊面罩，不可进行焊接，不可目视弧光，也不能用气焊眼镜代替电焊面罩。

(5) 在焊接盛放过汽油、酒精、松香、乙炔、氢气等的容器时，应先将容器用蒸汽、热碱水或热水洗干净，必须经过认真检查，确认无误后方可进行焊接。

(6) 在清洗铁锈或焊渣时，应注意其飞溅可能造成的眼睛或皮肤损伤。

(7) 在狭窄处或闭式容器内焊接时，须有良好的通风。

(8) 焊接操作时，应穿戴整套电焊安全防护用具，最好能穿上绝缘胶底鞋或操作者脚下垫上木板，以防止麻电或触电事故。

(9) 工作完毕或临时离开工作场所，必须将电源开关关闭；气焊时，要关掉乙炔阀和氧气总阀。

8.2 电　弧　焊

电弧焊是利用电弧热源加热零件实现熔化焊接的方法。焊接过程中电弧把电能转化成热能和机械能，加热零件，使焊丝或焊条熔化并过渡到焊缝熔池中去，熔池冷却后形成一个完整的焊接接头。电弧焊应用广泛，可以焊接板厚从 0.1mm 以下到数百毫米的金属结构件，在焊接领域中占有十分重要的地位。

8.2.1 焊接电弧

电弧是电弧焊接的热源，电弧燃烧的稳定性对焊接质量有重要影响。

1. 焊接电弧

焊接电弧是一种气体放电现象，如图 8-2 所示。当电源两端分别与被焊零件和焊枪相连时，在电场的作用下，电弧阴极产生电子发射，阳极吸收电子，电弧区的中性气体粒子在接受外界能量后电离成正离子和电子，正负带电粒子相向运动，形成两电极之间的气体空间导电过程，借助电弧将电能转换成热能、机械能和光能。

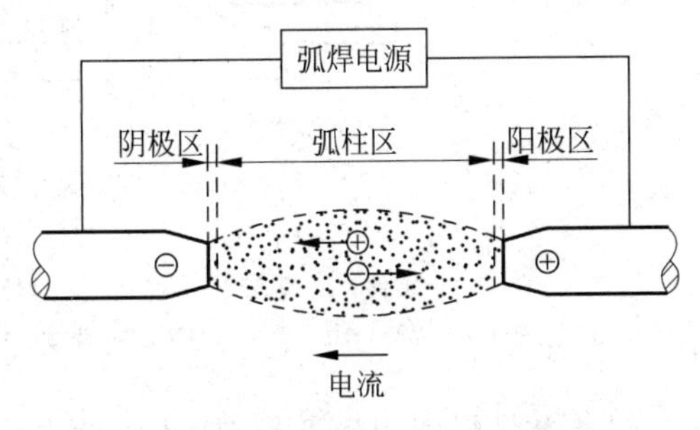

图 8-2 焊接电弧示意图

焊接电弧具有以下特点：

(1) 温度高，电弧弧柱温度范围为 5000～30 000K；

(2) 电弧电压低，范围为 10～80V；

(3) 电弧电流大，范围为 10～1000A；

(4) 弧光强度高。

2. 电源极性

采用直流电流焊接时，弧焊电源正负输出端与零件和焊枪的连接方式，称为极性。

当零件接电源输出正极，焊枪接电源输出负极时，称直流正接或正极性；反之，零件、焊枪分别与电源负、正输出端相连时，则为直流反接或反极性。交流焊接无电源极性问题，如图 8-3 所示。

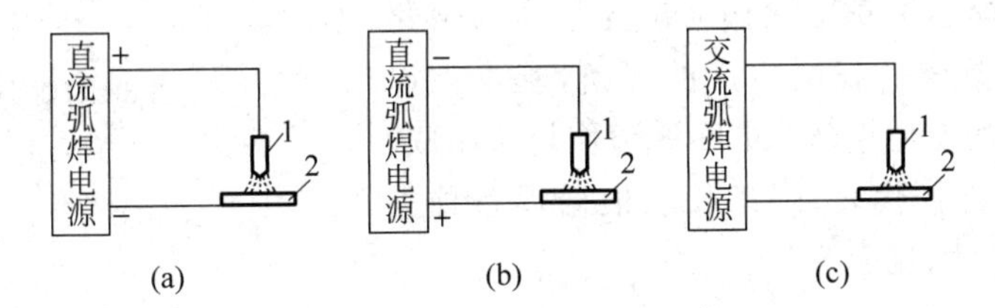

图 8-3 焊接电源极性示意图

(a) 直流反接；(b) 直流正接；(c) 交流

1—焊枪；2—零件

8.2.2 焊条电弧焊

焊条电弧焊是用手工操纵焊条进行焊接的一种焊接方法，俗称手弧焊，应用非常普遍。

1. 焊条电弧焊的原理

焊条电弧焊方法如图 8-4 所示，焊机电源两输出端通过电缆、焊钳和地线夹头分别与焊条和被焊零件相连。焊接过程中，产生在焊条和零件之间的电弧将焊条和零件局部熔化，受电弧力作用，焊条端部熔化后的熔滴过渡到母材，和熔化的母材融合一起形成熔池，随着焊工操纵电弧向前移动，熔池金属液逐渐冷却结晶，形成焊缝。

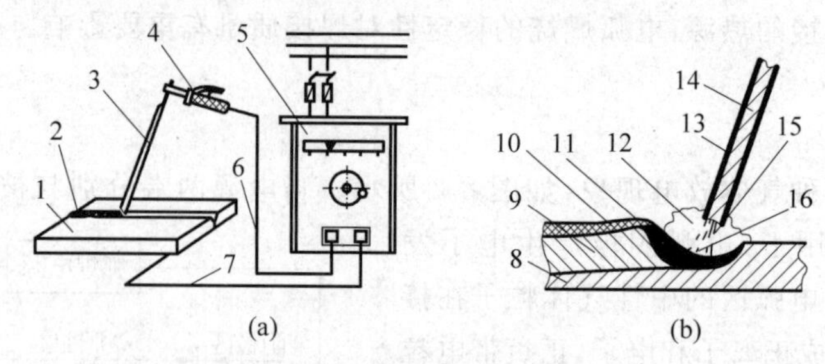

图 8-4 焊条电弧焊过程

(a) 焊接连线；(b) 焊接过程

1—零件；2—焊缝；3—焊条；4—焊钳；5—焊接电源；6—电缆；7—地线夹头；
8—熔渣；9—焊缝；10—保护气体；11—药皮；12—焊芯；13—熔滴；14—电弧；15—母材；16—熔池

焊条电弧焊使用设备简单，适应性强，可用于焊接板厚 1.5mm 以上的各种焊接结构件，并能灵活应用在空间位置不规则焊缝的焊接，适用于碳钢、低合金钢、不锈钢、铜及铜合金等金属材料的焊接。由于手工操作，焊条电弧焊也存在缺点，如生产率低、产品质量一定程度上取决于焊工操作技术、焊工劳动强度大等，现在多用于焊接单件、小批量产品和难以实现自动化加工的焊缝。

2. 焊条

焊条电弧焊所用的焊接材料是焊条，焊条主要由焊芯和药皮两部分组成，如图 8-5 所示。焊芯一般是一个具有一定长度及直径的金属丝。焊接时，焊芯有两个功能：一是传导焊接电流，产生电弧；二是焊芯本身熔化作为填充金属与熔化的母材熔合形成焊缝。我国生产的焊条，基本上以含碳、硫、磷较低的专用钢丝(如 H08A)作焊芯制成。焊条规格用焊芯直径代表，焊条长度根据焊条种类和规格，有多种尺寸，见表 8-1。

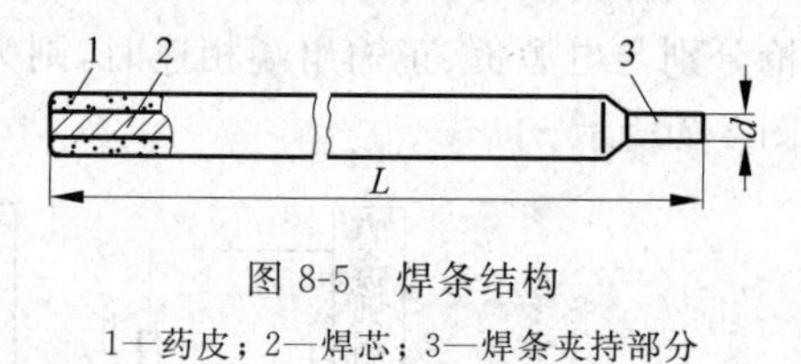

图 8-5 焊条结构

1—药皮；2—焊芯；3—焊条夹持部分

表 8-1 焊条规格

焊条直径 d/mm	焊条长度 L/mm		
2.0	250	300	
2.5	250	300	
3.2	350	400	450
4.0	350	400	450
5.0	400	450	700
5.8	400	450	700

焊条药皮又称涂料，在焊接过程中起着极为重要的作用。首先，它可以起到积极保护作用，利用药皮熔化放出的气体和形成的熔渣，起隔离空气作用，防止有害气体侵入熔化金属；

其次可以通过熔渣与熔化金属冶金反应，去除有害杂质，添加有益的合金元素，起到冶金处理作用，使焊缝获得合乎要求的机械性能；最后，还可以改善焊接工艺性能，使电弧稳定、飞溅小、焊缝成形好、易脱渣和熔敷效率高等。

焊条药皮的组成主要有稳弧剂、造气剂、造渣剂、脱氧剂、合金剂、粘结剂和增塑剂等，其主要成分有矿物类、铁合金、有机物和化工产品。

焊条分结构钢焊条、耐热钢焊条、不锈钢焊条、铸铁焊条等十大类。根据其药皮组成又分为酸性焊条和碱性焊条。酸性焊条电弧稳定，焊缝成形美观，焊条的工艺性能好，可用交流或直流电源施焊，但焊接接头的冲击韧度较低，可用于普通碳钢和低合金钢的焊接；碱性焊条多为低氢型焊条，所得焊缝冲击韧度高，机械性能好，但电弧稳定性比酸性焊条差，要采用直流电源施焊，反极性接法，多用于重要的结构钢、合金钢的焊接。

3. 焊条电弧焊操作技术

1）引弧

焊接电弧的建立称为引弧，焊条电弧焊有两种引弧方式：划擦法和直击法。划擦法操作是在焊机电源开启后，将焊条末端对准焊缝，并保持两者的距离在15mm以内，依靠手腕的转动，使焊条在零件表面轻划一下，并立即提起2～4mm，电弧引燃，然后开始正常焊接。直击法是在焊机开启后，先将焊条末端对准焊缝，然后稍点一下手腕，使焊条轻轻撞击零件，随即提起2～4mm，使电弧引燃，开始焊接。

2）运条

焊条电弧焊是依靠人手工操作焊条运动实现焊接的，此种操作也称运条。运条包括控制焊条角度、焊条送进、焊条摆动和焊条前移，如图8-6所示。运条技术的具体运用根据零件材质、接头形式、焊接位置、焊件厚度等因素决定。常见的焊条电弧焊运条方法如图8-7所示，直线形运条方法适用于板厚3～5mm的不开坡口对接平焊；锯齿形运条法多用于厚板的焊接；月牙形运条法对熔池加热时间长，容易使熔池中的气体和熔渣浮出，有利于得到高质量焊缝；正三角形运条法适合于不开坡口的对接接头和T形接头的立焊；正圆圈形运条法适合于焊接较厚零件的平焊缝。

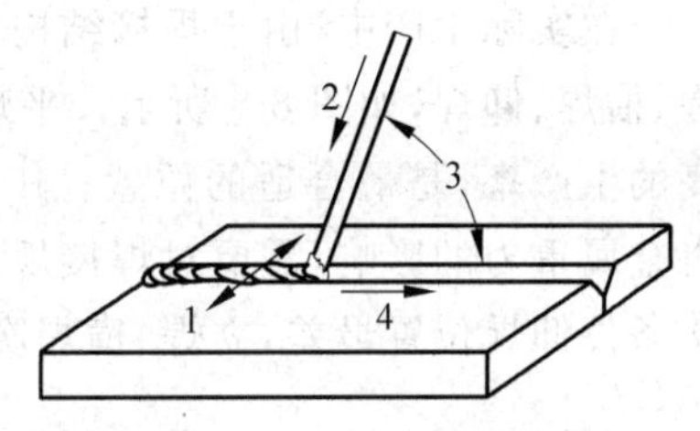

图8-6　焊条运动和角度控制

1—横向摆动；2—送进；3—焊条与零件夹角为70°～80°；4—焊条前移

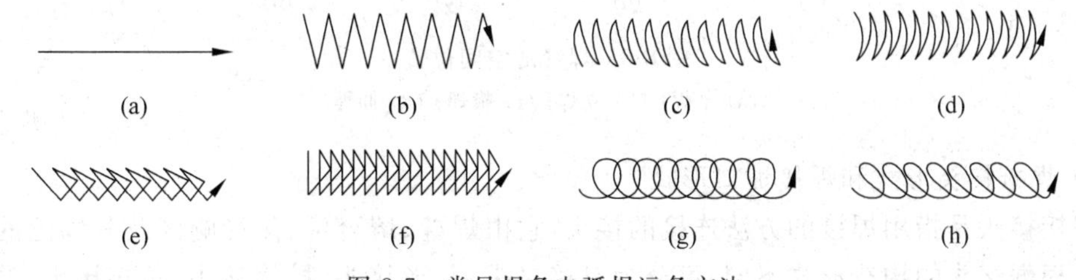

图8-7　常见焊条电弧焊运条方法

(a) 直线形；(b) 锯齿形；(c) 月牙形；(d) 反月牙形；(e) 斜三角形；(f) 正三角形；(g) 圆圈形；(h) 斜圆圈形

3）焊缝的起头、接头和收尾

焊缝的起头是指焊缝起焊时的操作，由于此时零件温度低、电弧稳定性差，焊缝容易出现气孔、未焊透等缺陷。为避免此现象，应该在引弧后将电弧稍微拉长，对零件起焊部位进行适当预热，并且多次往复运条，达到所需要的熔深和熔宽后再调到正常的弧长进行焊接。在完成一条长焊缝焊接时，往往要消耗多根焊条，这里就有前后焊条更换时焊缝接头的问题。为不影响焊缝成形，保证接头处焊接质量，更换焊条的动作越快越好，并在接头弧坑前约15mm处起弧，然后移到原来弧坑位置进行焊接。

焊缝的收尾是指焊缝结束时的操作。焊条电弧焊一般熄弧时都会留下弧坑，过深的弧坑会导致焊缝收尾处缩孔、产生弧坑应力裂纹。焊缝的收尾操作时，应保持正常的熔池温度，作无直线运动的横摆点焊动作，逐渐填满熔池后再将电弧拉向一侧熄灭。此外还有3种焊缝收尾的操作方法，即划圈收尾法、反复断弧收尾法和回焊收尾法，也在实践中常用。

4. 焊条电弧焊工艺

选择合适的焊接工艺参数是获得优良焊缝的前提，并直接影响劳动生产率。焊条电弧焊工艺是根据焊接接头形式、零件材料、板材厚度、焊缝焊接位置等具体情况制定，包括焊条牌号、焊条直径、电源种类和极性、焊接电流、焊接电压、焊接速度、焊接坡口形式和焊接层数等内容。

焊条型号应主要根据零件材质选择，并参考焊接位置情况决定。电源种类和极性又由焊条牌号而定。焊接电压决定于电弧长度，它与焊接速度对焊缝成形有重要影响作用，一般由焊工根据具体情况灵活掌握。

1）焊接位置

在实际生产中，由于焊接结构和零件移动的限制，焊缝在空间的位置除平焊外，还有立焊、横焊、仰焊，如图8-8所示。平焊操作方便，焊缝成形条件好，容易获得优质焊缝并具有高的生产率，是最合适的位置；其他3种又称空间位置焊，焊工操作较平焊困难，受熔池液态金属重力的影响，需要对焊接规范控制并采取一定的操作方法才能保证焊缝成形，其中焊接条件仰焊位置最差，立焊、横焊次之。

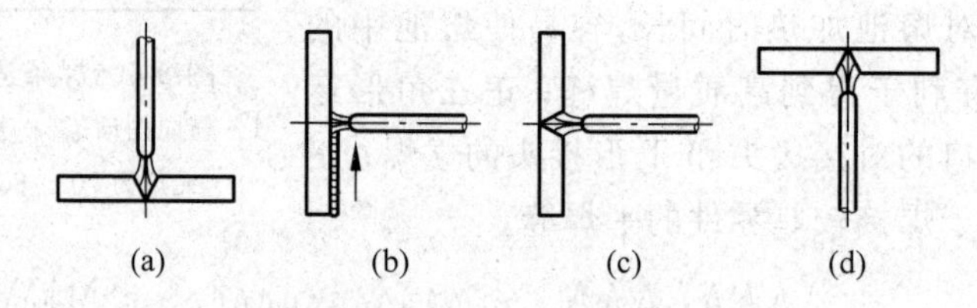

图8-8 焊缝的空间位置

(a) 平焊；(b) 立焊；(c) 横焊；(d) 仰焊

2）焊接接头形式和焊接坡口形式

焊接接头是指用焊接的方法连接的接头，它由焊缝、熔合区、热影响区及其邻近的母材组成。根据接头的构造形式不同，可分为对接接头、T形接头、搭接接头、角接接头、卷边接头等5种类型。前4类如图8-9所示，卷边接头用于薄板焊接。

熔焊接头焊前加工坡口，其目的在于使焊接容易进行，电弧能沿板厚熔敷一定的深度，保证接头根部焊透，并获得良好的焊缝成形。焊接坡口形式有I形坡口、V形坡口、U形坡

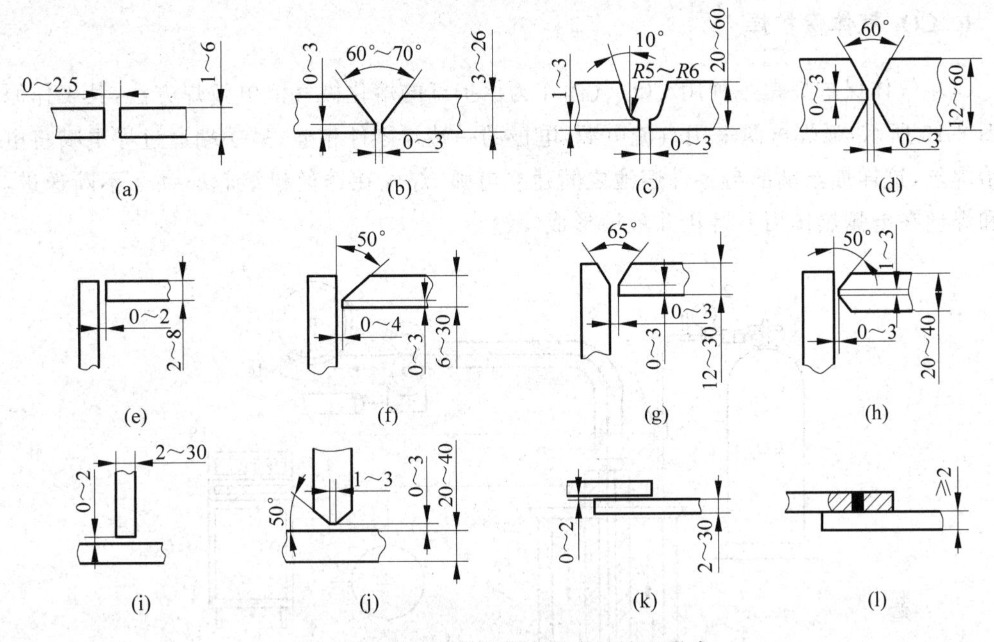

图 8-9 焊条电弧焊接头形式和坡口形式

口、X 形坡口、J 形坡口等多种。常见焊条电弧焊接头的坡口形状和尺寸如图 8-9 所示。对焊件厚度小于 6mm 的焊缝,可以不开坡口或开 I 形坡口；中厚度和大厚度板对接焊,为保证熔透,必须开坡口。V 形坡口便于加工,但零件焊后易发生变形；X 形坡口可以避免 V 形坡口的一些缺点,同时可减少填充材料；U 形及双 U 形坡口,其焊缝填充金属量更小,焊后变形也小,但坡口加工困难,一般用于重要焊接结构。

3）焊条直径、焊接电流

一般焊件的厚度越大,选用的焊条直径 d 应越大,同时可选择较大的焊接电流,以提高工作效率。板厚在 3mm 以下时,焊条直径 d 取值小于或等于板厚；板厚在 4～8mm 时,d 取 3.2～4mm；板厚在 8～12mm 时,d 取 4～5mm。此外,在中厚板零件的焊接过程中,焊缝往往采用多层焊或多层多道焊完成。低碳钢平焊时,焊条直径 d 和焊接电流 I 的对应关系有经验公式作参考：

$$I = kd$$

式中：k 为经验系数,取值范围在 30～50。

当然焊接电流值的选择还应综合考虑各种具体因素。空间位置焊,为保证焊缝成形,应选择较细直径的焊条,焊接电流比平焊位置小。在使用碱性焊条时,为减少焊接飞溅,可适当降低焊接电流值。

8.2.3 其他常用电弧焊方法

除焊条电弧焊外,常用电弧焊方法还有埋弧焊、CO_2 气体保护焊、钨极氩弧焊、熔化极氩弧焊和等离子弧焊,下面介绍几种常用的电弧焊方法。

1. CO_2 气体保护焊

CO_2 气体保护焊是一种用 CO_2 气体作为保护气的熔化极气体电弧焊方法，其工作原理如图 8-10 所示，弧焊电源采用直流电源，电极的一端与零件相连，另一端通过导电嘴将电馈送给焊丝，这样焊丝端部与零件熔池之间建立电弧，焊丝在送丝机滚轮驱动下不断送进，零件和焊丝在电弧热作用下熔化并最后形成焊缝。

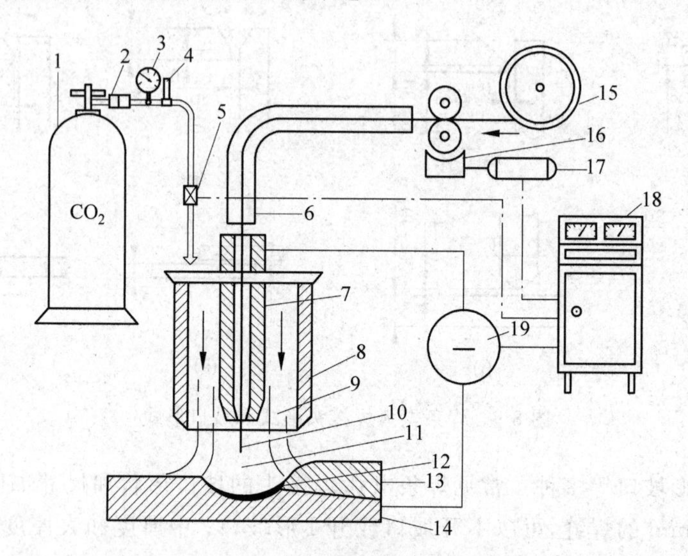

图 8-10 CO_2 气体保护焊示意图

1—CO_2 气瓶；2—干燥预热器；3—压力表；4—流量计；5—电磁气阀；6—软管；7—导电嘴；8—喷嘴；9—CO_2 保护气体；10—焊丝；11—电弧；12—熔池；13—焊缝；14—零件；15—焊丝盘；16—送丝机构；17—送丝电动机；18—控制箱；19—直流电源

CO_2 气体保护焊工艺具有生产率高、焊接成本低、适用范围广、低氢型焊接方法焊缝质量好等优点。其缺点是焊接过程中飞溅较大、焊缝成形不够美观，目前人们正通过改善电源动特性或采用药芯焊丝的方法来解决此问题。

CO_2 气体保护焊设备可分为半自动焊和自动焊两种类型，其工艺适用范围广，粗丝($\phi \geqslant 2.4$mm)大规范可以焊接厚板，中细丝用于焊接中厚板、薄板及全位置焊缝。

CO_2 气体保护焊主要用于焊接低碳钢及低合金高强钢，也可以用于焊接耐热钢和不锈钢，可进行自动焊及半自动焊，目前广泛用于汽车、轨道客车制造、船舶制造、航空航天、石油化工机械等诸多领域。

2. 氩弧焊

以惰性气体氩气作保护气的电弧焊方法称为氩弧焊，有钨极氩弧焊和熔化极氩弧焊两种。

1）钨极氩弧焊

它是以钨棒作为电弧的一极的电弧焊方法，钨棒在电弧焊中是不熔化的，故又称不熔化极氩弧焊,简称 TIG 焊。焊接过程中可以用从旁送丝的方式为焊缝填充金属,也可以不加填丝;可以手工焊也可以进行自动焊;可以使用直流、交流和脉冲电流进行焊接。TIG 的工作原理如图 8-11 所示。

由于被惰性气体隔离,焊接区的熔化金属不会受到空气的有害作用,所以钨极氩弧焊可用以焊接易氧化的有色金属,如铝、镁及其合金,也用于不锈钢、铜合金以及其他难熔金属的焊接。因其电弧非常稳定,还可以用于焊接薄板及全位置焊缝。钨极氩弧焊在航空航天、原子能、石油化工、电站锅炉等行业应用较多。

钨极氩弧焊的缺陷是钨棒的电流负载能力有限,焊接电流和电流密度比熔化极弧焊低,焊缝熔深浅,焊接速度低,厚板焊接要采用多道焊和加填充焊丝,生产效率受到影响。

2) 熔化极氩弧焊

熔化极氩弧焊又称 MIG 焊,用焊丝本身作电极,相比钨极氩弧焊而言,电流及电流密度大大提高,因而母材熔深大,焊丝熔敷速度快,提高了生产效率,特别适用于中等和厚板铝及铝合金、铜及铜合金、不锈钢以及钛合金焊接,脉冲熔化极氩焊用于碳钢的全位置焊。

3. 埋弧焊

埋弧焊电弧产生于堆敷了一层的焊剂下的焊丝与零件之间,受到熔化的焊剂——熔渣以及金属蒸汽形成的气泡壁所包围。气泡壁是一层液体熔渣薄膜,外层有未熔化的焊剂,电弧区得到良好的保护,电弧光也散发不出去,故被称为埋弧焊,如图 8-12 所示。

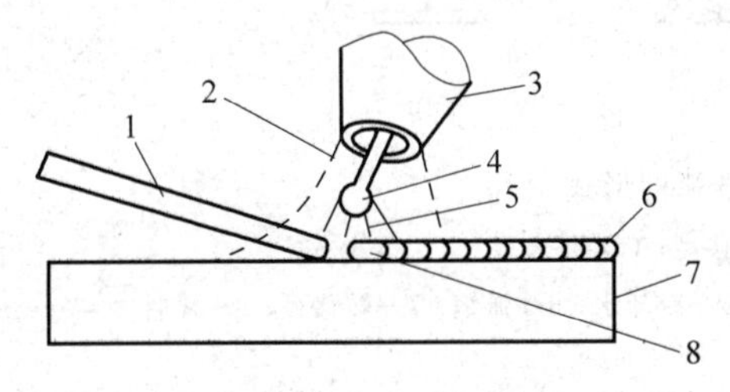

图 8-11 钨极氩弧焊示意图

1—填充焊丝;2—保护气体;3—喷嘴;4—钨极;5—电弧;6—焊缝;7—零件;8—熔池

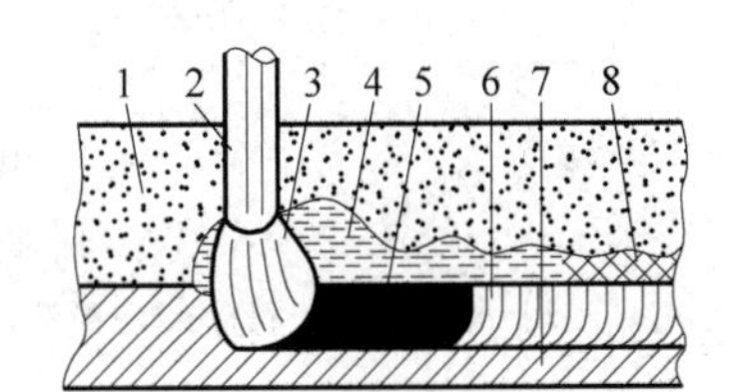

图 8-12 埋弧焊示意图

1—焊剂;2—焊丝;3—电弧;4—熔渣;5—熔池;6—焊缝;7—零件;8—渣壳

相比焊条电弧焊,埋弧焊有 3 个主要优点:

(1) 焊接电流和电流密度大,生产效率高,是手弧焊生产率的 5~10 倍;

(2) 焊缝含氮、氧等杂质低,成分稳定,质量高;

(3) 自动化水平高,没有弧光辐射,工人劳动条件较好。

埋弧焊的局限在于受到焊剂敷设限制,不能用于空间位置焊缝的焊接;由于埋弧焊焊剂的成分主要是 MnO 和 SiO_2 等金属及非金属氧化物,因此不适合焊铝、钛等易氧化的金属及其合金;另外薄板、短及不规则的焊缝一般不采用埋弧焊。

可用埋弧焊方法焊接的材料有碳素结构钢、低合金钢、不锈钢、耐热钢、镍基合金和铜合金等。埋弧焊在中、厚板对接、角接接头有广泛应用,14mm 以下板材对接可以不开坡口。埋弧焊也可用于合金材料的堆焊上。

4. 等离子弧焊接

等离子弧是一种压缩电弧，通过焊枪特殊设计将钨电极缩入焊枪喷嘴内部，在喷嘴中通以等离子气，强迫电弧通过喷嘴的孔道，借助水冷喷嘴的外部拘束条件，利用机械压缩作用、热收缩作用和电磁收缩作用，使电弧的弧柱横截面受到限制，产生温度达 24 000～50 000K、能量密度达 10^5～10^6 W/cm^2 的高温、高能量密度的压缩电弧。等离子弧按电源供电方式不同，分为 3 种形式。

(1) 非转移型等离子弧(见图 8-13(a)) 电极接电源负极，喷嘴接正极，而零件不参与导电，电弧在电极和喷嘴之间产生。

(2) 转移型等离子弧(见图 8-13(b)) 钨极接电源负极，零件接正极，等离子弧在钨极与零件之间产生。

(3) 联合型(又称混合型)等离子弧(见图 8-13(c)) 转移弧和非转移同时存在，需要两个电源独立供电。电极接两个电源的负极，喷嘴及零件分别接各个电源的正极。

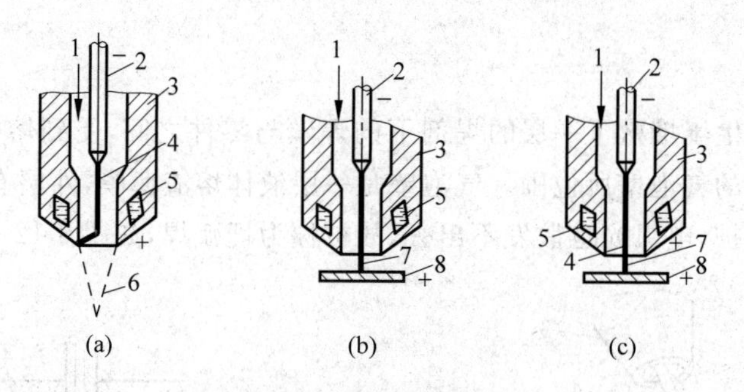

图 8-13 等离子弧的形式

(a) 非转移型；(b) 转移型；(c) 联合型

1—离子气；2—钨极；3—喷嘴；4—非转移弧；5—冷却水；6—弧焰；7—转移弧；8—零件

等离子弧在焊接领域有多方面的应用，等离子弧焊接可用于从超薄材料到中厚板材的焊接，一般离子气和保护气采用氩气、氦气等惰性气体，可以用于低碳钢、低合金钢、不锈钢、铜、镍合金及活性金属的焊接。等离子弧也可用于各种金属和非金属材料的切割，粉末等离子弧堆焊可用于零件制造和修复时堆焊硬质耐磨合金。

8.2.4 焊接设备

焊接设备包括熔焊、压焊和钎焊所使用的焊机和专用设备，这里主要介绍电弧焊用设备即电弧焊机。

1. 电弧焊机的分类

电弧焊机按焊接方法可分为焊条电弧焊机、埋弧焊机、气体保护焊机、钨极氩弧焊机、熔化极氩弧焊机和等离子弧焊机；按焊接自动化程度可分为手工电弧焊机、半自动电弧焊机和自动电弧焊机。我国电焊机型号由 7 个字位编制而成，其中不用字位省略，表 8-2 为电弧焊机型号示例。

表 8-2 电弧焊机型号示例

电焊机型号	第一字位及大类名称	第二字位及大类名称	第三字位及大类名称	第四字位及大类名称	第五字位及大类名称	电焊机类型
BX1-300	B,交流弧焊电源	X,下降特性	省略	1,动铁心式	300,额定电流,单位 A	焊条电弧焊用弧焊变压器
ZX5-400	Z,整流弧焊电源	X,下降特性	省略	5,晶闸管式	400,额定电流,单位 A	焊条电弧焊用弧焊整流器
ZX7-315	Z,整流弧焊电源	X,下降特性	省略	7,逆变式	315,额定电流,单位 A	焊条电弧焊用弧焊整流器
NBC-300	N,熔化极气体保护焊机	B,半自动焊	C,CO_2 保护焊	省略	300,额定电流,单位 A	半自动 CO_2 气体保护焊机
MZ-1000	M,埋弧焊机	Z,自动焊	省略,焊车式	省略,变速送丝	1000,额定电流,单位 A	自动交流埋弧焊机

2. 电弧焊机的组成及功能

根据焊接方法和生产自动化水平,电弧焊机可以是以下一个或数个部分的组成。

1)弧焊电源

弧焊电源是对焊接电弧提供电能的一种装置,为电弧焊机的主要组成部分,能够直接用于焊条电弧焊。

弧焊电源根据输出电流可分成交流弧焊电源和直流弧焊电源。交流电源的主要种类是弧焊变压器。直流电源有弧焊发电机和弧焊整流器两大类,由于用材多、耗能大,弧焊发电机现已很少生产和使用。弧焊整流器的主要品种有硅整流式、晶闸管整流式和逆变电源式。其中逆变电源具有体积小、质量轻、高效节能、优良的工艺性能等优点,目前发展最快。

2)送丝系统

送丝系统是在熔化极自动焊和半自动焊中提供焊丝自动送进的装置。为满足大范围的均匀调速和送丝速度的快速响应,一般采用直流伺服电动机驱动。送丝系统有推丝式和拉丝式两种送丝方式,如图 8-14 所示。

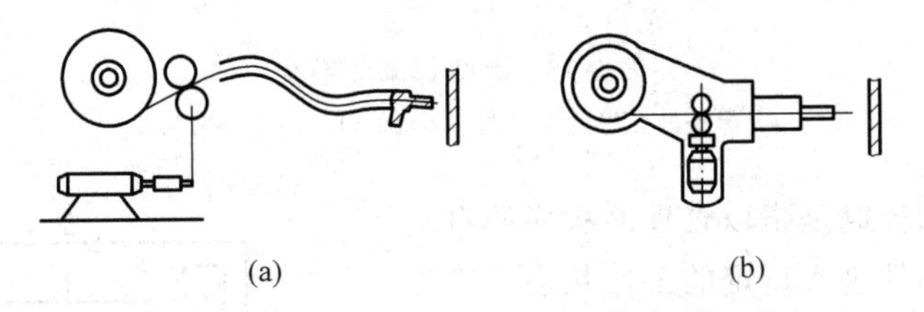

(a) (b)

图 8-14 熔化极半自动焊送丝方式

(a) 推丝式;(b) 拉丝式

3)行走机构

行走机构是使焊接机头和零件之间产生一定速度的相对运动,以完成自动焊接过程的机械装置。若行走机构是为焊接某些特定的焊缝或结构件而设计,则其焊机称为专用焊接机,如埋弧堆焊机、管-板专用钨极氩弧焊机等。通用的自动焊机可广泛用于各种结构的对接、角接、环焊缝和圆筒纵缝的焊接，在埋弧焊方法中最为常见，其行走机构有小车式、门架式、悬臂式 3 类，如图 8-15 所示。

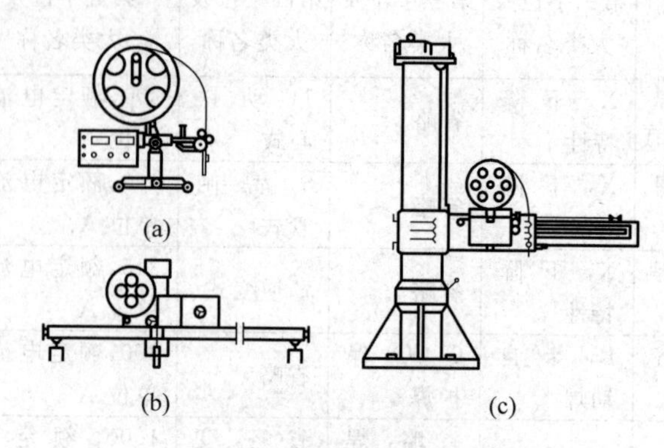

图 8-15 常见行走机构形式

(a) 小车式；(b) 门架式；(c) 悬臂式

4）控制系统

控制系统是实现熔化极自动电弧焊焊接参数自动调节和焊接程序自动控制的电气装置。

为了获得稳定的焊接过程，需要合理选择焊接规范参数，如电流、电压及焊接速度等，并且保证参数在焊接过程中稳定。由于在实际生产中往往发生零件与焊枪之间距离波动、送丝阻力变化等干扰，引起弧长的变化，造成焊接参数不稳定。焊条电弧焊是依靠焊工眼睛、脑、手配合，适时调整弧长，电弧焊自动调节系统则应用闭环控制系统进行调节，如图 8-16 所示。目前常用的自控系统有电弧电压反馈调节器和焊接电流反馈调节器。

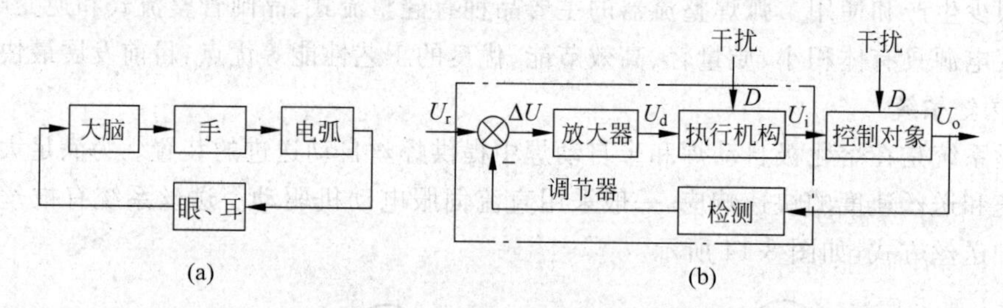

图 8-16 电弧焊调节系统

(a) 焊条电弧焊的人工调节系统；(b) 闭环调节系统

焊接程序自动控制是指以合理的次序使自动弧焊机各个工作部件进入特定的工作状态。其工作内容主要是在焊接引弧和熄弧过程中，对控制对象（包括弧焊电源、送丝机构、行走机构、电磁气阀、引弧器、焊接工装夹具）的状态和参数进行控制。图 8-17 为熔化极气体保护自动电弧焊的典型程序循环图。

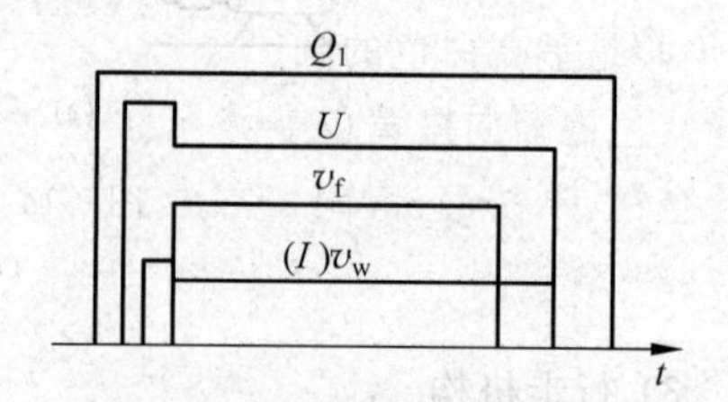

图 8-17 熔化极气体保护自动焊的典型程序循环图

Q_1—保护气体流量；U—电弧电压；I—焊接电流；v_f—送丝速度；v_w—焊接速度

5）送气系统

送气系统使用在气体保护焊中，一般包括储

气瓶、减压表、流量计、电磁气阀、软管。气体保护焊常用气体为氩气和 CO_2。氩气瓶内装高压氩气，满瓶压力为 15.2MPa；CO_2 气瓶灌入的是液态 CO_2，在室温下，瓶内剩余空间被汽化的 CO_2 充满，饱和压力达到 5MPa 以上。

减压表用以减压和调节保护气体压力，流量计是标定和调节保护气体流量，两者联合使用，使最终焊枪输出的气体符合焊接规范要求。电磁气阀是控制保护气体通断的元件，有交流驱动和直流驱动两种。气体从气瓶减压输出后，流过电磁气阀，通过橡胶或塑料制软管，进入焊枪，最后由喷嘴输出，把电弧区域的空气机械排开，起到防止污染的作用。送气系统的组成可参见图 8-10。

8.3 其他焊接方法

除了电弧焊以外，气焊、电阻焊、电渣焊、螺柱焊、摩擦焊、激光焊、高频焊、扩散焊及钎焊等焊接方法在金属材料连接作业中也有着重要的应用。

8.3.1 气焊

气焊是利用气体火焰加热并熔化母体材料和焊丝的焊接方法。与电弧焊相比，其优点如下：

(1) 气焊不需要电源，设备简单；

(2) 气体火焰温度比较低，熔池容易控制，易实现单面焊双面成形，并可以焊接很薄的零件；

(3) 在焊接铸铁、铝及铝合金、铜及铜合金时焊缝质量好。

气焊也存在热量分散、接头变形大、不易自动化、生产效率低、焊缝组织粗大、性能较差等缺陷。

气焊常用于薄板的低碳钢、低合金钢、不锈钢的对接、端接，在熔点较低的铜、铝及其合金的焊接中仍有应用，焊接需要预热和缓冷的工具钢、铸铁也比较适合。

气焊主要采用氧-乙炔火焰，在两者的混合比不同时，可得到以下 3 种不同性质的火焰。

(1) 中性焰　如图 8-18(a)所示，当氧气与乙炔的混合比为 1～1.2 时，燃烧充分，燃烧过后无剩余氧或乙炔，热量集中，温度可达 3050～3150℃。它由焰心、内焰、外焰三部分组成，焰心是呈亮白色的圆锥体，温度较低；内焰呈暗紫色，温度最高，适用于焊接；外焰颜色从淡紫色逐渐向橙黄色变化，温度下降，热量分散。中性焰应用最广，低碳钢、中碳钢、铸铁、低合金钢、不锈钢、紫铜、锡青铜、铝及铝合金、镁合金等气焊都使用中性焰。

(2) 碳化焰　如图 8-18(b)所示，当氧气与乙炔的混合比小于 1 时，部分乙炔未曾燃烧，焰心较长，呈蓝白色，温度最高达 2700～3000℃。由于过剩的乙炔分解的碳粒和氢气的原因，有还原性，焊缝含氢增加，焊低碳钢时有渗碳现象，适用于气焊高碳钢、铸铁、高速钢、硬质合金、铝青铜等。

(3) 氧化焰　如图 8-18(c)所示，当氧气与乙炔的混合比大于 1.2 时，燃烧过后的气体仍有过剩的氧气，焰心短而尖，内焰区氧化反应剧烈，火焰挺直发出“嘶嘶”声，温度可达

3100～3300℃。由于火焰具有氧化性，焊接碳钢易产生气体，并出现熔池沸腾现象，很少用于焊接，轻微氧化的氧化焰适用于气焊黄铜、锰黄铜、镀锌铁皮等。

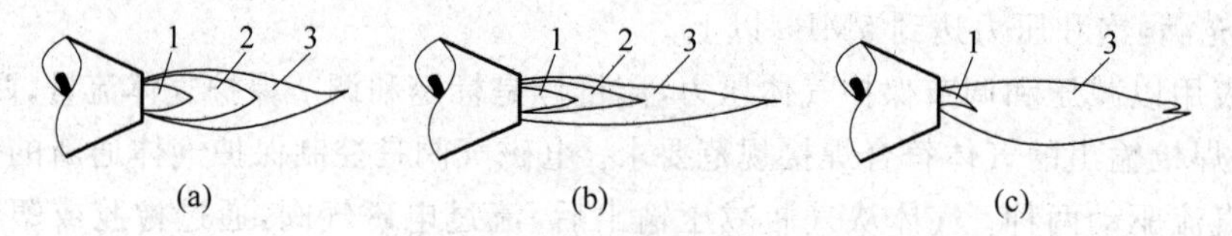

图 8-18　氧-乙炔火焰形态

(a) 中性焰；(b) 碳化焰；(c) 氧化焰

1—焰心；2—内焰；3—外焰

8.3.2　电阻焊

电阻焊是将零件组合后通过电极施加压力，利用电流通过零件的接触面及临近区域产生的电阻热将其加热到熔化或塑性状态，使之形成金属结合的方法。根据接头形式不同，电阻焊可分成点焊、缝焊、凸焊和对焊 4 种，如图 8-19 所示。

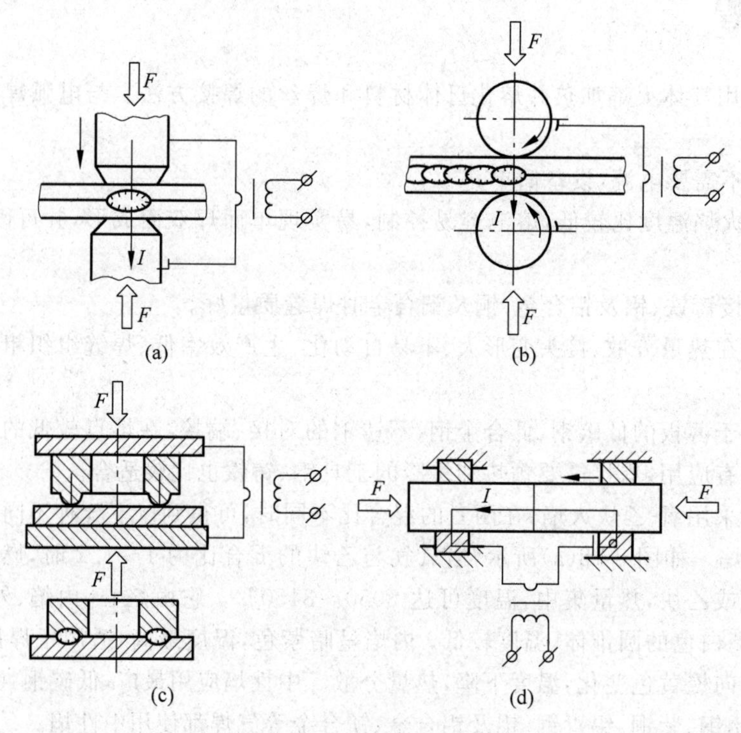

图 8-19　电阻焊基本方法

(a) 点焊；(b) 缝焊；(c) 凸焊；(d) 对焊

与其他焊接方法相比，电阻焊具有以下优点：

(1) 不需要填充金属，冶金过程简单，焊接应力及应变小，接头质量高；

(2) 操作简单，易实现机械化和自动化，生产效率高。

其缺点是接头质量难以用无损检测方法检验，焊接设备较复杂，一次性投资较高。

电阻点焊低碳钢、普通低合金钢、不锈钢、钛及合金材料时可以获得优良的焊接接头。电阻焊目前广泛应用于汽车、拖拉机、航空航天、电子技术、家用电器、轻工业等行业。

1. 点焊

点焊方法如图 8-19(a)所示，将零件装配成搭接形式，用电极将零件夹紧并通以电流，在电阻热作用下，电极之间零件接触处被加热熔化形成焊点。零件的连接可以由多个焊点实现。点焊大量应用在小于 3mm 不要求气密的薄板冲压件、轧制件接头，如汽车车身焊装、电器箱板组焊。一个点焊过程主要由预压—焊接—维持—休止 4 个阶段组成。

2. 缝焊

缝焊的工作原理与点焊相同，但用滚轮电极代替了点焊的圆柱状电极，滚轮电极施压于零件并旋转，使零件相对运动，在连续或断续通电下，形成一个个熔核相互重叠的密封焊缝，如图 8-19(b)所示。缝焊一般应用在有气密性要求的接头制造上，适用材料板厚为 0.1～2mm，如汽车油箱、暖气片、罐头盒的生产。

3. 凸焊

电加热后凸起点被压塌，形成焊接点的电阻焊方法，称为凸焊，如图 8-19(c)所示，凸起点可以是凸点、凸环或环形锐边等形式。凸焊的焊接循环与点焊一样。凸焊主要应用于低碳钢、低合金钢冲压件的焊接，另外螺母与板焊接、线材交叉焊也多采用凸焊的方法。

4. 对焊

对焊方法主要用于断面小于 250mm 的丝材、棒材、板条和厚壁管材的连接。其工作原理如图 8-19(d)所示，将两零件端部相对放置，加压使其端面紧密接触，通电后利用电阻热加热零件接触面至塑性状态，然后迅速施加大的顶锻力完成焊接。

8.3.3 电渣焊

电渣焊是一种利用电流通过液体熔渣所产生的电阻热加热熔化填充金属和母材，以实现金属焊接的熔化焊接方法。如图 8-20 所示，被焊两零件垂直放置，中间留有 20～40mm 间隙，电流流过焊丝与零件之间熔化的焊剂形成的渣池，其电阻热又加热熔化焊丝和零件边缘，在渣池下部形成金属熔池。在焊接过程中，焊丝以一定速度熔化，金属熔池和渣池逐渐上升，远离热源的底部液体金属则渐渐冷却凝固结晶形成焊缝。同时，渣池保护金属熔池不被空气污染，水冷成形滑块与零件端面构成空腔挡住熔池和渣池，保证熔池金属凝固成形。

与其他熔化焊接方法相比，电渣焊有以下特点：

(1) 适用于垂直或接近垂直的位置焊接，此时不易产生气孔和夹渣，焊缝成形条件最好。

(2) 厚大焊件能一次焊接完成，生产率高，与开坡口的电弧焊相比，节省焊接材料。

(3) 由于渣池对零件有预热作用，焊接含碳量高的金属时冷裂倾向小，但焊缝组织晶粒粗大易造成接头韧度变差，一般焊后应进行正火和回火热处理。

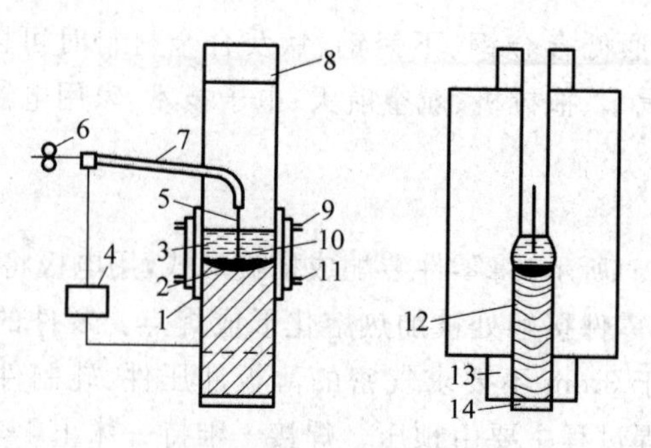

图 8-20 电渣焊过程示意图

1—水冷成形滑块；2—金属熔池；3—渣池；4—焊接电源；5—焊丝；6—送丝轮；7—导电杆；8—引出板；9—出水管；10—金属熔滴；11—进水管；12—焊缝；13—起焊槽；14—引弧板

电渣焊适用于厚板、大断面、曲面结构的焊接，如火力发电站数百吨的汽轮机转子、锅炉大厚壁高压汽包等。

8.3.4 螺柱焊

将螺柱的一端与板件(或管件)表面接触，通电引弧，待接触面融化后，给螺柱一定压力完成焊接的方法称为螺柱焊。螺柱焊可以焊接低碳钢、低合金钢、不锈钢、有色金属以及带镀(涂)层的金属等，广泛应用于汽车、仪表、造船、机车、航空、机械、锅炉、化工设备、变压器及大型建筑结构等行业。

螺柱焊的特点：

(1) 与普通的电弧焊相比，螺柱焊焊接时间短(通常小于1s)、对母材热输入小，因此焊缝和热影响区小，焊接变形小、成长率高。

(2) 熔深浅，焊接过程不会对焊件背面造成损害，焊后无须清理。

(3) 与螺纹拧入的螺柱相比所需母材厚度小，因而节省材料，还可减少部件所需的机械加工工序，成本低。

(4) 易于将螺柱与薄件连接，且焊接带(镀)涂层的焊件时易于保证质量。

(5) 与其他焊接方法相比，可使紧固件之间的间距达到最小，对于需防渗漏的螺柱连接，用以保证气密性要求。

(6) 与焊条电弧焊相比，所用设备轻便且便于操作，焊接过程简单。

(7) 易于全位置焊接。

(8) 对于易淬硬金属，容易在焊缝和热影响区形成淬硬组织，接头延性较差。

8.3.5 摩擦焊

摩擦焊是在压力作用下，待焊界面摩擦时界面及其附近温度升高，材料的变形抗力下降、塑性提高、界面的氧化膜破碎，伴随着材料产生塑性变形与流动，通过界面上的扩散及再结晶而实现连接的固态焊接方法。目前，摩擦焊已在各种工具、轴瓦、阀门、石油钻杆、电机与电力设备、工程机械、交通运输工具以及航空、航天设备制造等各方面获得了越来越广泛的应用。

1. 摩擦焊的原理

在压力作用下，待焊界面通过相对运动进行摩擦，机械能转变为热能。对于给定的材料，在足够的摩擦压力和足够的相对运动速度条件下，被焊材料的温度不断上升。随着摩擦过程的进行，焊件产生一定的塑性变形量，在适当时刻停止焊件间的相对运动，同时施加较大的顶锻力并维持一定的时间，即可实现材料间的固相连接。

2. 摩擦焊的特点

（1）接头质量高且延性好。

（2）适合异种材料的连接。一般来说，凡是可以进行锻造的金属材料都可以进行摩擦焊接，摩擦焊还可以焊接非金属材料，甚至曾通过普通车床成功地对木材进行焊接。

（3）生产效率高、质量稳定。曾经产生过用摩擦焊焊接200万件汽车后桥无一废品的纪录。

（4）对非圆形截面焊接较困难，设备复杂；对盘状薄零件和薄壁管件，由于不易夹持固定，施焊也很困难。

（5）焊机的一次性投资较大，大批量生产才能降低生产成本。

8.3.6 激光焊

激光焊是利用大功率相干单色光子流聚集而成的激光束作为热源进行焊接的方法。激光的产生是利用了原子受激辐射的原理，当粒子（原子、分子等）吸收外来能量时，从低能级跃升至高能级，此时若受到外来一定频率的光子的激励，又跃迁到相应的低能级，同时发出一个和外来光子完全相同的光子。如果利用装置（激光器）使这种受激辐射产生的光子去激励其他粒子，将导致光放大作用，产生更多的光子，在聚光器的作用下，最终形成一束单色的、方向一致和亮度极高的激光输出。再通过光学聚焦系统，可以使焦点上的激光能量密度达到$10^4 \sim 10^6$ W/cm^2，然后以此激光用于焊接。激光焊接装置如图8-21所示。

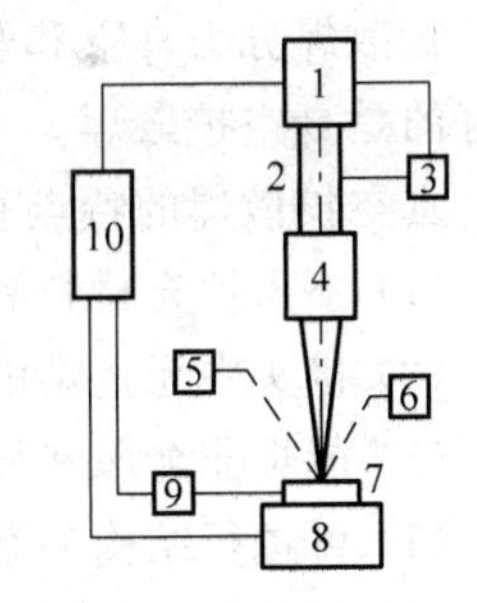

图8-21 激光焊接装置
1—激光发生器；2—激光光束；3—信号器；4—光学系统；5—观测瞄准系统；6—辅助能源；7—焊件；8—工作台；9,10—控制系统

激光焊和电子束焊同属高能密束焊范畴，与一般焊接方法相比有以下优点：

（1）激光功率密度高，加热范围小（$<1\text{mm}^2$），焊接速度高，焊接应力和变形小。

（2）可以焊接一般焊接方法难以焊接的材料，实现异种金属的焊接，甚至用于一些非金属材料的焊接。

（3）激光可以通过光学系统在空间传播相当长距离而衰减很小，能进行远距离焊接或对难接近部位焊接。

（4）相对电子束焊而言，激光焊不需要真空室，激光不受电磁场的影响。

激光焊的缺点是焊机价格较贵，激光的电光转换效率低，焊前零件加工和装配要求高，焊接厚度比电子束焊低。

激光焊应用在很多机械加工作业中，如电子器件的壳体和管线的焊接、仪器仪表零件的连接、金属薄板对接、集成电路中的金属箔焊接等。

8.3.7 高频焊

高频焊是利用流经焊件连接面的高频电流所产生的电阻热作为热源，使焊件待焊区表层被加热到熔化或塑性状态，同时通过施加（或不加）顶锻力，使焊件达到金属间结合的一种焊接方法。

高频焊是一种固相电阻焊方法（除高频熔焊外），是一种专业化较强的焊接方法，主要在管材制造方面获得了广泛的应用，除能制造各种材料的有缝管、导型管、散热片管、螺旋散热片管、电缆套管等管材外，还能生产各种断面的型材或双金属和一些机械产品，如汽车轮圈、汽车车箱版、工具钢与碳钢组成的双金属锯条等。

8.3.8 扩散焊

扩散焊是借助温度、压力、时间及真空等条件实现金属键结合，其过程首先是界面局部接触塑性变形，促使氧化膜破碎分解，当达到净面接触时，为原子间扩散创造了条件，同时界面上的氧化物被溶解吸收，继而再结晶组织生长，晶界移动，有时出现联生晶及金属间化合物，构成牢固一体的焊接接头。

扩散焊分为真空和非真空两大类，非真空扩散焊需用溶剂或气体保护，应用较广和效果最好的是真空扩散焊。

真空扩散焊的特点有：

(1) 不需填充材料和溶剂（对于某些难以互熔的材料有时加中间过渡层）；

(2) 接头中无重熔的铸态组织，很少改变原材料的物理化学特性；

(3) 能焊非金属和异种金属材料，可制造多层复合材料；

(4) 可进行结构复杂的面与面、多点多线、很薄和大厚度结构的焊接；

(5) 焊件只有界面微观变形，残余应力小，焊后不需加工、整形和清理，是精密件理想的焊接方法；

(6) 可自动化焊接，劳动条件很好；

(7) 表面制备要求高，焊接和辅助时间长。扩散焊目前已实现 560 多组异种材料的焊接。

局部真空措施焊成的巨型工件可长达 50m、重 75t，甚至有用 533 个零件焊成的巨大的轰炸机部件。在宇宙飞船构件的制造中，焊接了发动机的喷管、蜂窝壁板；飞机制造中，焊接反推力装置、蒙皮、起落架、钛合金空心叶片、轮盘、桨毂；在化工设备制造中，制成了高 3m、直径 1.8m 的部件；在原子能设备制造中，制成水冷反应堆燃料元件；在冶金工业中生产了复合板；在机械制造中应用更为广泛。利用钛合金超塑性的成形扩散焊已得到成功的应用。

8.3.9 钎焊

钎焊是利用比被焊材料熔点低的金属作钎料，经过加热使钎料熔化，靠毛细管作用将钎料吸入到接头接触面的间隙内，润湿被焊金属表面，使液相与固相之间相互扩散而形成钎焊接头的焊接方法。

钎焊材料包括钎料和钎剂。钎料是钎焊用的填充材料，在钎焊温度下具有良好的湿润性，能充分填充接头间隙，能与焊件材料发生一定的溶解、扩散作用，保证和焊件形成牢固的结合。在钎料的液相线温度高于450℃时，接头强度高，称为硬钎焊；低于450℃时，接头强度低，称为软钎焊。钎料按化学成分可分为锡基、铅基、锌基、银基、铜基、镍基、铝基、镓基等多种。

钎剂的主要作用是去除钎焊零件和液态钎料表面的氧化膜，保护母材和钎料在钎焊过程中不进一步氧化，并改善钎料对焊件表面的湿润性。钎剂种类很多，软钎剂有氯化锌溶液、氯化锌-氯化铵溶液、盐酸、松香等，硬钎剂有硼砂、硼酸、氯化物等。

根据热源和加热方法的不同，钎焊也可分为火焰钎焊、感应钎焊、炉中钎焊、浸沾钎焊、电阻钎焊等。

钎焊具有以下优点：

(1) 钎焊时由于加热温度低，对零件材料的性能影响较小，焊接的应力变形比较小。

(2) 可以用于焊接碳钢、不锈钢、高合金钢、铝、铜等金属材料，也可以用于连接异种金属、金属与非金属。

(3) 可以一次完成多个零件的钎焊，生产率高。

钎焊的缺点是接头的强度一般比较低，耐热能力较差，适于焊接承受载荷不大和常温下工作的接头。另外钎焊之前对焊件表面的清理和装配要求比较高。

8.4 焊接检验

迅速发展的现代焊接技术，已能在很大程度上保证其产品的质量，但由于焊接接头为一性能不均匀体，应力分布又复杂，制造过程中也做不到绝对不产生焊接缺陷，更不能排除产品在役运行中出现新缺陷。因而为获得可靠的焊接结构(件)还必须走第二条途径，即采用和发展合理而先进的焊接检验技术。

8.4.1 常见焊接缺陷

1. 焊接变形

工件焊后一般都会产生变形，如果变形量超过允许值，就会影响使用。焊接变形的几个例子如图8-22所示，产生的主要原因是焊件不均匀地局部加热和冷却。因为焊接时，焊件仅在局部区域被加热到高温，离焊缝越近，温度越高，膨胀也越大。但是，加热区域的金属因受到周围温度较低的金属阻止，却不能自由膨胀；而冷却时又由于周围金属的牵制不能自由地收缩。结果这部分加热的金属存在拉应力，而其他部分的金属则存在与之平衡的压应力。当这些应力超过金属的屈服极限时，将产生焊接变形；当超过金属的强度极限时，则会出现裂缝。

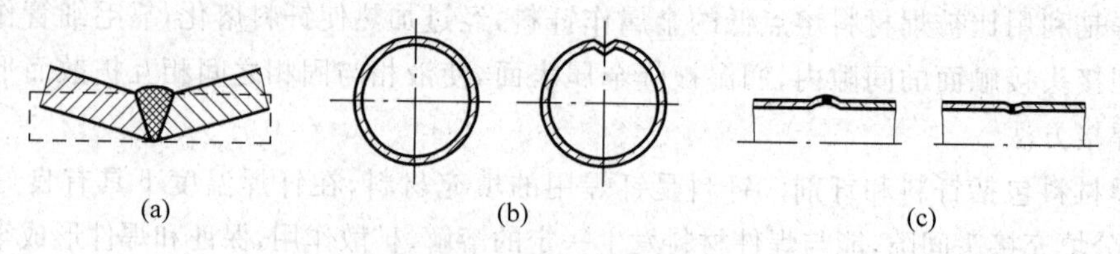

图 8-22　焊接变形示意图

(a) V 形坡口；(b) 简体纵焊缝；(c) 简体焊缝

2. 焊缝的外部缺陷

(1) 焊缝增强过高　如图 8-23 所示，当焊接坡口的角度开得太小或焊接电流过小时，均会出现这种现象。焊件焊缝的危险平面已从 M—M 平面过渡到熔合区的 N—N 平面，由于应力集中易发生破坏，因此，为提高压力容器的疲劳寿命，要求将焊缝的增强高铲平。

(2) 焊缝过凹　如图 8-24 所示，因焊缝工作截面的减小而使接头处的强度降低。

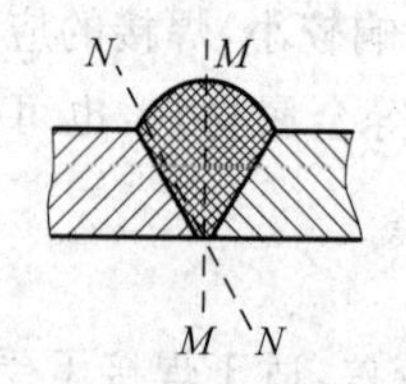

图 8-23　焊缝增强过高

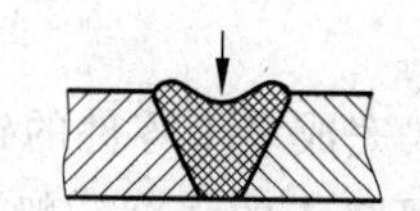

图 8-24　焊缝过凹

(3) 焊缝咬边　在工件上沿焊缝边缘所形成的凹陷叫咬边，如图 8-25 所示。它不仅减少了接头工作截面，而且在咬边处造成严重的应力集中。

(4) 焊瘤　熔化金属流到溶池边缘未溶化的工件上，堆积形成焊瘤，它与工件没有熔合，如图 8-26 所示。焊瘤对静载强度无影响，但会引起应力集中，使动载强度降低。

(5) 烧穿　如图 8-27 所示，烧穿是指部分熔化金属从焊缝反面漏出，甚至烧穿成洞，它使接头强度下降。

图 8-25　焊缝咬边

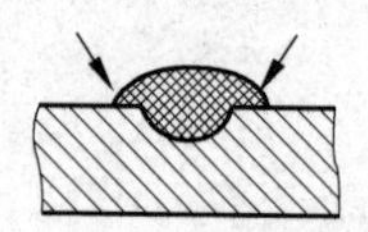

图 8-26　焊瘤

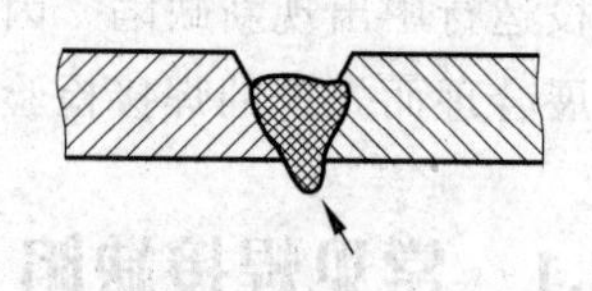

图 8-27　烧穿

以上 5 种缺陷存在于焊缝的外表，肉眼就能发现，并可及时补焊。如果操作熟练，一般是可以避免的。

3. 焊缝的内部缺陷

(1) 未焊透　未焊透是指工件与焊缝金属或焊缝层间局部未熔合的一种缺陷。未焊透减弱了焊缝工作截面，造成严重的应力集中，大大降低接头强度，它往往成为焊缝开裂的根源。

(2) 夹渣　焊缝中夹有非金属熔渣，即称夹渣。夹渣减少了焊缝工作截面，造成应力集中，会降低焊缝强度和冲击韧性。

(3) 气孔　焊缝金属在高温时，吸收了过多的气体(如 H_2)或由于熔池内部冶金反应产生的气体(如 CO)，在熔池冷却凝固时来不及排出，而在焊缝内部或表面形成孔穴，即为气孔。气孔的存在减少了焊缝有效工作截面，降低接头的机械强度。若有穿透性或连续性气孔存在，会严重影响焊件的密封性。

(4) 裂纹　焊接过程中或焊接以后，在焊接接头区域内所出现的金属局部破裂叫裂纹。裂纹可能产生在焊缝上，也可能产生在焊缝两侧的热影响区。有时产生在金属表面，有时产生在金属内部。通常按照裂纹产生的机理不同，可分为热裂纹和冷裂纹两类。

① 热裂纹是在焊缝金属中由液态到固态的结晶过程中产生的，大多产生在焊缝金属中。其产生原因主要是焊缝中存在低熔点物质(如 FeS，熔点 1193℃)，它削弱了晶粒间的联系，当受到较大的焊接应力作用时，就容易在晶粒之间引起破裂。焊件及焊条内含 S、Cu 等杂质多时，就容易产生热裂纹。热裂纹有沿晶界分布的特征。当裂纹贯穿表面与外界相通时，则具有明显的氢化倾向。

② 冷裂纹是在焊后冷却过程中产生的，大多产生在基体金属或基体金属与焊缝交界的熔合线上。其产生的主要原因是由于热影响区或焊缝内形成了淬火组织，在高应力作用下，引起晶粒内部的破裂，焊接含碳量较高或合金元素较多的易淬火钢材时，最易产生冷裂纹。焊缝中熔入过多的氢，也会引起冷裂纹。

裂纹是最危险的一种缺陷，它除了减少承载截面之外，还会产生严重的应力集中，在使用中裂纹会逐渐扩大，最后可能导致构件的破坏。所以焊接结构中一般不允许存在这种缺陷，一经发现须铲去重焊。

8.4.2 焊接质量检验

对焊接接头进行必要的检验是保证焊接质量的重要措施。因此，工件焊完后应根据产品技术要求对焊缝进行相应的检验，凡不符合技术要求所允许的缺陷，须及时进行返修。焊接质量的检验包括外观检查、无损探伤和机械性能试验 3 个方面。这三者互相补充，以无损探伤为主。

1. 外观检查

外观检查一般以肉眼观察为主，有时用 5～20 倍的放大镜进行观察。通过外观检查，可发现焊缝表面缺陷，如咬边、焊瘤、表面裂纹、气孔、夹渣及焊穿等。焊缝的外形尺寸还可采用焊口检测器或样板进行测量。

2. 无损探伤

无损探伤用于对隐藏在焊缝内部的夹渣、气孔、裂纹等缺陷的检验。目前使用最普遍的是 X 射线检验，还有超声波探伤和磁力探伤。X 射线检验是利用 X 射线对焊缝照相，根据底片影像来判断内部有无缺陷、缺陷多少和类型；再根据产品技术要求评定焊缝是否合格。超声波探伤的基本原理如图 8-28 所示。

超声波束由探头发出，传到金属中，当超声波束传到金属与空气界面时，它就折射而通过焊缝。如果焊缝中有缺陷，超声波束就反射到探头而被接受，这时荧光屏上就出现了反射波。根据这些反射波与正常波比较、鉴别，就可以确定缺陷的大小及位置。超声波探伤比 X 光照相简便得多，因而得到广泛应用。但超声波探伤往往只能凭操作经验作出判断，而且不能留下检验根据。

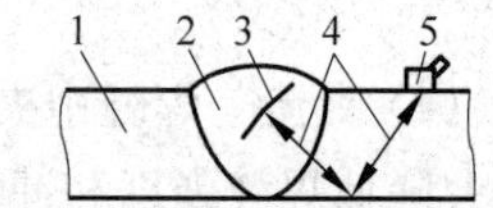

图 8-28　超声波探伤原理示意图
1—工件；2—焊缝；3—缺陷；4—超声波束；5—探头

对于离焊缝表面不深的内部缺陷和表面极微小的裂纹，还可采用磁力探伤。

3. 水压试验和气压试验

对于要求密封性的受压容器，须进行水压试验和(或)进行气压试验，以检查焊缝的密封性和承压能力。其方法是向容器内注入 1.25～1.5 倍工作压力的清水或等于工作压力的气体(多数用空气)，停留一定的时间，然后观察容器内的压力下降情况，并在外部观察有无渗漏现象，根据这些可评定焊缝是否合格。

4. 焊接试板的机械性能试验

无损探伤可以发现焊缝内在的缺陷，但不能说明焊缝热影响区的金属的机械性能如何，因此有时对焊接接头要做拉力、冲击、弯曲等试验。这些试验由试验板完成。所用试验板最好与圆筒纵缝一起焊成，以保证施工条件一致。然后将试板进行机械性能试验。实际生产中，一般只对新钢种的焊接接头进行这方面的试验。

8.5　常用金属材料的焊接

焊接性能一般包括两个方面的内容：

(1) 工艺焊接性　能得到优质焊接接头的能力。

(2) 使用焊接性　包括焊接接头的力学性能及其他特殊性能。

焊接性影响因素与金属本身的性质、焊接方法、焊接材料、焊接的工艺条件有关。碳当量通常是把钢中的碳和合金元素的含量，按其对焊接性影响的程度，换算成碳的相当含量。对于碳钢、低合金钢等钢材，常用碳当量估算其焊接性，其公式如下：

$$C_{当量}=C_{\mathrm{C}}+\frac{C_{\mathrm{Mn}}}{6}+\frac{C_{\mathrm{Cu}}+C_{\mathrm{Ni}}}{15}+\frac{C_{\mathrm{Cr}}+C_{\mathrm{Mo}}+C_{\mathrm{V}}}{5}$$

当 $C_{当量}<0.4\%$ 时，焊接性优良，焊接时一般不需要预热；$C_{当量}=0.4\%\sim0.6\%$ 时，焊接性能较差，焊前构件需预热，并控制焊接工艺参数，采取一定的工艺措施；$C_{当量}>0.6\%$ 时，焊接性极差，必须采用较高的预热温度及严格的焊接工艺措施，才能保证焊接质量。

Q235、10、15、20 等低碳钢是应用最广泛的焊接结构材料。低碳钢的碳当量小于 0.4%，焊接性良好，一般不需要采取特殊的工艺措施，焊后也不需要进行热处理。总之，对低碳钢所有的焊接方法都会得到满意的焊接效果。厚度较大(＞35mm)：大电流多层焊，焊后热处理。低温环境：焊接刚度较大的结构，要考虑预热，温度低于150℃。熔焊时，需考虑等强度的要求。一般低碳钢结构时，可选用E4303、E4313、E4320焊条；复杂结构或厚板，应选用抗裂性好的低氢型焊条，如E4315、E5015、E4316等。

焊接中碳钢构件，焊前必须预热，以减小焊接时工件各部分的温差，减小焊接应力。一般情况下，预热温度为150～250℃；当含碳量较高、结构刚度较大时，预热温度应更高些。还要严格要求焊接工艺，选用抗裂性好的低氢型焊条(如E4315、E5016、E6016)。焊后要缓冷，并及时进行热处理以消除焊接应力。中碳钢多用于制造各类机械零件，焊缝长度不大，焊接中碳钢时一般多采用焊条电弧焊，厚件也可采用电渣焊。

高碳钢的焊接性极差。焊接时需更高温度的预热及采取严格的焊接工艺措施。高碳钢一般不用作焊接结构件，大多采用手工电弧焊或气焊进行修补工件缺陷的一些焊补工作。

强度级别较低($\sigma_s \leqslant (300\sim400)$MPa)的钢，所含碳及合金元素较少，其碳当量小于0.4%，其淬硬、冷裂倾向都较小，焊接性好。常温下焊接，可以采用类似于低碳钢的焊接工艺。低温环境或在大刚度、大厚度构件上进行小焊脚、短焊缝焊接，应防止出现淬硬组织，要采用焊前预热(100～150℃)，适当增大电流，减慢施焊速度，选用抗裂性好的低氢型焊条等工艺措施。

强度级别较高($\sigma_s \geqslant 450$MPa)的低合金钢，其碳及合金元素含量也较高，碳当量大于0.4%，焊接性较差。焊前一般均需预热，预热温度大于150℃。焊后还应进行热处理，以消除内应力。优先选用抗裂性好的低氢型焊条(如E6015-D1、E6016-D1等)；要选择合适的焊接规范以控制热影响区的冷却速度。低合金结构钢含碳量较低，对硫、磷控制较严，常用手工电弧焊、埋弧焊、气体保护焊和电渣焊。

铸铁含碳量高，硫、磷杂质多，组织不均匀，塑性极低，属于焊接性很差的材料，一般不用作焊接构件。铸铁件在生产和使用过程中，会出现各种铸造缺陷及局部损坏或断裂，此时可采用焊补的方法进行修复，使其能继续使用。铸铁焊补时易产生白口组织这一缺陷。其硬度很高，焊后很难进行机械加工。焊接应力较大时，焊缝及热影响区内易产生裂纹。铸铁含碳量高，焊补时易形成CO和CO_2气体，由于结晶速度快，熔池中的气体来不及逸出而形成气孔。

锻压

基本要求

(1) 了解锻压的实质、特点和应用;

(2) 了解自由锻和板料冲压生产常用设备的大体结构和使用方法;

(3) 了解锻压生产常用材料和坯料的加热目的及方法;

(4) 熟悉冲压的基本工序及简单冲模的结构,熟悉自由锻的基本工序;

(5) 通过实习,能用自由锻方法锻制简单锻件,能完成简单件的冲压加工。

9.1 锻压概述

锻压是锻造与冲压的总称,属压力加工范畴。它是对金属材料施加外力作用,从而得到具有一定形状、尺寸和力学性能的型材、零件的加工方法。

1. 锻造

锻造是在加工设备及工(模)具的作用下,通过金属体积的转移和分配,使坯料产生局部或全部的塑性变形,以获得具有一定形状、尺寸和质量的锻件的加工方法。

按所用的设备和工(模)具的不同,锻造可分为自由锻造、胎模锻造和模型锻造等。根据锻造温度不同,锻造可分为热锻、温锻和冷锻3种。其中热锻应用最为广泛。

经过锻造成形后的锻件,其内部组织得到改善,如气孔、疏松、微裂纹被压合,夹杂物被压碎,组织更为致密,从而使力学性能得到提高,因此通常作为承受重载或冲击载荷的零件,如齿轮、机床主轴、曲轴、发动机蜗轮盘、叶片、飞机起落架、起重机吊钩等都是以锻件为毛坯加工的。

用于锻造的金属必须具有良好的塑性,以便在锻造时获得所需的形状而不破裂。常用锻压材料有各种钢、铜、铝、钛及其合金等。金属的塑性越好,变形抗力越小,其可锻性越好,因此,塑性较好的材料才能用于生产锻件,如钢和非铁金属等。低碳钢、中碳钢具有良好的塑性,是生产锻件常用的材料。受力大或要求有特殊物理、化学性能的重要零件需要用合金钢制造,而合金钢的塑性随合金元素的增多而降低,锻造高合金钢时易出现锻造缺陷。锻造用钢有钢锭和钢坯两种类型。大中型锻件一般使用钢锭,小型锻件则使用钢坯。钢坯是钢锭经轧制或锻造而成的。锻造钢坯多为圆钢和方钢。

2. 冲压

冲压包括冲裁、拉伸、弯曲、成形和胀形等，属于金属板料成形。

板料冲压是利用冲模使金属或非金属板料产生分离或变形的压力加工方法，这种加工方法通常是在常温下进行的，所以又叫做冷冲压。

板料冲压通常用来加工具有足够塑性的金属材料（如低碳钢、铜及其合金、银及其合金、镁合金及塑性高的合金钢）或非金属材料（如石棉板、硬橡皮、胶木板、皮革等）。用于加工的金属板料厚度小于6mm。只有板料厚度超过8～10mm时，为了减少变形抗力，才用热冲压。压制品具有质量轻、刚度好、强度高、互换性好、成本低等优点，生产过程易于实现机械自动化，生产率高。

正是板材成形具有上述独到的特点，几乎在各种制造金属成品的工业部门中，都获得广泛应用。特别是在汽车、拖拉机、航空、电器、仪器、仪表、国防及日用品等工业中，板材冲压占有极其重要的地位。

9.2 金属的加热与锻件的冷却

用于锻造的原材料必须具有良好的塑性。除了少数具有良好塑性的金属在常温下锻造成形外，大多数金属均需通过加热来提高塑性和降低变形抗力，达到用较小的锻造力来获得较大的塑性变形，这称为热锻。热锻的工艺过程包括下料、坯料加热、锻造成形、锻件冷却和热处理等过程，本节主要介绍除锻造成形外的其他几种工艺。

9.2.1 下料

下料是根据锻件的形状、尺寸和重量从选定的原材料上截取相应的坯料。中小型锻件一般以热轧圆钢或方钢为原材料。锻件坯料的下料方法主要有剪切、锯割、氧气切割等。大批量生产时，剪切可在锻锤或专用的棒料剪切机上进行，生产效率高，但坯料断口质量较差。锯割可在锯床上使用弓锯、带锯或圆盘锯进行，坯料断口整齐，但生产率低，主要适用于中小批量生产。采用砂轮锯片锯割可大大提高生产率。氧气切割设备简单、操作方便，但断口质量也较差，且金属损耗较多，只适用于单件、小批量生产的零件，特别适合于大截面钢坯和钢锭的切割。

9.2.2 坯料加热

在锻造生产中，根据热源的不同，分为火焰加热和电加热。前者利用烟煤、重油或煤气燃烧时产生的高温火焰直接加热金属，后者是利用电能转化为热能加热金属。

1. 主要锻造加热设备

常用的火焰炉有手锻炉、反射炉、油炉和煤气炉，在锻工实习中常用的是手锻炉；常用的电加热炉有电阻炉等。

1）手锻炉

手锻炉常用烟煤作燃料，其结构简单，容易操作，但生产率低，加热质量不高。

2）反射炉

图 9-1 所示为燃煤反射炉结构示意图。燃烧室 1 产生的高温炉气越过火墙 2 进入加热室 3 加热坯料 4，废气经烟道 7 排出。鼓风机 6 将换热器 8 中经预热的空气送入燃烧室 1。坯料 4 从炉门 5 装取。这种炉的加热室面积大，加热温度均匀一致，加热质量较好，生产率高，适用于中小批量生产。

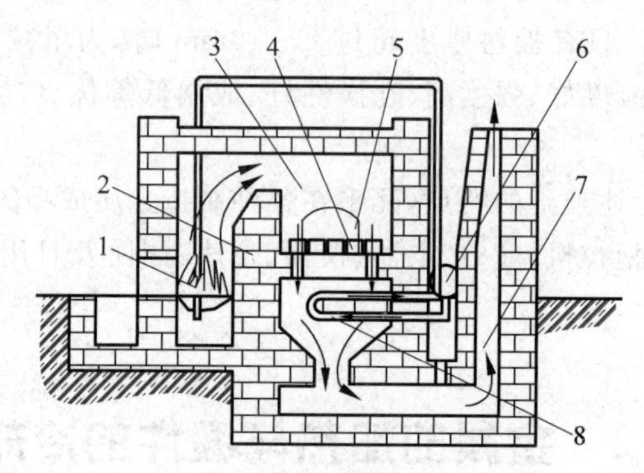

图 9-1　燃煤反射炉

1—燃烧室；2—火墙；3—加热室；4—坯料；5—炉门；6—鼓风机；7—烟道；8—换热器

3）油炉和煤气炉

室式重油炉的结构如图 9-2 所示。重油和压缩空气分别由两个管道送入喷嘴 4，压缩空气从喷嘴 4 喷出时，所造成的负压将重油带出并喷成雾状，在炉膛 1 内燃烧。煤气炉的构造与重油炉基本相同，主要的区别是喷嘴的结构不同。

4）电阻炉

电阻炉是常用的电加热设备，是利用电流通过加热元件时产生的电阻热加热坯料的，它分为中温电炉（加热元件为电阻丝，最高使用温度为 1000℃）和高温电炉（加热元件为硅碳棒，最高使用温度为 1350℃）两种。图 9-3 所示为箱式电阻加热炉，其特点是结构简单、操作方便、炉温及炉内气氛容易控制、坯料氧化较小、加热质量好、坯料加热温度适应范围较大等，但其热效率较低，适合于自由锻或模锻合金钢、有色金属坯料的单件或成批件的加热。

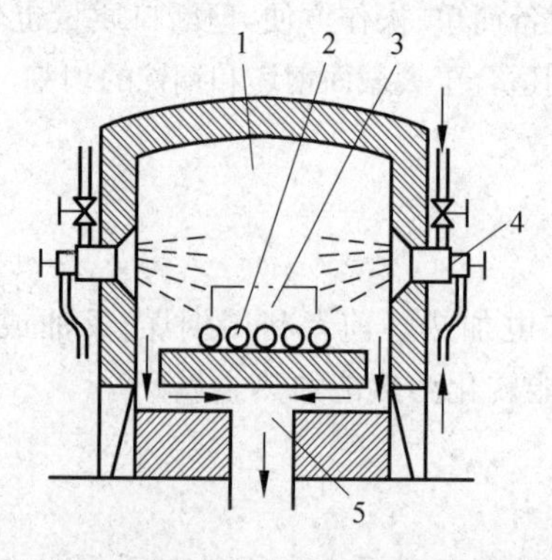

图 9-2　室式重油炉

1—炉膛；2—坯料；3—炉门；4—喷嘴；5—烟道

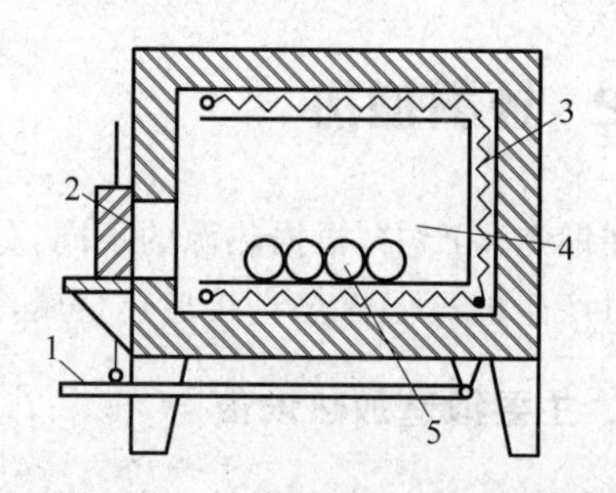

图 9-3　箱式电阻加热炉

1—踏杆；2—炉门；3—电热元件；4—炉膛；5—坯料

5）其他电加热

电加热包括电阻加热（如电阻炉）、接触加热和感应加热。接触加热是利用大电流通过金属坯料产生的电阻热加热，具有加热速度快、金属烧损少、热效率高、耗电少等特点，但坯料端部必须规则平整，适合于模锻坯料的大批量加热。感应加热通过交流感应线圈产生交变磁场，使置于线圈中的坯料产生涡流损失和磁滞损失热而升温加热，具有加热速度快、加热质量好、温度控制准确、易实现自动化等特点，但投资费用高。感应器能加热的坯料尺寸小，适合于模锻或热挤压高合金钢、有色金属的大批量件的加热。

2. 锻造温度范围的确定

锻造温度范围是指金属开始锻造的温度（称始锻温度）和终止锻造的温度（称终锻温度）之间的温度间隔。在保证不出现加热缺陷的前提下，始锻温度应取高一些，以便有较充裕的时间锻造成形，减少加热次数，降低材料、能源消耗，提高生产率。在保证坯料还有足够塑性的前提下，终锻温度应尽量低一些，这样能使坯料在一次加热后完成较大变形，减少加热次数，提高锻件质量。金属材料的锻造温度范围一般可查阅锻造手册、国家标准或企业标准。常用钢材的锻造温度范围见表9-1。

表9-1 常用钢材的锻造温度范围

材料种类	始锻温度/℃	终锻温度/℃
低碳钢	1200～1250	800
中碳钢	1150～1200	800
碳素工具钢	1050～1150	750～800
合金结构钢	1150～1200	800～850

金属加热的温度可用仪表来测量，还可以通过观察加热毛坯的火色来判断，即用火色鉴定法。碳素钢加热温度与火色的关系见表9-2。

表9-2 钢加热到各种温度范围的颜色

热颜色	始锻温度/℃	热颜色	始锻温度/℃
暗红色	650～750	深黄色	1050～1150
樱红色	750～800	亮黄色	1150～1250
橘红色	800～900	亮白色	1250～1300
橙红色	900～1050		

3. 坯料加热缺陷

在加热过程中，由于加热时间、炉内温度、扩散气氛、加热方式等选择不当，坯料可能产生各种加热缺陷，影响锻件质量。金属在加热过程中可能产生的缺陷有氧化、脱碳、过热、过烧和裂纹。

1）氧化

钢料表面的铁和炉气中的氧化性气体发生化学反应，生成氧化皮，这种现象称为氧化。

氧化造成金属烧损，每加热一次（火次），坯料因氧化的烧损量占总质量的2%～3%。严重的氧化会造成锻件表面质量下降，模锻时还会加剧锻模的磨损。减少氧化的措施是在保证加热质量的前提下，应尽量采用快速加热，并避免坯料在高温下停留时间过长。此外还应控制炉气中的氧化性气体，如严格控制送风量或采用中性、还原性气体加热。

2）脱碳

加热时，金属坯料表层的碳在高温下与氧或氢产生化学反应而烧损，造成金属表层碳含量的降低，这种现象称为脱碳。脱碳后，金属表层的硬度与强度会明显降低，影响锻件质量。减少脱碳的方法与减少氧化的措施相同。

3）过热

当坯料加热温度过高或高温下保持时间过长时，其内部组织会迅速变粗，这种现象称为过热。过热组织的力学性能变差，脆性增加，锻造时易产生裂纹，所以应当避免产生。如锻后发现过热组织，可用热处理（调质或正火）方法使晶粒细化。

4）过烧

当坯料的加热温度高到接近熔化温度时，其内部组织间的结合力将完全失去，这时坯料锻打会碎裂成废品，这种现象称为过烧。过烧的坯料无法挽救，避免发生过烧的措施是严格控制加热温度和保温时间。

5）裂纹

对于导热性较差的金属材料如采用过快的加热速度，将引起坯料内外的温差过大，同一时间的膨胀量不一致而产生内应力，严重时会导致坯料开裂。为防止产生裂纹，应严格制定和遵守正确的加热规范（包括入炉温度、加热速度和保温时间等）。

9.2.3 锻件冷却

锻件锻后的冷却方式对锻件的质量有一定影响。冷却太快，会使锻件发生翘曲，表面硬度提高，内应力增大，甚至会发生裂纹，使锻件报废。锻件的冷却是保证锻件质量的重要环节。冷却的方法有3种：

（1）空冷　在无风的空气中，放在干燥的地面上冷却。

（2）坑冷　在充填有石棉灰、砂子或炉灰等绝热材料的坑中冷却。

（3）炉冷　在500～700℃的加热炉中，随炉缓慢冷却。

一般来说，锻件中的碳元素及合金元素含量越高，锻件体积越大，形状越复杂，冷却速度越要缓慢，否则会造成硬化、变形甚至裂纹。

9.2.4 锻后热处理

锻件在切削加工前，一般都要进行热处理。热处理的作用是使锻件的内部组织进一步细化和均匀化，消除锻造残余应力，降低锻件硬度，便于进行切削加工等。常用的锻后热处理方法有正火、退火和球化退火等。具体的热处理方法和工艺要根据锻件的材料种类和化学成分确定。

9.3 自由锻造

将坯料置于铁砧上或锻压机器的上、下砥铁之间直接进行锻造，称为自由锻造（简称自由锻）。前者称为手工自由锻（简称手锻），后者称为机器自由锻（简称机锻）。

自由锻生产率低，劳动强度大，锻件的精度低，对操作工人的技术水平要求高；但其所用的工具简单，设备通用性强，工艺灵活；所以广泛用于单件、小批量零件的生产，对于制造重型锻件，自由锻则是唯一的加工方法。

自由锻工具按其功用可分为支持工具、打击工具、衬垫工具、夹持工具和测量工具等。

9.3.1 自由锻的主要设备

自由锻常用的设备有空气锤、蒸汽-空气锤及水压机等，下面重点介绍空气锤。

空气锤是生产小型锻件及胎模锻造的常用设备，其外形结构如图 9-4 所示。

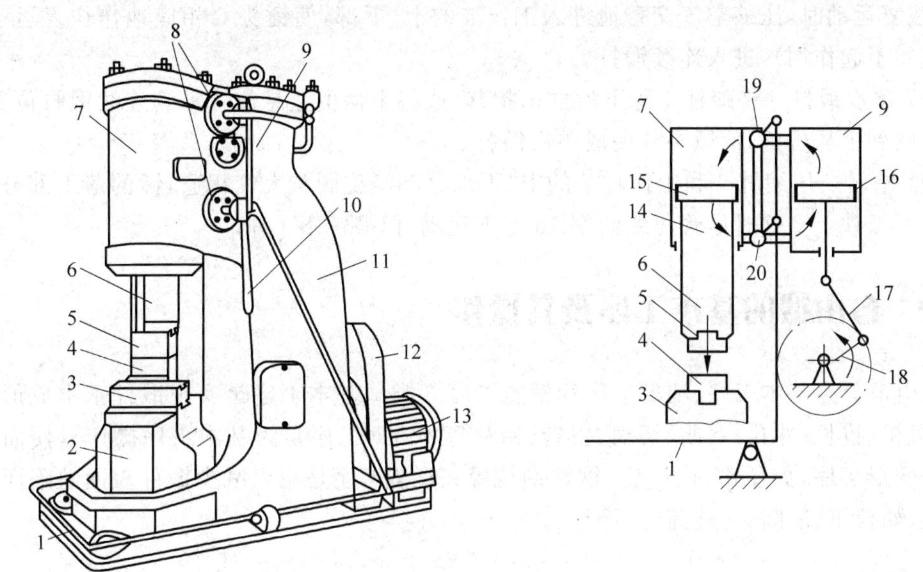

图 9-4 空气锤的结构

1—踏杆；2—砧座；3—砧垫；4—下砥铁；5—上砥铁；6—锤头；7—工作缸；
8—旋阀；9—压缩缸；10—手柄；11—锤身；12—减速机构；13—电动机；
14—锤杆；15—工作活塞；16—压缩活塞；17—连杆；18—曲柄；19—上旋阀；20—下旋阀

1）基本结构

空气锤由锤身、压缩缸、操纵机构、传动机构、落下部分及砧座等几个部分组成。锤身和压缩缸及工作缸铸成一体。砧座部分包括下砥铁、砧垫和砧座。传动机构包括带轮、齿轮减速机构、曲柄和连杆。操纵机构包括手柄（或踏杠）、连接杠杆、上旋阀、下旋阀，在下旋阀中还装有一个只允许空气作单向流动的逆止阀。落下部分包括工作活塞、锤杆和上砥铁（即锤头）。

2）工作原理

电动机 13 通过传动机构带动压缩缸 9 内的压缩活塞 16 作往复运动，使压缩活塞 16 的上部或下部交替产生的压缩空气进入工作缸 7 的上腔或下腔，工作活塞 15 便在空气压力的作用下往复运动，并带动锤头 6 进行锻打工作。

通过踏杆 1 或手柄，操作上旋阀 19 及下旋阀 20，可使空气锤完成以下动作。

(1) 上悬　压缩缸 9 及工作缸 7 的上部都经上旋阀与大气相通，压缩缸 9 和工作缸 7 的下部与大气隔绝。当压缩活塞 16 下行时，压缩空气经下旋阀 20，冲开逆止阀，进入工作缸 7 下部，使锤杆 14 上升；当压缩活塞 16 上行时，压缩空气经上旋阀 19 排入大气。由于下旋阀 20 内有一个逆止阀，可防止工作缸 7 内的压缩空气倒流，使锤头 6 保持在上悬位置。此时，可在锻锤上进行各种辅助工作，如摆放零件及工具、检查锻件的尺寸、清除氧化皮等。

(2) 下压　压缩缸 9 上部和工作缸 7 下部与大气相通，压缩缸下部和工作缸上部与大气隔绝。当压缩活塞 16 下行时，压缩空气通过下旋阀 20，冲开逆止阀，经中间通道向上，由上旋阀 19 进入工作缸 7 上部，作用在工作活塞 15 上，连同落下部分自重，将零件压住。当压缩活塞 16 上行时，上部气体进入大气，由于逆止阀的单向作用，使工作活塞 15 仍保持有足够的压力。此时，可对零件进行弯曲、扭转等操作。

(3) 连续锻打　压缩缸 9 与工作缸 7 经上、下旋阀连通，并全部与大气隔绝。当压缩活塞 16 往复运动时，压缩空气交替地进入工作缸的上、下部，使锤头 6 相应地作往复运动(此时逆止阀不起作用)，进入连续锻打。

(4) 单次锻打　将踏杆 1 踩下后立即抬起，或将手柄由上悬位置推到连续锻打位置，再迅速退回到上悬位置，使锤头 6 完成单次锻打。

(5) 空转　压缩缸 9 和工作缸 7 的上、下部分都经旋阀与大气相通，锤的落下部分靠自重停在下砥铁上。这时尽管压缩活塞 16 上下运动，但锻锤不工作。

9.3.2　自由锻的基本工序及其操作

自由锻分为基本工序、辅助工序和精整工序 3 类。基本工序是实现锻件基本成形的工序，如镦粗、拔长、冲孔、弯曲、切割、扭转、错移等；辅助工序是为基本工序操作方便而进行的预先变形工序，如压钳口、压肩、钢锭倒棱等；修整工序是用以减少锻件表面缺陷而进行的工序，如校正、滚圆、平整等。

1. 镦粗

如图 9-5 所示，镦粗是使坯料截面增大、高度减小的锻造工序，有完全镦粗和局部镦粗两种。完全镦粗是将坯料直立在下砥铁上进行锻打，使其沿整个高度产生高度减小。局部镦粗分为端部镦粗和中间镦粗，需要借助于工具如胎模或漏盘(或称垫环)来进行。

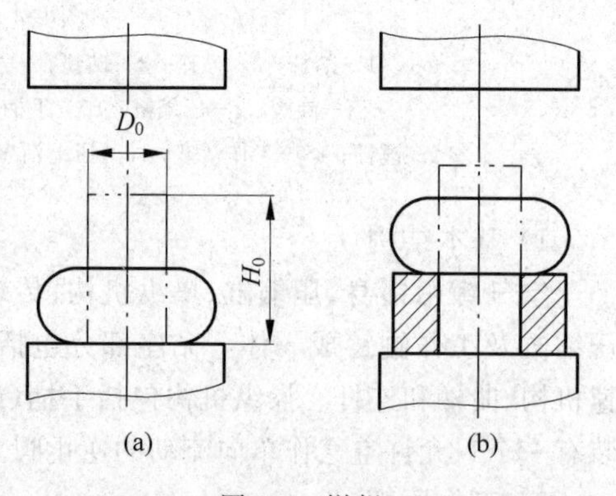

图 9-5　镦粗

(a) 完全镦粗；(b) 局部镦粗

镦粗操作的工艺要点如下：

(1) 坯料的高径比，即坯料的高度 H_0 和直径 D_0 之比，应不大于 2.5～3。高径比过大的坯料容易镦弯或造成双鼓形，甚至发生折叠现象而使锻件报废。

(2) 为防止镦歪,坯料的端面应平整并与坯料的中心线垂直,端面不平整或不与中心线垂直的坯料,镦粗时要用钳子夹住,使坯料中心与锤杆中心线一致。

(3) 镦粗过程中如发现镦歪、镦弯或出现双鼓形应及时矫正。

(4) 局部镦粗时要采用相应尺寸的漏盘或胎模等工具。

2. 拔长

拔长是使坯料长度增加、横截面减少的锻造工序。操作中还可以进行局部拔长、芯轴拔长等。拔长操作的工艺要点如下:

(1) 送进 锻打过程中,坯料沿砥铁宽度方向(横向)送进,每次送进量不宜过大,以砥铁宽度的 0.3～0.7 倍为宜(见图 9-6(a))。送进量过大,金属主要沿坯料宽度方向流动,反而降低延伸效率,如图 9-6(b)所示。送进量太小,又容易产生夹层,如图 9-6(c)所示。

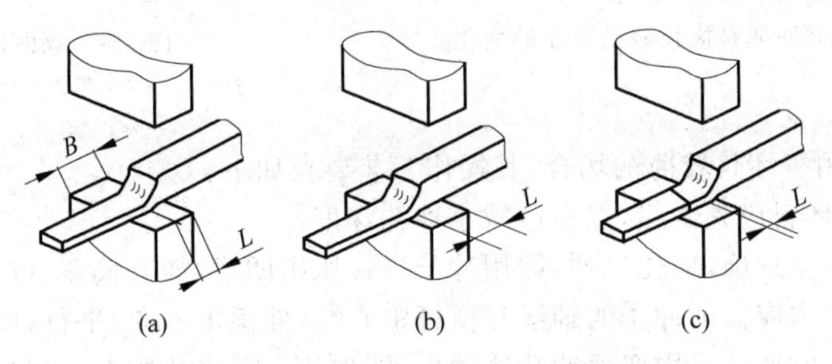

图 9-6 拔长时的送进方向和送进量

(a) 送进量合适;(b) 送进量太大;(c) 送进量太小

(2) 翻转 拔长过程中应不断翻转坯料,除了图 9-7 所示按数字顺序进行的两种翻转方法外,还有螺旋式翻转拔长方法。为便于翻转后继续拔长,压下量要适当,应使坯料横截面的宽度与厚度之比不要超过 2.5,否则易产生折叠。

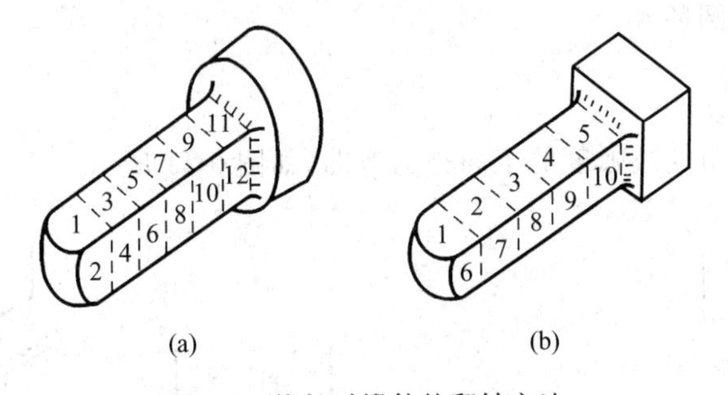

图 9-7 拔长时锻件的翻转方法

(3) 锻打 将圆截面的坯料拔长成直径较小的圆截面时,必须先把坯料锻成方形截面,在拔长到边长接近锻件的直径时,再锻成八角形,最后打成圆形,如图 9-8 所示。

(4) 锻制台阶或凹档 要先在截面分界处压出凹槽,称为压肩。

(5) 修整 拔长后要进行修整,以使截面形状规则。修整时坯料沿砥铁长度方向(纵向)送进,以增加锻件与砥铁间的接触长度和减少表面的锤痕。

3. 冲孔

在坯料上冲出通孔或不通孔的工序称为冲孔。冲孔分双面冲孔和单面冲孔，如图 9-9 和图 9-10 所示。

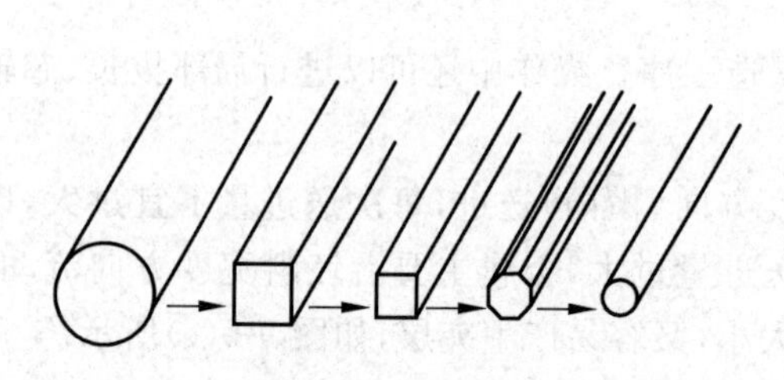

图 9-8 圆截面坯料拔长时横截面的变化

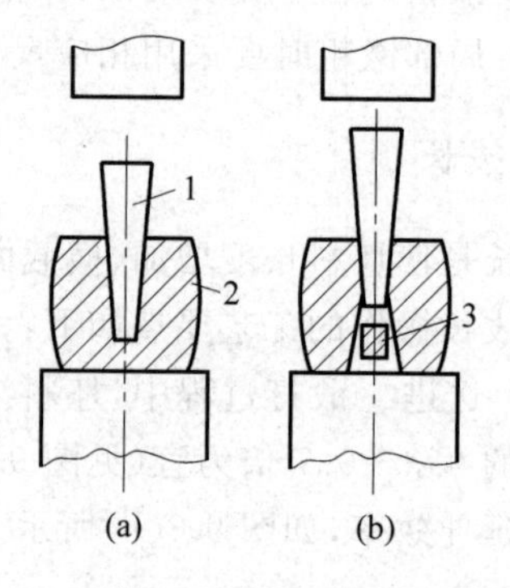

图 9-9 双面冲孔

1—冲子；2—零件；3—冲孔余料

单面冲孔适用于坯料较薄的场合，其操作工艺要点如下：

(1) 冲孔前，坯料应先镦粗，以尽量减小冲孔深度。

(2) 为保证孔位正确，应先试冲，即用冲子轻轻压出凹痕，如有偏差，可加以修正。

(3) 冲孔过程中应保证冲子的轴线与锤杆中心线(即锤击方向)平行，以防将孔冲歪。

(4) 一般锻件的通孔采用双面冲孔法冲出，即先从一面将孔冲至坯料厚度 3/4～2/3 的深度再取出冲子，翻转坯料，从反面将孔冲透。

(5) 为防止冲孔过程中坯料开裂，一般冲孔孔径要小于坯料直径的 1/3。大于坯料直径的 1/3 的孔，要先冲出一较小的孔，然后采用扩孔的方法达到所要求的孔径尺寸。常用的扩孔方法有冲头扩孔和芯轴扩孔。冲头扩孔利用扩孔冲子锥面产生的径向分力将孔扩大，芯轴扩孔实际上是将带孔坯料沿切向拔长，内外径同时增大，扩孔量几乎不受什么限制，最适于锻制大直径的薄壁圆环件。

4. 弯曲

将坯料弯成一定角度或弧度的工序称为弯曲，如图 9-11 所示。

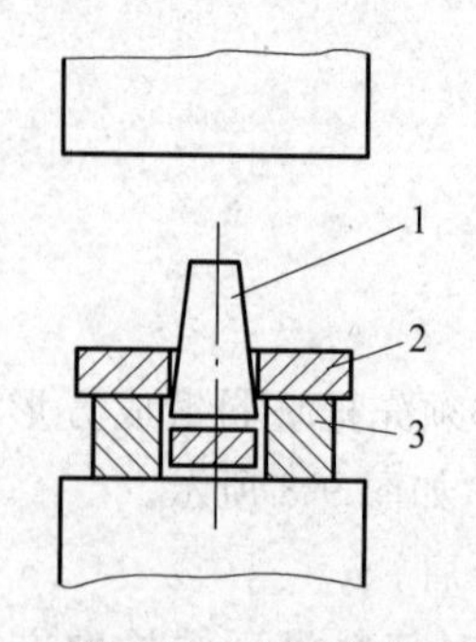

图 9-10 单面冲孔

1—冲子；2—零件；3—漏盘

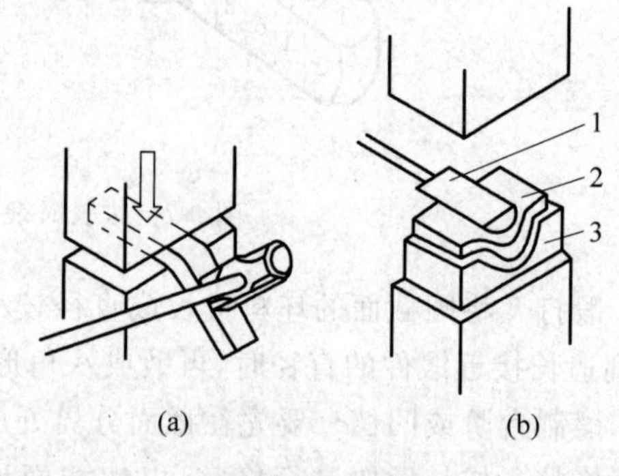

图 9-11 弯曲

(a) 角度弯曲；(b) 成形弯曲

1—成形压铁；2—零件；3—成形垫铁

5. 切割

将锻件从坯料上分割下来或切除锻件的工序称为切割,如图 9-12 所示。

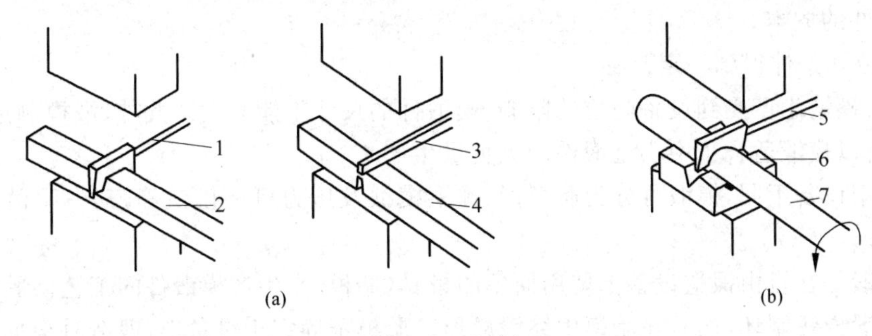

图 9-12 切割

(a) 方料的切割;(b) 圆料的切割

1,5—垛刀;2,4,7—零件;3—刻棍;6—垛垫

9.3.3 自由锻件常见缺陷及产生原因

自由锻造过程中常见缺陷及产生原因的分析见表 9-3,缺陷有的是坯料质量不良引起的,尤其以铸锭为坯料的大型锻件更要注意铸锭有无表面或内部缺陷;有的是加热不当、锻造工艺不规范、锻后冷却和热处理不当引起的。对锻造缺陷,要根据不同情况下产生不同缺陷的特征进行综合分析,并采取相应的纠正措施。

表 9-3 自由锻件常见缺陷的主要特征及产生原因

缺陷名称	主要特征	产生原因
表面横向裂纹	拔长时,锻件表面及角部出现横向裂纹	原材料质量不好;拔长时进锤量过大
表面纵向裂纹	镦粗时,锻件表面出现纵向裂纹	原材料质量不好;镦粗时压下量过大
中空纵裂	拔长时,中心出现较长甚至贯穿的纵向裂纹	未加热透,内部温度过低;拔长时,变形集中于上下表面,心部出现横向拉应力
弯曲、变形	锻造、热处理后弯曲与变形	锻造矫直不够;热处理操作不当
冷硬现象	锻造后锻件内部保留冷变形组织	变形温度偏低;变形速度过快;锻后冷却过快

9.4 模 锻

模型锻造简称模锻。模锻是在高强度模具材料上加工出与锻件形状一致的模膛(即制成锻模),然后将加热后的坯料放在模膛内受压变形,最终得到和模膛形状相符的锻件。模锻与自由锻相比有以下特点:

(1) 能锻造出形状比较复杂的锻件。

(2) 模锻件尺寸精确,表面粗糙度值较小,加工余量小。

(3) 生产率高。

(4) 模锻件比自由锻件节省金属材料,减少切削加工工时。此外,在批量足够的条件下可降低零件的成本。

(5) 劳动条件得到一定改善。

但是,模锻生产受到设备吨位的限制,模锻件的尺寸不能太大。此外,锻模制造周期长、成本高,所以模锻适合于中小型锻件的大批量生产。

按所用设备不同,模锻可分为胎模锻、锤上模锻及压力机上模锻等,其中胎模锻是最简单的一种。

胎模锻是在自由锻造设备上使用简单的模具(胎模)来生产模锻件的工艺。胎模锻一般采用自由锻方法制坯,然后在胎模中终锻成形。胎模不固定于设备上,锻造时根据工艺过程可随时放上或取下。胎模锻生产比较灵活,它适合于中小批量生产,在缺乏模锻设备的中小型工厂大多采用。常用的胎模结构主要有以下 3 种类型。

(1) 扣模　用来对坯料进行全面或局部扣形,主要生产杆状非回转体锻件,如图 9-13 所示。

(2) 套筒模　锻模呈套筒形,主要生产锻造齿轮、法兰盘等回转体类锻件,如图 9-14 所示。

(3) 合模　通常由上模和下模两部分组成,如图 9-15 所示。为了使上下模吻合及避免锻件产生错模,经常用导柱等定位。

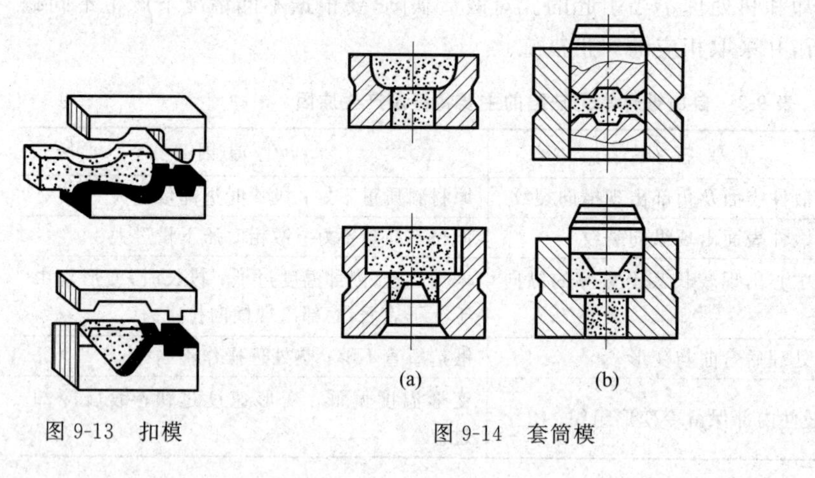

图 9-13　扣模

图 9-14　套筒模

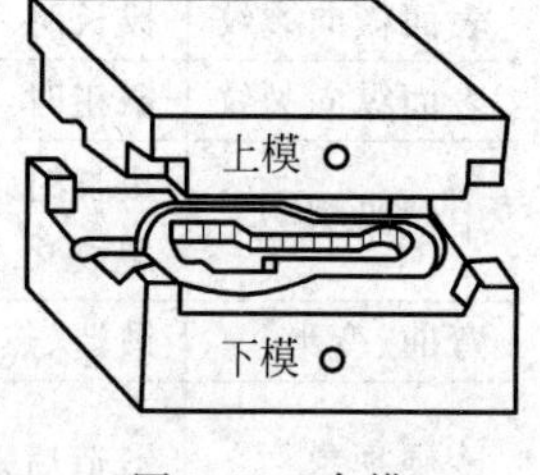

图 9-15　合模

铸　造

基本要求

(1) 熟悉砂型铸造的生产工艺过程、铸件成形特点、铸造生产的优缺点及其应用；

(2) 了解型砂的组成和性能要求；

(3) 掌握手工造型的基本方法及其选择；

(4) 熟悉砂型铸造工艺：浇注位置与分型面的确定及其表示方法，型芯及型芯头的作用与型芯轮廓的表示方法，浇注系统的组成及其作用；

(5) 了解常用铸造合金的熔炼方法和熔化设备；

(6) 了解浇注、落砂、清理的方法及其对铸件质量的影响；

(7) 了解常见铸造缺陷的名称、特征及其产生的原因。

10.1　铸造概述

铸造工艺是将金属熔融后得到的液态金属注入预制好的铸型中使之冷却、凝固，获得一定形状和性能铸件的金属成形方法。铸造生产的铸件一般为毛坯件，需要经过机械加工后才能成为机器零件，少数对尺寸精度和表面粗糙度要求不高的零件也可以直接应用铸件。

1. 铸造工艺的特点

铸造工艺具有以下特点：

(1) 适用范围广。几乎不受零件的形状复杂程度、尺寸大小、生产批量的限制，可以铸造壁厚 0.3mm～1m、质量从几克到 300 多吨的各种金属铸件。

(2) 可制造各种合金铸件。很多能熔化成液态的金属材料可以用于铸造生产，如铸钢、铸铁、各种铝合金、铜合金、镁合金、钛合金及锌合金等。生产中铸铁应用最广，占铸件总产量的 70%以上。

(3) 铸件的形状和尺寸与图样设计零件非常接近，加工余量小；尺寸精度一般比锻件、焊接件高。

(4) 成本低廉。由于铸造容易实现机械化生产，铸造原料又可以大量利用废、旧金属材料，加之铸造动能消耗比锻造动能消耗小，因而铸造的综合经济性能好。

铸造工艺是机械制造工业中毛坯和零件的主要加工工艺，在机械工业中占有极其重要的地位。铸件在一般机器中占总质量的 40%～80%，如内燃机占总质量的 70%～90%，机床、液压泵、阀等占总质量的65%～80%，拖拉机占总质量的50%～70%。铸造工艺广泛应用于机床制造、动力机械、冶金机械、重型机械、航空航天等领域。

铸造按生产方法不同，可分为砂型铸造和特种铸造。砂型铸造应用最为广泛，砂型铸件占铸件总产量的80%以上，其铸型(砂型和芯型)是由型砂制作的。本章主要介绍大量用于铸铁件生产的砂型铸造方法。

2. 砂型铸造生产工序

砂型铸造的主要生产工序有制模、配砂、造型、制芯、合箱、熔炼、浇注、落砂、清理和检验。铸件的生产过程如图10-1所示，根据零件形状和尺寸，设计并制造模样和芯盒；配制型砂和芯砂；利用模样和芯盒等工艺装备分别制作砂型和芯型；将砂型和芯型合为一整体铸型；将熔融的金属浇注入铸型，完成充型过程；冷却凝固后落砂取出铸件；最后对铸件清理并检验。

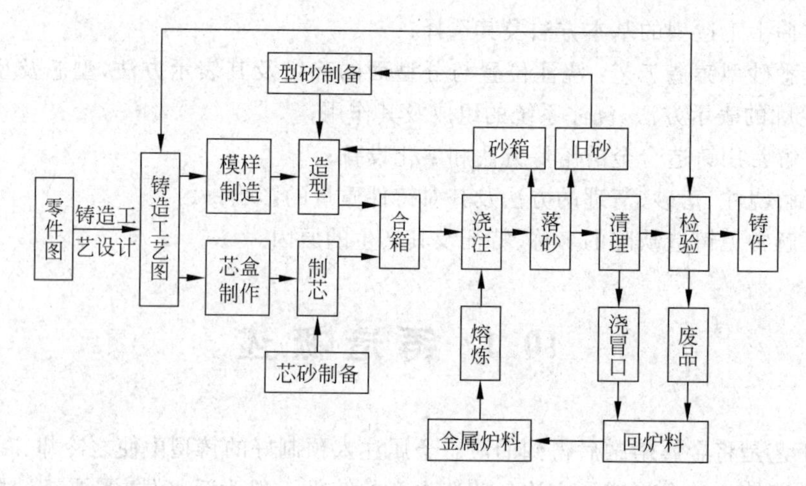

图10-1 砂型铸造的生产过程

10.2 造型与制芯

造型和制芯是利用造型材料和工艺装备制作铸型的工序，按成形方法总体可分成手工造型(制芯)和机器造型(制芯)。本节主要介绍应用广泛的砂型造型及制芯。

10.2.1 铸型的组成

铸型是根据零件形状用造型材料制成的。铸型一般由上砂型、下砂型、型芯和浇注系统等部分组成，如图10-2所示。上砂型和下砂型之间的接合面称为分型面。铸型中由砂型面和型芯面所构成的空腔部分，用于在铸造生产中形成铸件本体，称为型腔。型芯一般用来形成铸件的内孔和内腔。金属液流入型腔的通道称为浇注系统。出气孔的作用在于排出浇注过程中产生的气体。

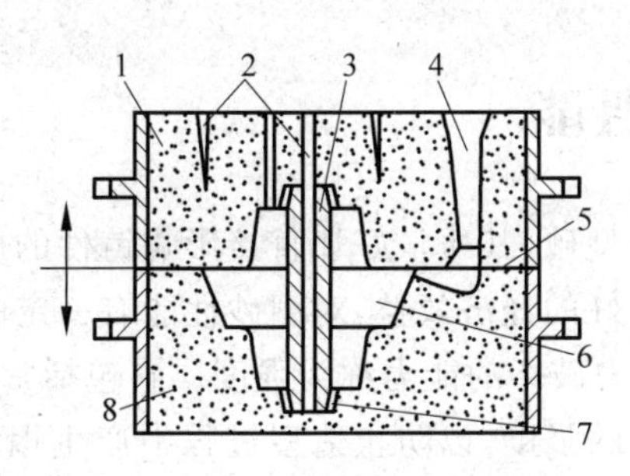

图 10-2 铸型装配图

1—上砂型；2—出气孔；3—型芯；4—浇注系统；5—分型面；6—型腔；7—芯头芯座；8—下砂型

10.2.2 型(芯)砂的组成

将原砂或再生砂与黏结剂和其他附加物混合制成的物质称为型砂或芯砂。

1. 原砂

原砂即新砂，铸造用原砂一般采用符合一定技术要求的天然矿砂，最常用的是硅砂，其二氧化硅的质量分数为 80%～98%。硅砂粒度大小及均匀性、表面状态、颗粒形状等对铸造性能有很大影响。除硅砂外的各种铸造用砂称为特种砂，如石灰石砂、锆砂、镁砂、橄榄石砂、铬铁矿砂、钛铁矿砂等，这些特种砂性能较硅砂优良，但价格较贵，主要用于合金钢和碳钢铸件的生产。

2. 黏结剂

黏结剂的作用是使砂粒黏结在一起，制成砂型和芯型。黏土是铸造生产中用量最大的一种黏结剂，此外水玻璃、植物油、合成树脂、水泥等也是铸造常用的黏结剂。用黏土作黏结剂制成的型砂又称黏土砂。黏土资源丰富，价格低廉，它的耐火度较高，复用性好。水玻璃砂可以适应造型、制芯工艺的多样性，在高温下具有较好的退让性，但水玻璃加入量偏高时，砂型及砂芯的溃散性差。油类黏结剂具有很好的流动性和溃散性、很高的干强度，适合于制造复杂的砂芯，浇出的铸件内腔表面粗糙度 Ra 值低。

3. 涂料

涂敷在型腔和芯型表面、用以提高砂(芯)型表面抗粘砂和抗金属液冲刷等性能的铸造辅助材料称为涂料。使用涂料，有降低铸件表面粗糙度值，防止或减少铸件粘砂、砂眼和夹砂缺陷，提高铸件落砂和清理效率等作用。涂料一般由耐火材料、溶剂、悬浮剂、黏结剂和添加剂等组成。耐火材料有硅粉、刚玉粉、高铝矾土粉，溶剂可以是水和有机溶剂等，悬浮剂如膨润土等。涂料可制成液体、膏状或粉剂，用刷、浸、流、喷等方法涂敷在型腔、型芯表面。

型砂中除含有原砂、黏结剂和水等材料外，还加入一些辅助材料，如煤粉、重油、锯木屑、淀粉等，使砂型和芯型增加透气性、退让性，提高铸件抗粘砂能力和铸件的表面质量，使铸件具有一些特定的性能。

10.2.3 型(芯)砂的性能

砂形铸造的造型材料为型砂，其质量好坏直接影响铸件的质量、生产效率和成本。生产中为了获得优质的铸件和良好的经济效益，对型砂性能有一定的要求。

(1) 强度 型砂抵抗外力破坏的能力称为强度。它包括常温湿强度、干强度和硬度，以及高温强度。型砂要有足够的强度，以防止造型过程中产生塌箱和浇注时液体金属对铸型表面的冲刷破坏。

(2) 成形性 型砂要有良好的成形性，包括良好的流动性、可塑性和不粘膜性，铸型轮廓清晰，易于起模。

(3) 耐火性 型砂在高温作用下不熔化、不烧结的性能称为耐火性。型砂要有较高的耐火性，同时应有较好的热化学稳定性、较小的热膨胀率和冷收缩率。

(4) 透气性 型砂要有一定的透气性，以利于浇注时产生的大量气体的排出。透气性过差，铸件中易产生气孔；透气性过高，易使铸件粘砂。另外，具有较小的吸湿性和较低发气量的型砂对保证铸造质量有利。

(5) 退让性 退让性是指铸件在冷凝过程中，型砂能被压缩变形的性能。型砂退让性差，铸件在凝固收缩时将易产生内应力、变形和裂纹等缺陷，所以型砂要有较好的退让性。

此外，型砂还要具有较好的耐用性、溃散性和韧性等。

10.2.4 型(芯)砂的制备

黏土砂根据在合箱和浇注时的砂型烘干与否分为湿型砂、干型砂和表面烘干型砂。湿型砂造型后不需烘干，生产效率高，主要应用于生产中、小型铸件；干砂型需要烘干，主要靠涂料保证铸件表面质量，可采用粒度较粗的原砂，其透气性好，铸件不容易产生冲砂、粘砂等缺陷，主要用于浇注中、大型铸件；表面烘干型砂只在浇注前对型腔表面用适当方法烘干一定深度，其性能兼具湿砂型和干砂型的特点，主要用于中型铸件生产。

湿型砂一般由新砂、旧砂、黏土、附加物及适量的水组成。铸铁件用的湿型砂配比（质量比）一般为旧砂 50%～80%、新砂 5%～20%、黏土 6%～10%、煤粉 2%～7%、重油 1%、水 3%～6%。各种材料通过混制工艺使成分混合均匀，黏土膜均匀包覆在砂粒周围，混砂时先将各种干料(新砂、旧砂、黏土和煤粉)一起加入混砂机进行干混，再加水湿混后出碾。型(芯)砂混制处理好后，应进行性能检测，对各组元含量(如黏土含量、有效煤粉含量、含水量等)，砂性能(如紧实率、透气性、湿强度、韧性参数)做检测，以确定型(芯)砂是否达到相应的技术要求；也可用手捏的感觉对某些性能作出粗略的判断。

10.2.5 模样、芯盒与砂箱

模样、芯盒与砂箱是砂型铸造造型时使用的主要工艺装备。

1. 模样

模样是根据零件形状设计制作，用以在造型中形成铸型型腔的工艺装备。设计模样要考虑到铸造工艺参数，如铸件最小壁厚、加工余量、铸造圆角、铸造收缩率和起模斜度等。

(1) 铸件最小壁厚　铸件最小壁厚是指在一定的铸造条件下，铸造合金能充满铸型的最小厚度。铸件设计壁厚若小于铸件工艺允许最小壁厚，则易产生浇不足和冷隔等缺陷。

(2) 加工余量　为保证铸件加工面尺寸和零件精度，在铸件设计时预先增加的金属层厚度称为加工余量，该厚度在铸件机械加工成零件的过程中去除。

(3) 铸造收缩率　铸件浇注后在凝固冷却过程中，会产生尺寸收缩，其中以固态收缩阶段产生的尺寸缩小对铸件的形状和尺寸精度影响最大，此时的收缩率又称线收缩率。

(4) 起模斜度　当零件本身没有足够的结构斜度，为保证造型时容易起模，避免损坏砂型，应在铸件设计时给出铸件的起模斜度。

图 10-3 所示为零件与模样关系示意图。

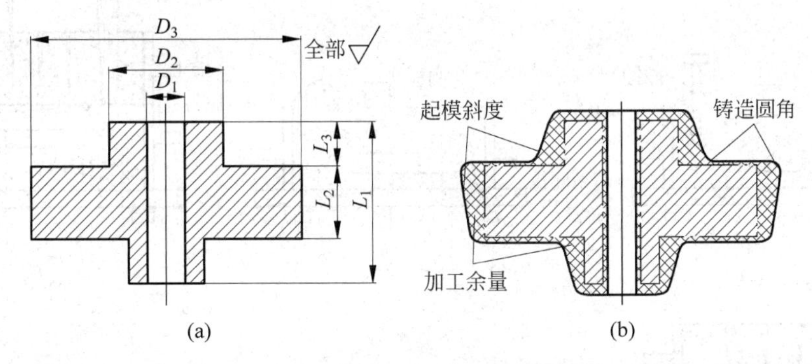

图 10-3　零件与模样关系示意图

(a) 零件；(b) 模样

2. 芯盒

芯盒是制造芯型的工艺装备，按制造材料可分为金属芯盒、木质芯盒、塑料芯盒和金木结构芯盒 4 类。在大量生产中，为了提高砂芯精度和芯盒耐用性，多采用金属芯盒。按芯盒结构又可分为敞开整体式、分式、敞开脱落式和多向开盒式多种。

3. 砂箱

砂箱是铸件生产中必备的工艺装备之一，用于铸造生产中容纳和紧固砂型。一般根据铸件的尺寸、造型方法设计及选择合适的砂箱。按砂箱制造方法可把砂箱分为整铸式、焊接式和装配式。

除模样、芯盒与砂箱外，砂型铸造造型时使用的工艺装备还有压实砂箱用的压砂板，填砂用的填砂框，托住砂型用的砂箱托板，紧固砂箱用的套箱，以及用于砂芯的修磨工具、烘芯板和检验工具等。

10.2.6 手工造型

造型的主要工序为填砂、舂砂、起模和修型。填砂是将型砂填充到已放置好模样的砂箱内，舂砂则是把砂箱内的型砂紧实，起模是把形成形腔的模样从砂型中取出，修型是起模后对砂型损伤处进行修理的过程。手工完成这些工序的操作方式即手工造型。手工造型方法很多，有砂箱造型、脱箱造型、刮板造型、组芯造型、地坑造型和泥芯块造型等。砂箱造型又可分为两箱造型、三箱造型、叠箱造型和劈箱造型。下面就介绍几种常用的手工造型方法。

1. 两箱造型

两箱造型应用最为广泛，按其模样又可分为整体模样造型和分开模样造型。

(1) 整模造型一般用在零件形状简单、最大截面在零件端面的情况，其造型过程如图 10-4 所示。

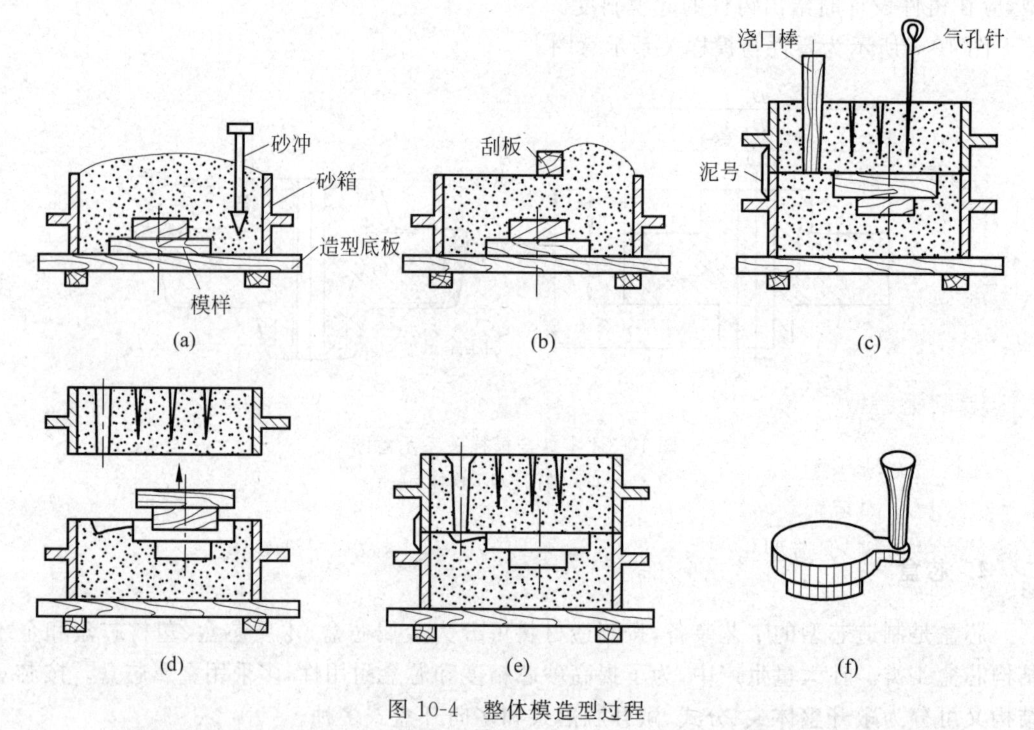

图 10-4 整体模造型过程

(a) 填砂舂砂、造下箱；(b) 刮平；(c) 翻转下箱、造上箱；(d) 敞箱、起模；(e) 合箱；(f) 带浇口的铸件

(2) 分模造型是将模样从其最大截面处分开，并以此面作分型面。造型时，先将下砂型舂好，然后翻箱，舂制上砂箱，其造型过程如图 10-5 所示。

2. 挖砂造型

挖砂造型是指有些模样不宜做成分开结构、必须做成整体的铸件，在造型过程中其模样局部被砂型埋住不能起出，这时就需要采用挖砂造型，即沿着模样最大截面挖掉一部分型砂，形成不太规则的分型面，如图 10-6 所示。挖砂造型工作麻烦，适用于单件或小批量的铸件生产，需对分型面进行挖修才能取出模样的造型。

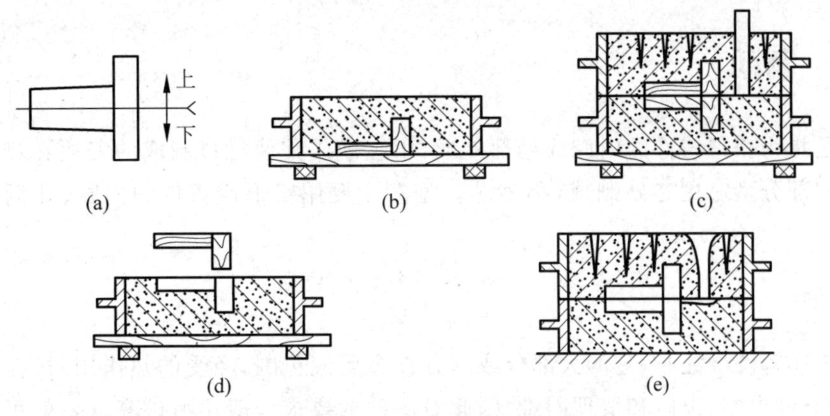

图 10-5 分开模造型过程

(a) 模样；(b) 造下箱；(c) 造上箱；(d) 敞箱、起模；(e) 合箱

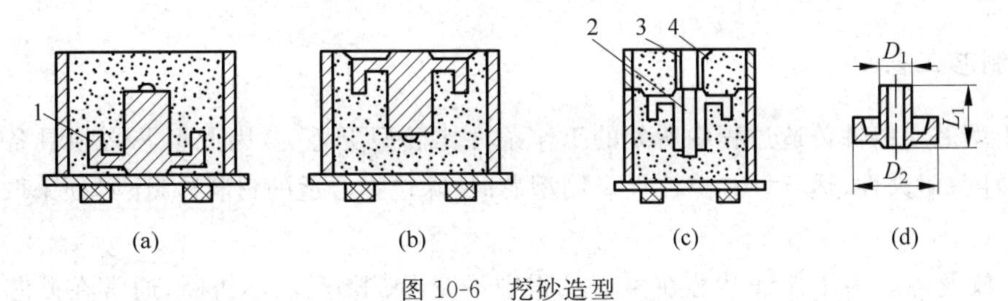

图 10-6 挖砂造型

(a) 造下砂型；(b) 翻箱，挖砂，成分型面；(c) 撒分型砂，造上砂型，起模，合型；(d) 零件

1—模样；2—砂芯；3—出气孔；4—浇口杯

3. 刮板造型

刮板造型适用于单件、小批量生产中、大型旋转体铸件或形状简单的铸件。其方法是利用刮板模样绕固定轴旋转，将砂型刮制成所需的形状和尺寸，如图 10-7 所示。刮板造型模样制作简单省料，但造型生产效率低，并要求较高的操作技术。

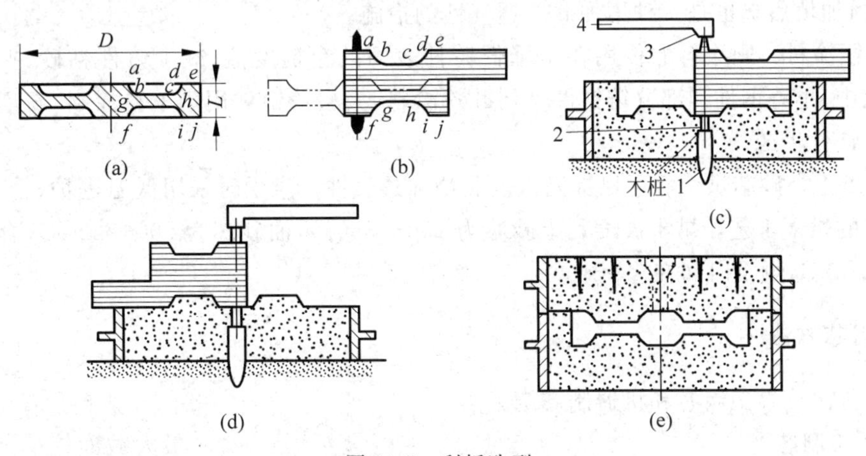

图 10-7 刮板造型

(a) 零件；(b) 刮板；(c) 刮制下砂型；(d) 刮制上砂型；(e) 合型

1—木桩；2—下顶针；3—上顶针；4—转动臂

10.2.7 制芯

型芯是指为获得铸件的内腔或局部外形，用芯砂或其他材料制成的安放在型腔内部的组元。绝大部分型芯用芯砂制成，称砂芯。型芯主要用于形成铸件的内腔、孔洞和凹坑等部分。

1. 芯砂

因型芯在铸件浇注时，它的大部分或部分被金属液包围，经受的热作用、机械作用都较强烈，排气条件也差，出砂和清理困难，因此对芯砂的要求一般比型砂高。一般可用黏土砂做芯砂，使黏土含量比型砂高，并提高新砂使用比例。要求较高的铸造生产可用钠水玻璃砂、油砂或合脂砂作为芯砂。

2. 制芯工艺

由于型芯在铸件铸造过程中所处的工作条件比砂型更恶劣，因此型芯必须具备比砂型更高的强度、耐火性、透气性和退让性。制型芯时，除选择合适的材料外，还必须采取以下工艺措施：

(1) 放龙骨　为了保证砂芯在生产过程中不变形、不开裂、不折断，通常在砂芯中埋置芯骨，以提高其强度和刚度。小型砂芯通常采用易弯曲变形、回弹性小的退火铁丝制作芯骨，中、大型砂芯一般采用铸铁芯骨或用型钢焊接而成的芯骨，这类芯骨由芯骨框架和芯骨齿组成，为了便于运输，一些大型的砂芯在芯骨上做出了吊攀。

(2) 开通气道　砂芯在高温金属液的作用下，浇注时会在很短时间内产生大量气体。当砂芯排气不良时，气体会侵入金属液使铸件产生气孔缺陷，为此制砂芯时除采用透气性好的芯砂外，应在砂芯中开设排气道，在型芯出气位置的铸型中开排气通道，以便将砂芯中产生的气体引出型外。砂芯中开排气道的方法有用通气针扎出气孔和用蜡线或尼龙管做出气孔，砂芯内加填焦炭也是一种增加砂芯透气性的措施。

(3) 刷涂料　刷涂料的作用在于降低铸件表面的粗糙度值，减少铸件粘砂、夹砂等缺陷。一般中、小铸钢件和部分铸铁件可用硅粉涂料，大型铸钢件用刚玉粉涂料，石墨粉涂料常用于铸铁件生产。

(4) 烘干　砂芯烘干后可以提高强度和增加透气性。烘干时采用低温进炉、合理控温、缓慢冷却的烘干工艺。烘干温度黏土砂芯为 250～350℃，油砂芯为 200～220℃，合脂砂芯为 200～240℃，烘干时间在 1～3h。

3. 制芯方法

制芯方法分手工制芯和机器制芯两大类。

1) 手工制芯

手工制芯可分为芯盒制芯和刮板制芯。芯盒制芯是应用较广的一种方法，按芯盒结构的不同，又可分为整体式芯盒制芯、分式芯盒制芯及脱落式芯盒制芯。

(1) 整体式芯盒制芯　对于形状简单且有一个较大平面的砂芯,可采用这种方法。如图 10-8 所示为整体翻转式芯盒制芯示意图。

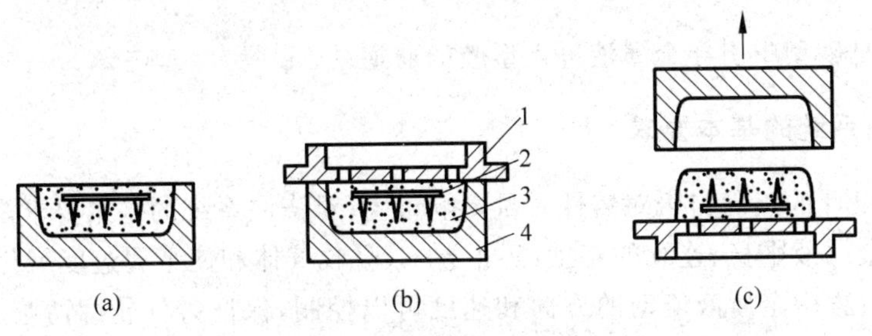

图 10-8　整体式芯盒制芯

(a) 舂砂,放龙骨,刮平;(b) 放烘干板;(c) 翻转,脱去芯盒

1—烘干板;2—龙骨;3—砂芯;4—芯盒

(2) 分式芯盒制芯　其工艺过程如图 10-9 所示。也可以采用两半芯盒分别填砂制芯,然后组合,使两半砂芯粘合后取出砂芯的方法。

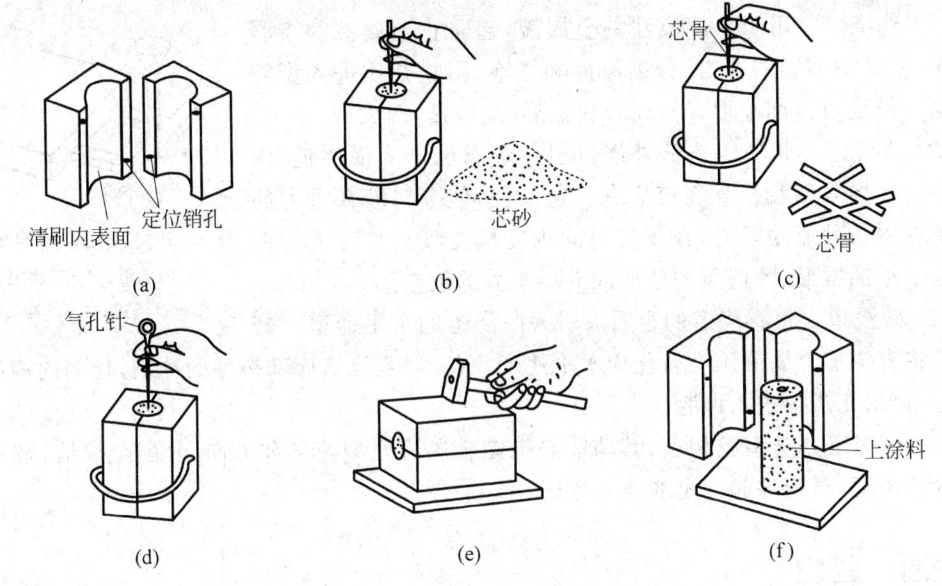

图 10-9　对分式芯盒造芯过程

(a) 芯盒;(b) 夹紧两半芯盒、紧实芯砂;(c) 放入芯骨;

(d) 扎通气孔;(e) 松动芯盒;(f) 取出芯子刷涂料

(3) 脱落式芯盒制芯　其操作方式和分式芯盒制芯类似,不同的是把妨碍砂芯取出的芯盒部分做成活块,取芯时,从不同方向分别取下各个活块。

2) 机器制芯

机器制芯与机器造型原理相同,也有震实式、微震压实式和射芯式等多种方法。机器制芯生产率高、型芯紧实度均匀、质量好,但安放龙骨、取出活块或开气道等工序有时仍需手工完成。

10.2.8 浇注系统

浇注系统是砂型中引导金属液进入型腔的通道。

1. 对浇注系统的基本要求

浇注系统设计的正确与否对铸件质量影响很大，对浇注系统的基本要求是：

（1）引导金属液平稳、连续的充型，防止卷入、吸收气体和使金属过度氧化。

（2）充型过程中金属液流动的方向和速度可以控制，保证铸件轮廓清晰、完整，避免因充型速度过高而冲刷型壁或砂芯及充型时间不适合造成的夹砂、冷隔、皱皮等缺陷。

（3）具有良好的挡渣、溢渣能力，净化进入型腔的金属液。

（4）浇注系统结构应当简单、可靠，金属液消耗少，并容易清理。

2. 浇注系统的组成

浇注系统一般由外浇口、直浇道、横浇道和内浇道4部分组成，如图10-10所示。

（1）外浇口　用于承接浇注的金属液，起防止金属液的飞溅和溢出、减缓对型腔的冲击、分离渣滓和气泡、阻止杂质进入型腔的作用。外浇口分漏斗形（浇口杯）和盆形（浇口盆）两大类。

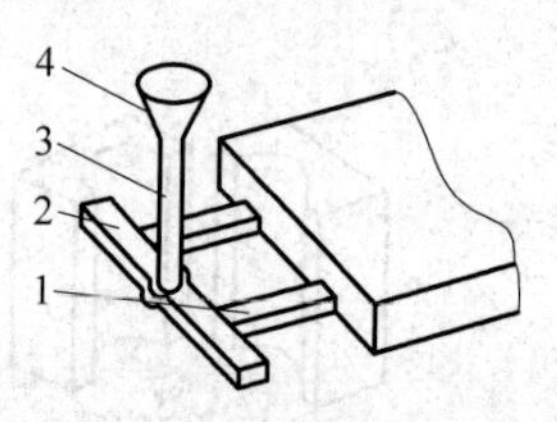

图10-10　浇注系统的组成

1—内浇道；2—横浇道；3—直浇道；4—外浇口

（2）直浇道　其功能是从外浇口引导金属液进入横浇道、内浇道或直接导入型腔。直浇道应有一定高度，使金属液在重力的作用下克服各种流动阻力，在规定时间内完成充型。直浇道常做成上大下小的锥形、等截面的柱形或上小下大的倒锥形。

（3）横浇道　将直浇道的金属液引入内浇道的水平通道。其作用是将直浇道金属液压力转化为水平速度，减轻对直浇道底部铸型的冲刷，控制内浇道的流量分布，阻止渣滓进入型腔。

（4）内浇道　与型腔相连，其功能是控制金属液充型速度和方向，分配金属液，调节铸件的冷却速度，对铸件起一定的补缩作用。

10.2.9 冒口

为了实现铸件在浇注、冷凝过程中能正常充型和冷却收缩，一些铸型设计中应用了冒口。

在铸件浇铸后，金属液在冷凝过程中会发生体积收缩，为防止由此而产生的铸件缩孔、缩松等缺陷，常在铸型中设置冒口，即人为设置用以存储金属液的空腔，用于补偿铸件形成过程中可能产生的收缩，并为控制凝固顺序创造条件，同时冒口也有排气、集渣、引导充型的作用。

冒口形状有圆柱形、球顶圆柱形、长圆柱形、方形和球形等多种。若冒口设在铸件顶部，使铸型通过冒口与大气相通，称为明冒口；冒口设在铸件内部则称为暗冒口，如图10-11所示。

冒口一般应设在铸件壁厚交叉部位的上方或旁侧，并尽量设在铸件最高、最厚的部位，其体积应能保证所提供的补缩液量不小于铸件的冷凝收缩和型腔扩大量之和。

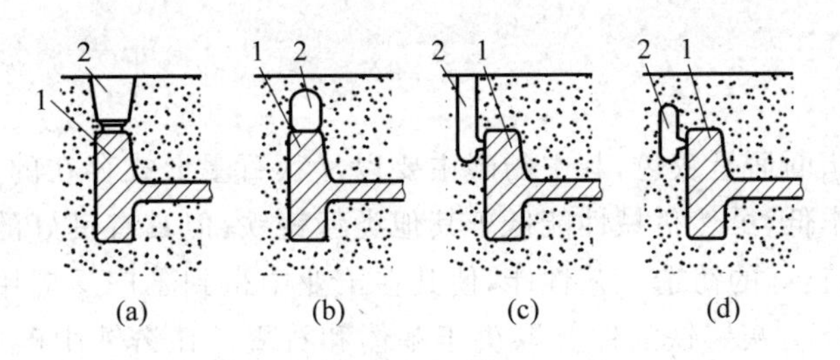

图 10-11 冒口

(a) 明顶冒口；(b) 暗顶冒口；(c) 明侧冒口；(d) 暗侧冒口

1—铸件；2—冒口

应当说明的是在浇铸冷凝后，冒口金属与铸件相连，清理铸件时，应除去冒口将其回炉。

10.3 熔炼与浇注

铸造合金熔炼和铸件的浇注是铸造生产的主要工艺。本节主要介绍铸铁合金基础知识、铸铁熔炼原理及铸件浇注技术。

10.3.1 铸铁

铸造合金分为黑色合金和非铁合金两大类。黑色铸造合金即铸钢、铸铁，其中铸铁件生产量所占比例最大；非铁铸造合金有铝合金、铜合金、镁合金、钛合金等。

铸铁是一种以铁、碳、硅为基础的多元合金，其中碳的质量分数在 2.0%～4.0%，硅的质量分数在 0.6%～3.0%，此外还含有锰、硫、磷等元素。铸铁按用途分为常用铸铁和特种铸铁。常用铸铁包括灰铸铁、球墨铸铁、可锻铸铁、蠕墨铸铁；特种铸铁有抗磨铸铁、耐蚀铸铁及耐热铸铁等。

表 10-1 中列举了几种常用铸铁的牌号及其机械性能。

表 10-1 常用铸铁的牌号及机械性能

铸铁类型	铸铁牌号	抗拉强度/MPa	屈服强度/MPa	断后伸长率/%	硬度/HBS
		最小值			
灰铸铁	HT100	100			
	HT200	200			
	HT300	300			
	HT350	350			
球墨铸铁	QT400-18	400	250	18	130～180
	QT450-10	450	310	10	160～210
	QT600-3	600	370	3	190～270
	QT900-2	900	600	2	280～360
蠕墨铸铁	RuT420	420	335	0.75	200～280
	RuT340	340	270	1.0	170～249
	RuT260	260	195	3.0	121～197

1. 灰铸铁

灰铸铁通常是指断面呈灰色，其中的碳主要以片状石墨形式存在的铸铁。灰铸铁生产简单、成品率高、成本低，虽然机械性能低于其他类型铸铁，但具有良好的耐磨性和吸振性、较低的缺口敏感性、良好的铸造工艺性能，使其在工业中得到了广泛应用，目前灰铸铁产量约占铸铁产量的80%。灰铸铁的性能取决于基体和石墨。在铸铁中碳以游离状态的形式聚集出现，就形成了石墨。石墨软而脆，在铸铁中石墨的数量越多、石墨片越粗、端部越尖，铸铁的强度就越低。

2. 球墨铸铁

球墨铸铁由金属基体和球状石墨所组成，球状石墨的获得是通过铁液进行一定的变质处理(球化处理)的结果。由于球状石墨避免了灰铸铁中尖锐石墨边缘的存在，缓和了石墨对金属基体的破坏，从而使铸铁的强度得到提高，韧性有很大的改善。

球墨铸铁的强度和硬度较高，具有一定的韧性，提高了铸铁材料的性能，在汽车、农机、船舶、冶金、化工等行业都有应用，其产量仅次于灰铸铁材料。

3. 蠕墨铸铁

蠕墨铸铁在生产中通过铁液进行了蠕化处理，铸件中的石墨呈蠕虫状，介于片状石墨和球状石墨之间，故蠕墨铸铁性能介于相同基体组织的灰铸铁和球墨铸铁之间。

蠕墨铸铁铸造性能好，可用于制造复杂的大型零件，如变速器箱体；因其有良好的导热性，也用于制造在较大温度梯度下工作的零件，如汽车制动盘、钢锭模等。

10.3.2 铸铁熔炼

铸铁熔炼是将金属料、辅料入炉加热，熔化成铁水，为铸造生产提供预定成分和温度、非金属夹杂物和气体含量少的优质铁液的过程，它是决定铸件质量的关键工序之一。

1. 铸铁熔炼的要求

对铸铁熔炼的基本要求可以概括为优质、高产、低耗、长寿与操作便利5个方面。

(1) 铁液质量好　铁液的出炉温度应满足浇注铸件的需要，并保证得到无冷隔缺陷、轮廓清晰的铸件。一般来说，铁液的出炉温度根据不同的铸件至少应达到1420～1480℃。铁液的主要化学成分Fe、C、Si等必须达到规定牌号铸件的规范要求，S、P等杂质成分必须控制在限量以下，并减少铁液对气体的吸收。

(2) 熔化速度快　在确保铁液质量的前提下，提高熔化速度，充分发挥熔炼设备的生产能力。

(3) 熔炼耗费少　应尽量降低熔炼过程中包括燃料在内的各种有关材料的消耗，减少铁及合金元素的烧损，取得较好的经济效益。

(4) 炉衬寿命长　延长炉衬寿命不仅可节省炉子维修费用，对于稳定熔炼工作过程、提高生产率也有重要作用。

(5) 操作条件好 操作方便、可靠，并提高机械化、自动化程度，尽力消除对周围环境的污染。

2. 冲天炉的基本结构

铸铁熔炼的设备有冲天炉、感应电炉、电弧炉等多种，冲天炉应用最为广泛，它的特点是结构简单、操作方便、生产率高、成本低，并且可以连续生产。

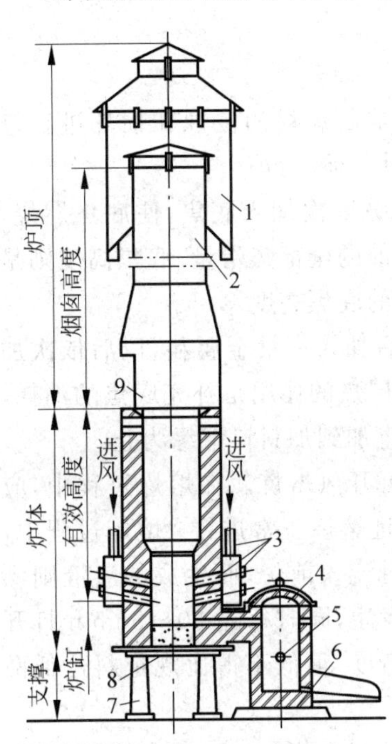

图 10-12 冲天炉的主要结构
1—除尘器；2—烟囱；3—送风系统；4—前炉；5—出渣口；6—出铁口；7—支柱；8—炉底板；9—加料口

图 10-12 所示为冲天炉的结构简图，它由支撑、炉体、前炉、送风系统和炉顶 5 部分组成。

(1) 支撑 支撑部分包括炉底与炉基，对整座炉子和炉料起支撑作用。

(2) 炉体 炉体部分包括炉身、炉缸、炉底和工作门等，是冲天炉的主要部分。炉体内部砌耐火材料，金属熔炼在这里完成。加料口下缘至第一排风口之间的炉体称为炉身，其内部空腔称为炉膛。第一排风口至炉底之间的炉体称为炉缸。燃料在炉体内燃烧，熔化的金属液和液态炉渣在炉缸会聚，最后排入前炉。

(3) 前炉 前炉部分包括过桥、前炉体、前炉盖、渣门、出铁槽和出渣槽等，其作用是储存铁液，均匀其成分及温度，并使炉渣和铁液分离。

(4) 送风系统 送风系统指从鼓风机出口至风口出口处为止的整个系统，包括进风管、风箱和风口，其作用是向炉内均匀送风。

(5) 炉顶 炉顶部分包括加料口以上的烟囱和除尘器，其作用是添加炉料、排出炉气、消除或减少炉气中的烟尘和有害成分。

3. 冲天炉炉料

冲天炉炉料由金属料、燃料、熔剂等组成。

(1) 金属料 金属料主要是生铁、废钢、回炉铁和铁合金。生铁是指高炉生铁；回炉铁是指浇冒口、废铸件等；废钢是指废钢头、废钢件和钢屑等；铁合金包括硅铁、锰铁、铬铁和稀土合金。各种金属料的加入量是根据铸件的化学成分要求及熔炼时各元素烧损量计算出来的。金属料使用前应除去污锈并破碎，块料最大尺寸不应超过炉径的 1/3，质量不应超过批料质量的 1/20～1/10。铁合金的块度以 40～80mm 为宜。

(2) 燃料 冲天炉所用燃料有焦炭、重油、煤粉、天然气等，其中以焦炭应用最为广泛。焦炭的质量和块度大小对熔炼质量有很大影响。焦炭中固定碳含量越高，发热量越大，铁液温度越高，同时熔炼过程中由灰分形成的渣量相应减少。焦炭应具有一定的强度及块料尺寸，以保持料柱的透气性，维持炉子正常熔化过程。层焦块度在 40～120mm，底焦块度大于层焦。焦炭用量为金属炉料的 1/10～1/8，这一数值称为焦铁比。

(3) 熔剂　冲天炉用熔剂有石灰石、萤石等，其作用是在高温下分解，与炉衬的侵蚀物、焦炭的灰分、炉料中的杂质、金属元素烧损所形成的氧化物等反应生成低熔点的复杂化合物，即炉渣；提高炉渣的流动性，从而顺利地使炉渣与铁液分离，自渣口排出炉外。熔剂的块度一般为20～50mm，用量为焦炭用量的30%左右。

4. 冲天炉熔炼操作过程

冲天炉熔炼有以下几个操作过程：

(1) 修炉与烘炉　冲天炉每一次开炉前都要对上次开炉后炉衬的侵蚀和损坏进行修理，用耐火材料修补好炉壁，然后用干柴或烘干器慢火充分烘干前、后炉。

(2) 点火与加底焦　烘炉后，加入干柴，引火点燃，然后分3次加入底焦，使底焦燃烧，调整底焦加入量至规定高度。这里，底焦是指金属料加入以前的全部焦炭量，底焦高度则是从第一排风口中心线至底焦顶面为止的高度，不包括炉缸内的底焦高度。

(3) 装料　加完底焦后，加入两倍批料量的石灰石，然后加入一批金属料，以后依次加入批料中的焦炭、熔剂、废钢、新生铁、铁合金、回炉铁。加入层焦的作用是补充底焦的消耗，批料中熔剂的加入量为层焦重量的20%～30%。批料应一直加到加料口下缘为止。

(4) 开风熔炼　装料完毕后，自然通风30min左右，即可开风熔炼。在熔炼过程中，应严格控制风量、风压、底焦高度，注意铁水温度、化学成分，保证熔炼正常进行。熔炼过程中，金属料被熔化，铁水滴穿过底焦缝隙下落到炉缸，再经过通道流入前炉，而生成的渣液则漂浮在铁水表面。此时可打开前炉出铁口排出铁水用于铸件浇注，同时每隔30～50min打开渣口出渣。在熔炼过程中，正常投入批料，使料柱保持规定高度，最低不得比规定料位低两批料。

(5) 停风打炉　停风前在正常加料后加两批打炉料(大块料)。停料后，适当降低风量、风压，以保证最后几批料的熔化质量。前炉有足够的铁液量时即可停风，待炉内铁液排完后进行打炉，即打开炉底门，用铁棒将底焦和未熔炉料捅下，并喷水熄灭。

10.3.3 浇注工艺

将熔炼好的金属液浇入铸型的过程称为浇注。浇注操作不当，铸件会产生浇不足、冷隔、夹砂、缩孔和跑火等缺陷。

1. 浇注前的准备工作

(1) 准备浇包　浇包是用于盛装铁水进行浇注的工具。应根据铸形大小、生产批量准备合适和足够数量的浇包。常见的浇包有一人使用的端包，两人操作的抬包和用吊车装运的吊包，容量分别为20kg、50～100kg、大于200kg。

(2) 清理通道　浇注时行走的通道不能有杂物挡道，更不允许有积水。

2. 浇注工艺

(1) 浇注温度　金属液浇注温度的高低，应根据铸件材质、大小及形状来确定。浇注温度过低时，铁液的流动性差，易产生浇不足、冷隔、气孔等缺陷；而浇注温度偏高时，铸件收缩大，易产生缩孔、裂纹、晶粒粗大及粘砂等缺陷。铸铁件的浇注温度一般在1250～1360℃之间。对形状复杂的薄壁铸件浇注温度应高些，厚壁简单铸件可低些。

(2) 浇注速度　浇注速度要适中，太慢会使金属液降温过多，易产生浇不足、冷隔、夹渣等缺陷；浇注速度太快，金属液充型过程中气体来不及逸出，易产生气孔，同时金属液的动压力增大，易冲坏砂型或产生抬箱、跑火等缺陷。浇注速度应根据铸件的大小、形状决定。浇注开始时，浇注速度应慢些，利于减小金属液对型腔的冲击和气体从型腔排出；随后浇注速度加快，以提高生产速度，并避免产生缺陷；结束阶段再降低浇注速度，防止发生抬箱现象。

浇注过程中应注意：浇注前进行扒渣操作，即清除金属液表面的熔渣，以免熔渣进入型腔；浇注时在砂型出气口、冒口处引火燃烧，促使气体快速排出，防止铸件气孔和减少有害气体污染空气；浇注过程中不能断流，应始终使外浇口保持充满，以便熔渣上浮；另外浇注是高温作业，操作人员应注意安全。

10.4 特种铸造

特种铸造有熔模铸造、压力铸造、低压铸造、金属型铸造、陶瓷型铸造、离心铸造、消失模铸造、挤压铸造、连续铸造等。与砂型铸造相比，特种铸造有以下优点：

(1) 铸件尺寸精确，表面粗糙度值低，易于实现少切削或无切削加工，降低原材料消耗。

(2) 铸件内部质量好，机械性能高，铸件壁厚可以减薄。

(3) 便于实现生产过程机械化、自动化，提高生产效率。

下面介绍几种常用的特种铸造。

10.4.1 熔模铸造

熔模铸造又称为“失蜡铸造”，如图10-13所示。这种方法是用易熔材料(如蜡料、松香料等)制成熔模样件，然后在模样表面涂敷多层耐火材料，干燥固化后加热熔出模料，其壳型经高温焙烧后浇入金属液即得到熔模铸件。

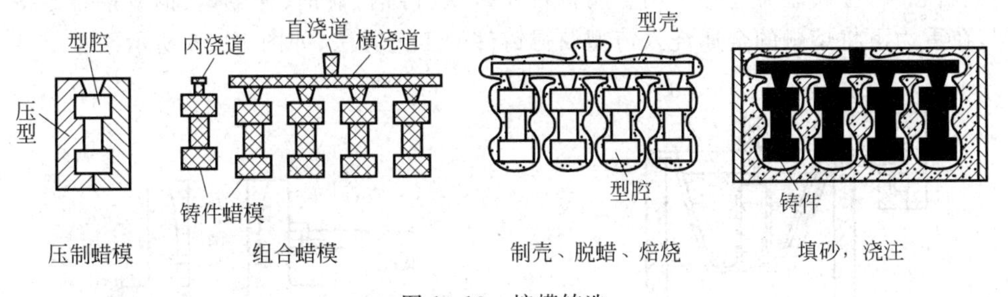

图10-13　熔模铸造

熔模铸造的特点是铸件尺寸精度高，能铸造外形复杂的零件，铝、镁、铜、钛、铁、钢等合金零件都能用此方法铸造，现在航空航天、兵器、船舶、机械制造、家用电器、仪器仪表等行业都有应用，产品如铸铝热交换器、不锈钢叶轮、铸镁金属壳体等。

10.4.2 压力铸造

压力铸造是将液态或半液态金属，在高压(5～150MPa)作用下，以较高的速度填充金属型腔，并在压力下快速凝固而获得铸件的一种铸造方法。压力铸造所用的模具称为压铸模，用耐热合金制造，压力铸造需要在压铸机上进行，其工作过程如图 10-14 所示。用定量勺将液体金属浇注入压室，活塞向前移动；金属从浇口压入铸型中；铸件凝固后活塞退回，同时铸型分开，铸件即可取出。

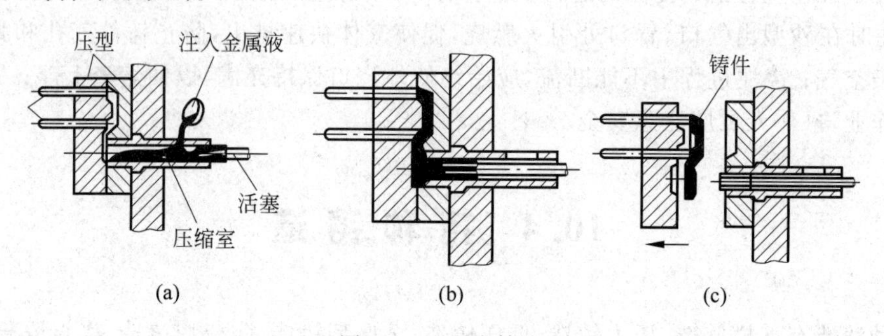

图 10-14 压力铸造

(a) 合型并注入金属液；(b) 加压；(c) 开型、顶出铸件

如图 10-15 所示为热室压铸填充过程，当压射冲头上升时，坩埚内的金属液通过进口进入压室内，而当压射冲头下压时，金属液沿通道经喷嘴填充压铸模，冷却凝固成形，然后压射冲头回升，开模取出铸件，完成一个压铸循环。

生产速度快、产品质量好、经济效果好是压力铸造工艺的优点。压力铸造采用的压铸合金分为非铁合金和钢铁材料，目前应用广泛的是非铁合金，如铝、镁、铜、锌、锡、铅合金。压力铸造应用较多的行业有汽车、拖拉机、电气仪表、电信器材、医疗器械、航空航天等。

10.4.3 金属型铸造

顾名思义，金属型铸造即采用金属材料如铸铁、铸钢、碳钢、合金钢、铜或铝合金等制造铸型，在重力下将熔融的金属浇入铸型获得铸件的工艺方法，如图 10-16 所示。

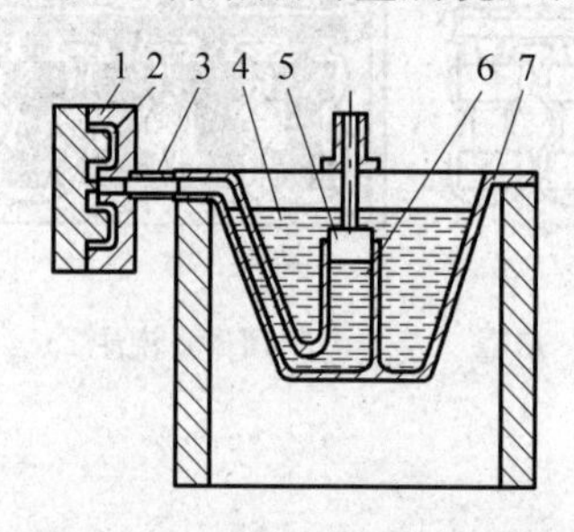

图 10-15 热室压铸填充过程

1—铸模；2—型腔；3—喷嘴；4—金属液；5—压射冲头；6—压室；7—坩埚

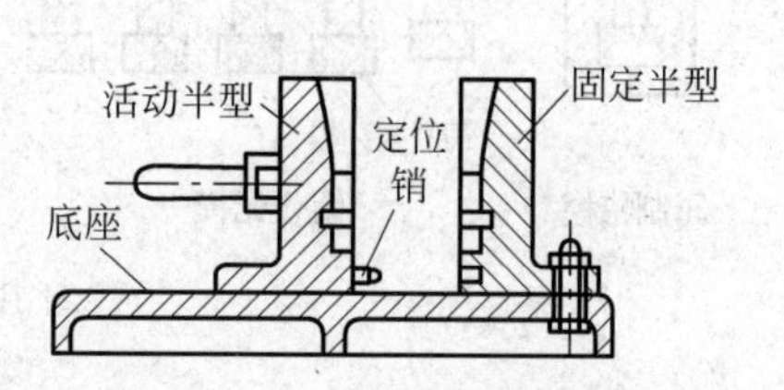

图 10-16 垂直分型的金属型

金属型可以数百次乃至数万次重复使用，金属型铸造不用或很少用型砂，可以节省生产费用，提高生产效率。另外，由于铸件冷却速度快，组织致密，其机械性能比砂型铸件高15%左右。

金属型铸造在发动机、仪表、农机等工业部门有广泛应用，一般适用于铸造不太复杂的中小型零件，很多合金零件都可采用金属型铸造，而其中又以铝、镁合金零件应用金属型铸造工艺最为广泛。因为金属型铸造周期长、成本较高，一般在成批或大量生产同一种零件时，这种铸造工艺才能显示出好的经济效益。

10.4.4 离心铸造

离心铸造是将熔化的金属通过浇注系统注入旋转的金属型内，在离心力的作用下充型，最后凝固成铸件的一种铸造方法。图 10-17 所示为圆环形铸件立式离心铸造示意图。金属型模的旋转速度根据铸件结构和金属液体重量决定，应保证金属液在金属型腔内有足够的离心力而不产生淋落现象，离心铸造常用的旋转速度范围在 250～1500r/min 之间。

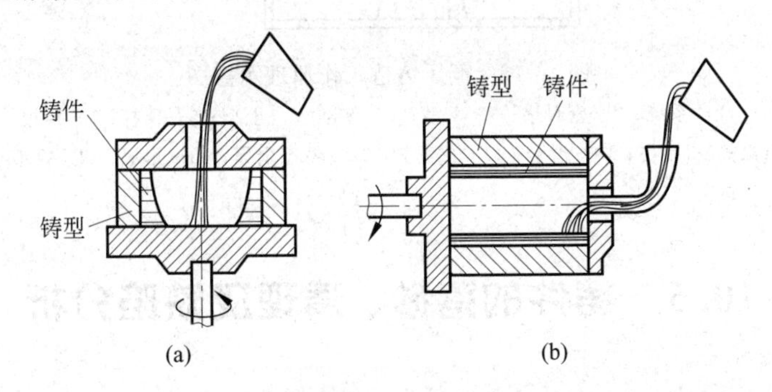

图 10-17 离心铸造
(a) 立式离心机；(b) 卧式离心机

离心铸造的特点如下：

(1) 铸件致密度高，气孔、夹杂等缺陷少；

(2) 由于离心力的作用，可生产薄壁铸件；

(3) 生产中型芯用量、浇注系统和冒口系统的金属消耗小。

离心铸造工艺主要应用于离心铸管、缸盖、轧辊、轴套、轴瓦等零件的生产。

10.4.5 低压铸造

低压铸造是指用较低的压力使金属液自下而上充填型腔，并在压力下结晶获得铸件，如图 10-18 所示。低压铸造主要用于生产质量要求高的铝、镁合金铸件。

低压铸造的特点如下：

(1) 金属液充型平稳，速度可控，不易产生夹砂、砂眼、气孔等缺陷；

(2) 铸件轮廓清晰，组织致密，机械性能高；

(3) 对合金牌号适用范围较宽(非铁合金、铸铁、铸钢)；

（4）易于实现机械化和自动化。

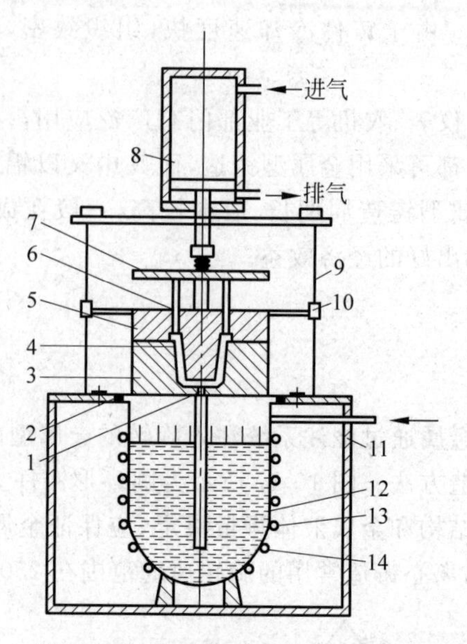

图 10-18　低压铸造工作原理示意图

1—浇注系统；2—密封垫；3—下型；4—型腔；5—上型；6—顶杆；7—顶板；
8—汽缸；9—导柱；10—滑套；11—保温炉；12—液态金属；13—坩埚；14—升液导管

10.5　铸件的落砂、清理及缺陷分析

浇注、冷却后的铸件必须经过落砂、清理、检验，合格后才能进行机械加工或使用。

落砂是指用手工或机械式铸件和型砂、砂箱分开。

清理是指去除浇冒口，清除砂芯，清除粘砂，铲除、打磨披缝和毛刺，表面精整等。

因工艺原因，铸件点会存在一些缺陷，常见铸件缺陷的名称、特征及产生原因如表 10-2 所示。

表 10-2　常见铸件缺陷的名称、特征及产生原因

缺陷名称及特征			产生主要原因
孔洞类	气孔	铸件内部或表面有呈圆形、梨形、椭圆形的光滑孔洞，孔的内壁较光滑	（1）舂砂太紧或型砂透气性差 （2）型砂太湿，起模刷水过多 （3）砂芯通气孔堵塞或砂芯未烘透 （4）浇口开设不正确，气体排不出去
	缩孔和缩松	缩孔：在铸件最后凝固的部位出现形状极不规则、孔壁粗糙的孔洞 缩松：铸件截面上细小而分散的缩孔	（1）浇注温度过高 （2）合金成分不对，收缩过大 （3）浇口、冒口设置不正确 （4）铸件设计不合理，金属收缩时，得不到金属液补充

续表

缺陷名称及特征			产生主要原因
夹杂类	砂眼	铸件表面或内部带有砂粒的孔洞	(1) 型腔或浇口内散砂未吹净 (2) 型砂强度不高或局部未舂紧，掉砂 (3) 合箱时砂型局部挤坏 (4) 浇口开设不正确，冲坏砂型或砂芯
	夹杂物	铸件内或表面上存在的和金属成分不同的质点，如渣、涂料层、氧化物、硅酸盐等	(1) 浇注时没有挡住熔渣 (2) 浇口开设不正确，挡渣作用差 (3) 浇注温度低，熔渣不易浮出 (4) 浇包中熔渣未清除
表面缺陷	机械粘砂	铸件的部分或整个表面上，黏附着一层金属与砂料的机械混合物，使铸件表面粗糙	(1) 砂型舂得太松 (2) 浇注温度过高 (3) 型砂耐火性差
	夹砂结疤	铸件表面产生疤状金属凸起物。其表面粗糙，边缘锐利，有一小部分疤片金属和铸件本体相连，在疤片和铸件间有型砂	(1) 浇注温度太高，浇注时间过长 (2) 铁水流动方向不合理，砂型受铁水烘烤时间过长 (3) 型砂含水量太高，黏土太多
裂纹冷隔类	冷隔	在铸件上穿透或不穿透、边缘呈圆角状的缝隙	(1) 铁水浇注温度低 (2) 浇注时断流，浇注速度过慢 (3) 浇口开设不当，截面积小，内浇道数目少或位置不当 (4) 远离浇口的铸件壁太薄
	裂纹	热裂：铸件开裂，裂纹断面严重氧化，呈现暗蓝色，外形曲折而不规则 冷裂：裂纹断面不氧化并发亮，有时轻微氧化，呈现连续直线状	(1) 砂型(芯)退让性差，阻碍铸件收缩而引起过大的内应力 (2) 浇注系统开设不当，阻碍铸件收缩 (3) 铸件设计不合理，薄厚差别大
残缺或差错类	浇不到	铸件残缺或轮廓不完整；或可能完整，但边角圆且光亮	(1) 浇包中铁水量不够 (2) 浇注温度太低 (3) 铸件壁太薄 (4) 浇口太小或未开出气口
	错型(错箱)	铸件的一部分与另一部分在分裂面处相互错开	(1) 合箱时上、下箱未对准 (2) 分开模造型时，上半模和下半模未对好 (3) 模样定位销损坏或松动太太
	偏芯(漂芯)	砂芯在金属液作用下漂浮移动，铸件内孔位置偏错，使形状、尺寸不符合要求	(1) 下芯时砂芯放偏 (2) 浇注时砂芯被冲偏 (3) 芯座形状、尺寸不对 (4) 砂芯变形

第4篇

先进制造技术与工艺

特种加工技术

基本要求

(1) 了解特种加工机床结构及运动控制方式;
(2) 了解特种加工机床加工的原理、特点和应用范围;
(3) 掌握能操作电火花、线切割的各种基本操作。

11.1 数控电火花线切割加工

电火花线切割加工是电火花加工的一个分支,是一种直接利用电能和热能进行加工的工艺方法,它用一根移动着的导线(电极丝)作为工具电极对工件进行切割,故称线切割加工。线切割加工中,工件和电极丝的相对运动是由数字控制实现的,故又称为数控电火花线切割加工,简称线切割加工。

11.1.1 数控电火花线切割加工机床的分类与组成

1. 分类

(1) 按走丝速度分:可分为慢速走丝方式和高速走丝方式线切割机床。
(2) 按加工特点分:可分为大、中、小型以及普通直壁切割型与锥度切割型线切割机床。
(3) 按脉冲电源形式分:可分为 *RC* 电源、晶体管电源、分组脉冲电源及自适应控制电源线切割机床。

数控电火花线切割加工机床的型号示例如下:

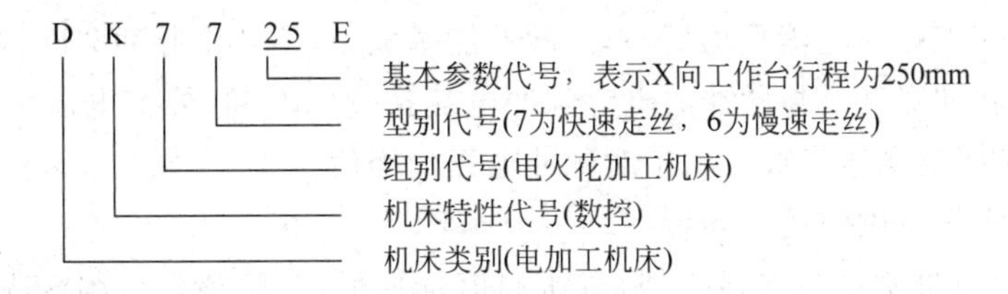

2. 基本组成

数控电火花线切割加工机床可分为机床主机和控制台两大部分。

1）控制台

控制台中装有控制系统和自动编程系统，能在控制台中进行自动编程和对机床坐标工作台的运动进行数字控制。

2）机床主机

机床主机主要包括坐标工作台、运丝机构、丝架、冷却系统和床身五个部分。图 11-1 为快走丝线切割机床主机示意图。

(1) 坐标工作台　它用来装夹被加工的工件，其运动分别由两个步进电机控制。

(2) 运丝机构　它用来控制电极丝与工件之间产生相对运动。

(3) 丝架　它与运丝机构一起构成电极丝的运动系统。它的功能主要是对电极丝起支撑作用，并使电极丝工作部分与工作台平面保持一定的几何角度，以满足各种工件（如带锥工件）加工的需要。

(4) 冷却系统　它用来提供具有一定绝缘性能的工作介质——工作液，同时可对工件和电极丝进行冷却。

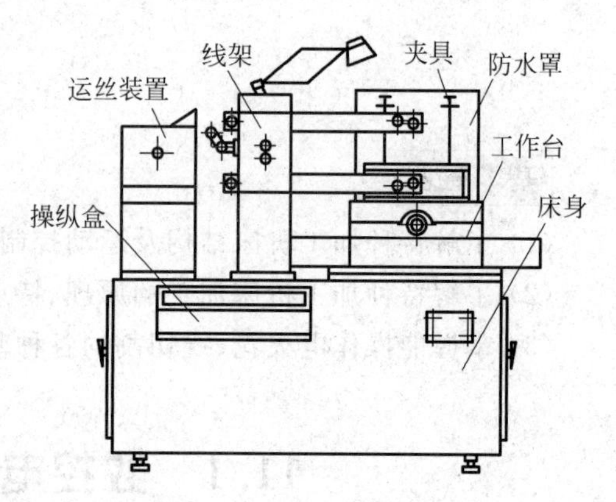

图 11-1　快走丝线切割机床主机

11.1.2　数控电火花线切割的加工工艺与工装

1. 加工工艺

线切割的加工工艺主要是电加工参数和机械参数的合理选择。电加工参数包括脉冲宽度和频率、放电间隙、峰值电流等。机械参数包括进给速度和走丝速度等。应综合考虑各参数对加工的影响，合理地选择工艺参数，在保证工件加工质量的前提下，提高生产率，降低生产成本。

1）电加工参数的选择

正确选择脉冲电源加工参数，可以提高加工工艺指标和加工的稳定性。粗加工时，应选用较大的加工电流和大的脉冲能量，可获得较高的材料去除率（即加工生产率）。而精加工时，应选用较小的加工电流和小的单个脉冲能量，可获得加工工件较低的表面粗糙度。加工电流就是指通过加工区的电流平均值，单个脉冲能量大小，主要由脉冲宽度、峰值电流、加工幅值电压决定。脉冲宽度是指脉冲放电时脉冲电流持续的时间，峰值电流指放电加工时脉冲电流峰值，加工幅值电压指放电加工时脉冲电压的峰值。

下列电规准实例可供使用时参考：

(1) 精加工：脉冲宽度选择最小挡，电压幅值选择低挡，幅值电压为 75V 左右，接通一到两个功率管，调节变频电位器，加工电流控制在 0.8～1.2A，加工表面粗糙度 $Ra \leqslant 2.5\mu m$。

(2) 最大材料去除率加工：脉冲宽度选择四至五挡，电压幅值选取“高”值，幅值电压为

100V左右，功率管全部接通，调节变频电位器，加工电流控制在4～4.5A，可获得100mm^2/min左右的材料去除率(加工生产率)(材料厚度在40～60mm)。

(3) 大厚度工件加工(>300mm)：幅值电压打至“高”挡，脉冲宽度选五至六挡，功率管开4～5个，加工电流控制在2.5～3A，材料去除率>30mm^2/min。

(4) 较大厚度工件加工(60～100mm)：幅值电压打至高挡，脉冲宽度选取五挡，功率管开4个左右，加工电流调至2.5～3A，材料去除率50～60mm^2/min。

(5) 薄工件加工：幅值电压选低挡，脉冲宽度选第一或第二挡，功率管开2～3个，加工电流调至1A左右。

注意，改变加工的电规准，必须关断脉冲电源输出(调整间隔电位器RP_1除外)，在加工过程中一般不应改变加工电规准，否则会造成加工表面粗糙度不一样。

2) 机械参数的选择

对于普通的快走丝线切割机床，其走丝速度一般都是固定不变的。进给速度的调整主要是电极丝与工件之间的间隙调整。切割加工时进给速度和电蚀速度要协调好，不要欠跟踪或跟踪过紧。进给速度的调整主要靠调节变频进给量，在某一具体加工条件下，只存在一个相应的最佳进给量，此时钼丝的进给速度恰好等于工件实际可能的最大蚀除速度。欠跟踪时加工经常处于开路状态，无形中降低了生产率，且电流不稳定，容易造成断丝，过紧跟踪时容易造成短路，也会降价材料去除率。一般调节变频进给，使加工电流为短路电流的0.85倍左右(电流表指针略有晃动即可)，就可保证最佳工作状态，即此时变频进给速度最合理、加工最稳定、切割速度最高。表11-1给出了根据进给状态调整变频的方法。

表11-1 根据进给状态调整变频的方法

实频状态	进给状态	加工面状况	切割速度	电 极 丝	变频调整
过跟踪	慢而稳	焦褐色	低	略焦，老化快	应减慢进给速度
欠跟踪	忽慢忽快，不均匀	不光洁，易出深痕	较快	易烧丝，丝上有白斑伤痕	应加快进给速度
欠佳跟踪	慢而稳	略焦褐，有条纹	低	焦色	应稍增加进给速度
最佳跟踪	很稳	发白，光洁	快	发白，老化慢	不需再调整

2. 电火花线切割加工工艺装备的应用

工件装夹的形式对加工精度有直接影响。一般是在通用夹具上采用压板螺钉固定工件。为了适应各种形状工件加工的需要，还可使用磁性夹具或专用夹具。

1) 常用夹具的名称、用途及使用方法

(1) 压板夹具　它主要用于固定平板状的工件，对于稍大的工件要成对使用。夹具上如有定位基准面，则加工前应预先用划针或百分表将夹具定位基准面与工作台对应的导轨校正平行，这样在加工批量工件时较方便，因为切割型腔的划线一般是以模板的某一面为基准。夹具成对使用时两件基准面的高度一定要相等，否则切割出的型腔与工件端面不垂直，造成废品。在夹具上加工出V形的基准，则可用以夹持轴类工件。

(2) 磁性夹具　采用磁性工作台或磁性表座夹持工件，主要适应于夹持钢质工件，因它靠磁力吸住工件，故不需要压板和螺钉，操作快速方便，定位后不会因压紧而变动，如图 11-2 所示。

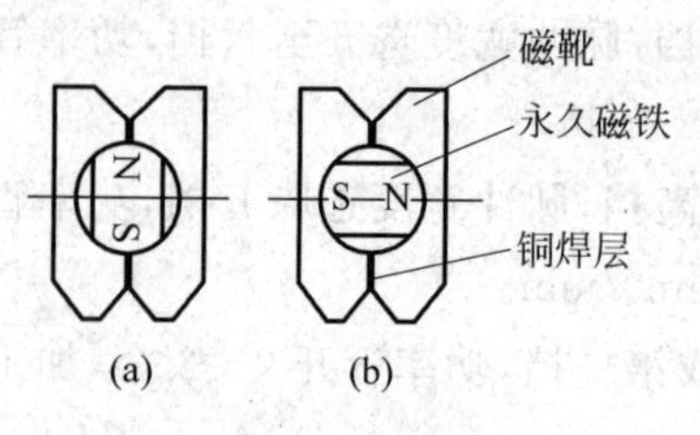

图 11-2　磁性夹具

2）工件装夹的一般要求

(1) 工件的基准面应清洁无毛刺。经热处理的工件，在穿丝孔内及扩孔的台阶处，要清除热处理残物及氧化皮。

(2) 夹具应具有必要的精度，将其稳固地固定在工作台上，拧紧螺丝时用力要均匀。

(3) 工件装夹的位置应有利于工件找正，并与机床的行程相适应，工作台移动时工件不得与丝架相碰。

(4) 对工件的夹紧力要均匀，不得使工件变形或翘起。

(5) 大批零件加工时，最好采用专用夹具，以提高生产效率。

(6) 细小、精密、薄壁的工件应固定在不易变形的辅助夹具上。

3. 支撑装夹方式

支撑装夹方式主要有悬臂支撑方式、两端支撑方式、桥式支撑方式、板式支撑方式和复式支撑方式等。

4. 工件的调整

工件装夹时，还必须配合找正进行调整，使工件的定位基准面与机床的工作台面或工作台进给方向保持平行，以保证所切割的表面与基准面之间的相对位置精度。常用的找正方法有：

(1) 百分表找正法　如图 11-3 所示，用磁力表架将百分表固定在丝架上，往复移动工作台，按百分表上指示值调整工件位置，直至百分表指针偏摆范围达到所要求的精度。

(2) 划线找正法　图 11-4 所示，利用固定在丝架上的划针对正工件上划出的基准线，往复移动工作台，目测划针与基准线间的偏离情况，调整工件位置，此法适应于精度要求不高的工件加工。

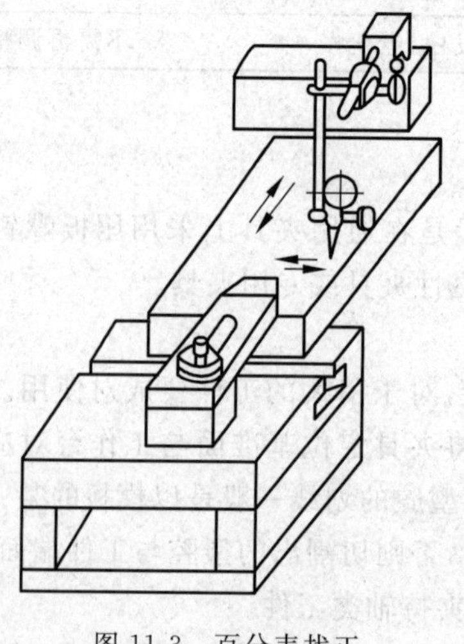

图 11-3　百分表找正

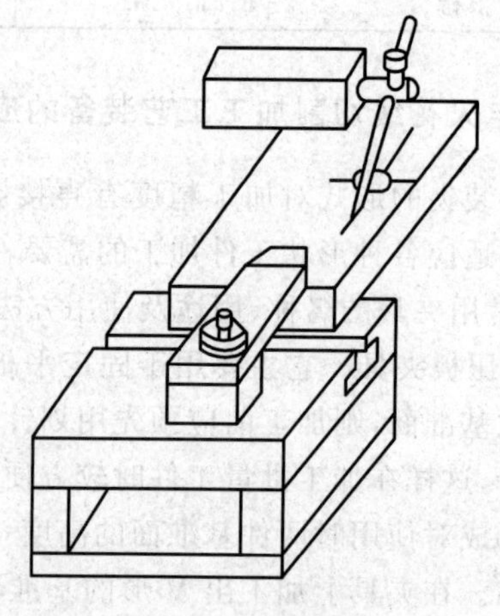

图 11-4　划线找正

5. 电极丝位置的调整

线切割加工前，应将电极丝调整到切割的起始坐标位置上，其调整方法有：

(1) 目测法　如图 11-5，利用穿丝孔处划出的十字基准线，分别沿划线方向观察电极丝与基准线的相对位置，根据两者的偏离情况移动工作台，当电极丝中心分别与纵、横方向基准线重合时，工作台纵、横方向刻度盘上的读数就确定了电极丝的中心位置。

(2) 火花法　如图 11-6，开启高频及运丝筒(注意：电压幅值、脉冲宽度和峰值电流均要打到最小，且不要开冷却液)，移动工作台使工件的基准面靠近电极丝，在出现火花的瞬时，记下工作台的相对坐标值，再根据放电间隙计算电极丝中心坐标。此法虽简单易行，但定位精度较差。

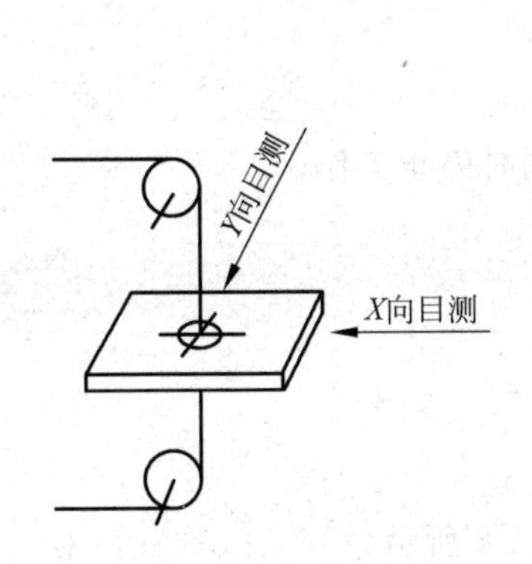

图 11-5　目测法调整电极丝位置

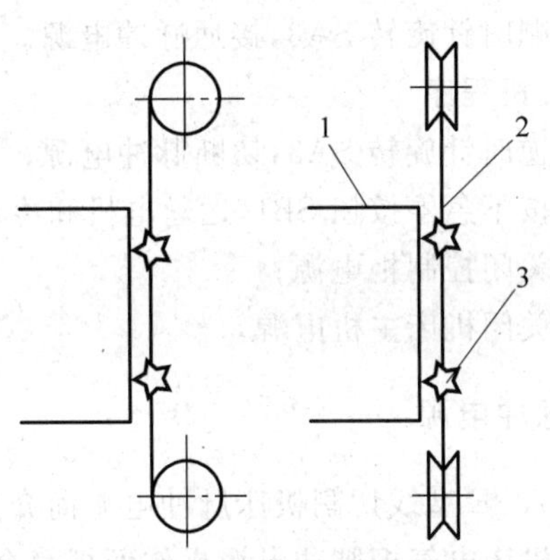

图 11-6　火花法调整电极丝位置

1—工件；2—电极丝；3—火花

(3) 自动找正　一般的线切割机床，都具有自动找边、自动找中心的功能，找正精度较高。操作方法因机床而异。

11.1.3　数控电火花线切割机床的操作

本节以苏州长风 DK7725E 型线切割机床为例，介绍线切割机床的操作。图 11-7 为 DK7725E 型线切割机床的操作面板。

1. 开机与关机程序

1) 开机程序

(1) 合上机床主机上电源总开关；

(2) 松开机床电气面板上急停按钮 SB1；

(3) 合上控制柜上电源开关，进入线切割机床控制系统；

(4) 按要求装上电极丝；

(5) 逆时针旋转 SA1；

(6) 按 SB2，启动运丝电机；

(7) 按 SB4，启动冷却泵；

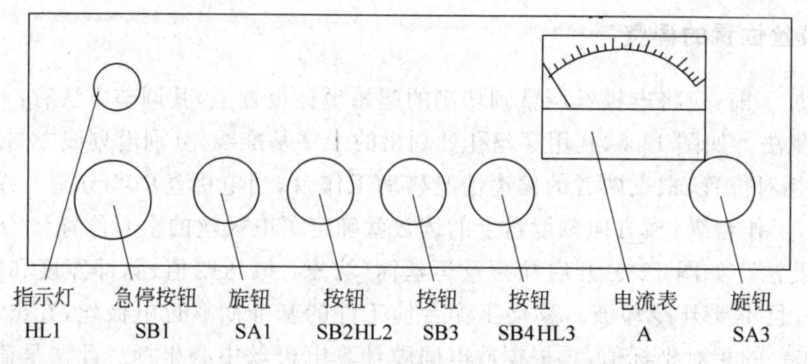

图 11-7 DK7725E 型线切割机床操作面板

(8) 顺时针旋转 SA3，接通脉冲电源。

2) 关机程序

(1) 逆时针旋转 SA3，切断脉冲电源；

(2) 按下急停按钮 SB1，运丝电机和冷却泵将同时停止工作；

(3) 关闭控制柜电源；

(4) 关闭机床主机电源。

2. 脉冲电源

DK7725E 型线切割机床脉冲电源简介如下：

(1) 机床电气柜脉冲电源操作面板简介，如图 11-8 所示。

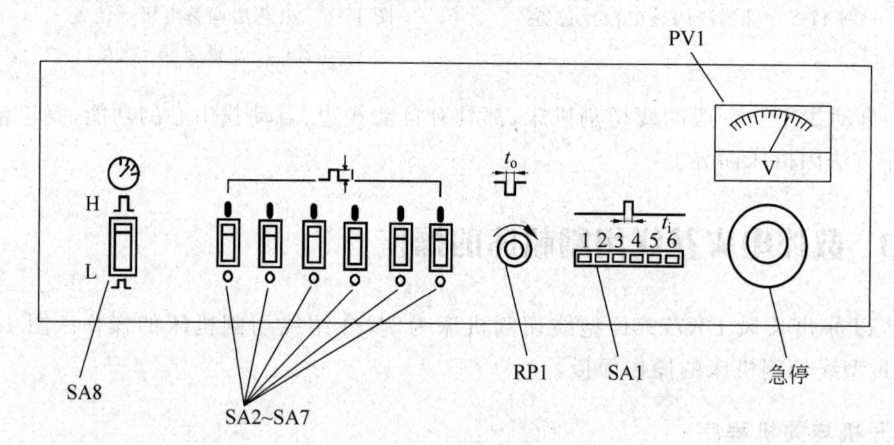

图 11-8 DK7725E 型线切割机床脉冲电源操作面板

SA1—脉冲宽度选择；SA2～SA7—功率管选择；SA8—电压幅值选择；RP1—脉冲间隔调节；PV1—电压幅值指示；急停—按下此键，机床运丝、水泵电机全停，脉冲电源输出切断

(2) 电源参数简介

① 脉冲宽度

脉冲宽度 t_i 选择开关 SA1 共分六挡，从左边开始往右边分别为：

第 1 挡：5μs　　第 2 挡：15μs　　第 3 挡：30μs

第 4 挡：50μs　　第 5 挡：80μs　　第 6 挡：120μs

② 功率管

功率管个数选择开关 SA2～SA7 可控制参加工作的功率管个数，如六个开关均接通，六个功率管同时工作，这时峰值电流最大。如五个开关全部关闭，只有一个功率管工作，此时峰值电流最小。每个开关控制一个功率管。

③ 幅值电压

幅值电压选择开关 SA8 用于选择空载脉冲电压幅值，开关按至"L"位置，电压为 75V 左右，按至"H"位置，则电压为 100V 左右。

④ 脉冲间隙

改变脉冲间隔 t_0 调节电位器 RP1 阻值，可改变输出矩形脉冲波形的脉冲间隔 t_0，即能改变加工电流的平均值，电位器旋置最左，脉冲间隔最小，加工电流的平均值最大。

⑤ 电压表

电压表 PV1，由 0～150V 直流表指示空载脉冲电压幅值。

3. 线切割机床控制系统

DK7725E 型线切割机床配有 CNC-10A 自动编程和控制系统。

1）系统的启动与退出

在计算机桌面上双击 YH 图标，即可进入 CNC-10A 控制系统。按"Ctrl＋Q"退出控制系统。

2）CNC-10A 控制系统界面示意图

图 11-9 为 CNC-10A 控制系统主界面。

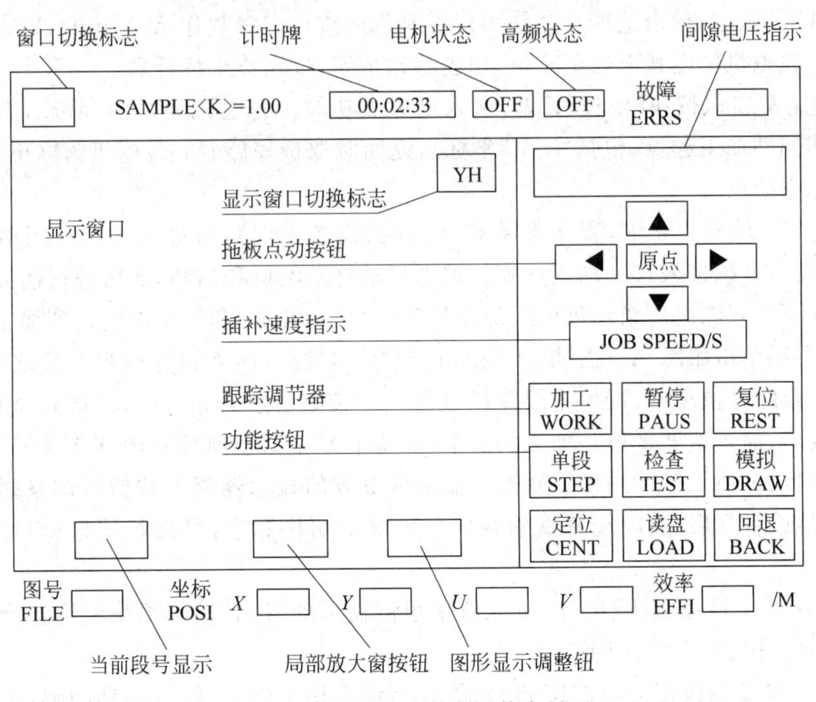

图 11-9 CNC-10A 控制系统主界面

3）CNC-10A 控制系统功能及操作详解

本系统所有的操作按钮、状态、图形显示全部在屏幕上实现。各种操作命令均可用轨迹球或相应的按键完成。鼠标操作时，可移动鼠标，使屏幕上显示的箭状光标指向选定的屏幕按钮或位置，然后用鼠标左键单击，即可选择相应的功能。现将控制系统主界面各部分的功能介绍如下。

［**显示窗口**］：该窗口用来显示加工工件的图形轮廓、加工轨迹或相对坐标、加工代码。

［**显示窗口切换标志**］：用轨迹球点取该标志(或按“F10”键)，可改变显示窗口的内容。系统进入时，首先显示图形，以后每单击一次该标志，依次显示“相对坐标”“加工代码”“图形”……，其中相对坐标方式，以大号字体显示当前加工代码的相对坐标。

［**间隙电压指示**］：显示放电间隙的平均电压波形(也可以设定为指针式电压表方式)。在波形显示方式下，指示器两边各有一条10等分线段，空载间隙电压定为100%(即满幅值)，等分线段下端的黄色线段指示间隙短路电压的位置。波形显示的上方有两个指示标志：短路回退标志“BACK”，该标志变红色，表示短路；短路率指示，表示间隙电压在设定短路值以下的百分比。

［**电机状态**］：在电机标志右边有状态指示标志ON(红色)或OFF(黄色)。ON状态，表示电机上电锁定(进给)；OFF状态为电机释放。单击该标志可改变电机状态(或用数字小键盘区的“Home”键)。

［**高频状态**］：在脉冲波形图符右侧有高频电压指示标志。ON(红色)、OFF(黄色)表示高频的开启与关闭；单击该标志可改变高频状态(或用数字小键盘区的“PgUp”键)。在高频开启状态下，间隙电压指示将显示电压波形。

［**拖板点动按钮**］：屏幕右中部有上下左右向四个箭标按钮，可用来控制机床点动运行。若电机为“ON”状态，单击这四个按钮可以控制机床按设定参数作X、Y或U、V方向点动或定长走步。在电机失电状态“OFF”下，单击移动按钮，仅用作坐标计数。

［**原点**］：单击该按钮(或按“I”键)进入回原点功能。若电机为“ON”状态，系统将控制拖板和丝架回到加工起点(包括“U-V”坐标)，返回时取最短路径；若电机为“OFF”状态，光标返回坐标系原点。

［**加工**］：工件安装完毕，程序准备就绪后(已模拟无误)，可进入加工。用单击该按钮(或按“W”键)，系统进入自动加工方式。首先自动打开电机和高频，然后进行插补加工。此时应注意屏幕上间隙电压指示器的间隙电压波形(平均波形)和加工电流。若加工电流过小且不稳定，可用单击跟踪调节器的“＋”按钮(或“End”键)，加强跟踪效果。反之，若频繁地出现短路等跟踪过快现象，可单击跟踪调节器“－”按钮(或“Page Down”键)，至加工电流、间隙电压波形、加工速度平稳。加工状态下，屏幕下方显示当前插补的X-Y、U-V绝对坐标值，显示窗口绘出加工工件的插补轨迹。显示窗下方的显示器调节按钮可调整插补图形的大小和位置，或者开启/关闭局部观察窗。单击显示切换标志，可选择图形/相对坐标显示方式。

［**暂停**］：单击该按钮(或按“P”键或数字小键盘区的“Del”键)，系统将终止当前的功能(如加工、单段、控制、定位、回退)。

［**复位**］：单击该按钮(或按“R”键)将终止当前一切工作，消除数据和图形，关闭高频和电机。

［**单段**］：单击该按钮(或按“S”键)，系统自动打开电机、高频，进入插补工作状态，加工至当前代码段结束时，系统自动关闭高频，停止运行。再按［单段］，继续进行下段加工。

[**检查**]：单击该按钮(或按“T”键)，系统以插补方式运行一步，若电机处于“ON”状态，机床拖板将作响应的一步动作，在此方式下可检查系统插补及机床的功能是否正常。

[**模拟**]：模拟检查功能可检验代码及插补的正确性。在电机失电状态下(“OFF”状态)，系统以每秒2500步的速度快速插补，并在屏幕上显示其轨迹及坐标。若在电机锁定状态下(“ON”状态)，机床空走插补，拖板将随之动作，可检查机床控制联动的精度及正确性。“模拟”操作方法如下：

(1) 读入加工程序；

(2) 根据需要选择电机状态后，单击[模拟]按钮(或“D”键)，即进入模拟检查状态。屏幕下方显示当前插补的 X-Y、U-V 坐标值(绝对坐标)，若需要观察相对坐标，可单击显示窗右上角的[显示窗口切换标志](或“F10”键)，系统将以大号字体显示，再单击[显示窗口切换标志]，将交替地处于图形/相对坐标显示方式，单击显示调节按钮最左边的局部观察钮(或“F1”键)，可在显示窗口的左上角打开一局部观察窗，在观察窗内显示放大十倍的插补轨迹。若需中止模拟过程，可按[暂停]按钮。

[**定位**]：系统可依据机床参数设定，自动定中心及 $\pm X$、$\pm Y$ 四个端面。

(1) 定位方式选择

① 用光标点取屏幕右中处的参数窗标志[OPEN](或单击“O”键)，屏幕上将弹出参数设定窗，可见其中有[定位 LOCATION XOY]一项。

② 将光标移至“XOY”处单击左键，将依次显示为XOY、XMAX、XMIN、YMAX、YMIN。

③ 选定合适的定位方式后，单击参数设定窗左下角的CLOSE标志。

(2) 定位

单击电机状态标志，使其成为“ON”(原为“ON”可省略)。单击[定位]按钮(或“C”键)，系统将根据选定的方式自动进行对中心、定端面的操作。在钼丝遇到工件某一端面时，屏幕会在相应位置显示一条亮线。单击[暂停]按钮可中止定位操作。

[**读盘**]：将存有加工代码文件的软盘插入软驱中，单击该按钮(或“L”键)，屏幕将出现磁盘上存储全部代码文件名的数据窗。用光标指向需读取的文件名，单击左键，该文件名背景变成黄色；然后单击该数据窗左上角的“□”(撤销)钮，系统自动读入选定的代码文件，并快速绘出图形。该数据窗的右边有上下两个三角标志“▲”按钮，可用来向前或向后翻页，当代码文件不在第一页中显示时，可用翻页来选择。

[**回退**]：系统具有自动/手动回退功能。在加工或单段加工中，一旦出现高频短路现象，系统即自动停止插补，若在设定的控制时间内(由机床参数设置)，短路达到设定的次数，系统将自动回退。若在设定的控制时间内，短路仍不能消除，系统将自动切断高频，停机。在系统静止状态(非[加工]或[单段])，单击[回退]按钮(或“B”键)，系统作回退运行，回退至当前段结束时，自动停止；若再按该按钮，继续前一段的回退。

[**跟踪调节器**]：该调节器用来调节跟踪的速度和稳定性，调节器中间红色指针表示调节量的大小；表针向左移动，位跟踪加强(加速)；向右移动，位跟踪减弱(减速)。指针表两侧有两个按钮，“+”按钮(或“End”键)加速，“-”按钮(或“PgDn”键)减速；调节器上方英文字母JOB SPEED/S后面的数字量表示加工的瞬时速度，单位为：步/秒。

[**当前段号显示**]：此处显示当前加工的代码段号，也可用光标点取该处，在弹出屏幕小键盘后，输入需要起割的段号。(注：锥度切割时，不能任意设置段号)。

[**局部放大窗按钮**]：单击该按钮(或"F1"键)，可在显示窗口的左上方打开一局部窗口，其中将显示放大十倍的当前插补轨迹；再按该按钮时，局部窗关闭。

[**图形显示调整钮**]：这六个按钮有双重功能，在图形显示状态时，其功能依次为：

"+"或 F2 键：图形放大 1.2 倍；

"-"或 F3 键：图形缩小 0.8 倍；

"←"或 F4 键：图形向左移动 20 单位；

"→"或 F5 键：图形向右移动 20 单位；

"↑"或 F6 键：图形向上移动 20 单位；

"↓"或 F7 键：图形向下移动 20 单位。

[**坐标**]：屏幕下方"坐标"部分显示 X、Y、U、V 的绝对坐标值。

[**效率**]：此处显示加工的效率，单位：mm/min；系统每加工完一条代码，即自动统计所用的时间，并求出效率。

CNC-10A 控制系统的其他主要功能如下：

[YH **窗口切换**]：单击该标志或按"Esc"键，系统转换到绘图式编程屏幕。

[**图形显示的缩放及移动**]：在图形显示窗下有小按钮，从最左边算起分别为对称加工、平移加工、旋转加工和局部放大窗开启/关闭(仅在模拟或加工态下有效)，其余依次为放大、缩小、左移、右移、上移、下移，可根据需要选用这些功能，调整在显示窗口中图形的大小及位置。

具体操作可用轨迹球点取相应的按钮，或从局部放大起直接按 F1、F2、F3、F4、F5、F6、F7 键。

[**代码的显示、编辑、存盘和倒置**]：单击显示窗右上角的[显示窗口切换标志](或"F10"键)，显示窗依次为图形显示、相对坐标显示、代码显示(模拟、加工、单段工作时不能进入代码显示方式)。

在代码显示状态下用光标点取任一有效代码行，该行即点亮，系统进入编辑状态，显示调节功能钮上的标记符号变成：S、I、D、Q、↑、↓，各键的功能变换成：

S——代码存盘　　I——代码倒置(倒走代码变换)

D——删除当前行(点亮行)　　Q——退出编辑态

↑——向上翻页　　↓——向下翻页

在编辑状态下可对当前点亮行进行输入、删除操作(键盘输入数据)。编辑结束后，按"Q"键退出，返回图形显示状态。

[**计时牌功能**]：系统在[加工]、[模拟]、[单段]工作时，自动打开计时牌。终止插补运行，计时自动停止。单击计时牌，或按"O"键可将计时牌清零。

[**倒切割处理**]：读入代码后，单击[显示窗口切换标志](或"F10"键)，直至显示加工代码。用光标在任一行代码处轻点一下，该行点亮。窗口下面的图形显示调整按钮标志转成 S、I、D、Q 等；单击"I"按钮，系统自动将代码倒置(上下异形件代码无此功能)；单击"Q"键退出，窗口返回图形显示。在右上角出现倒走标志"V"，表示代码已倒置，[加工]、[单段]、[模拟]以倒置方式工作。

[**断丝处理**]：加工遇到断丝时，可单击[原点]按钮(或"I"键)拖板将自动返回原点，锥度丝架也将自动回直(注：断丝后切不可关闭电机，否则即将无法正确返回原点)。若工件加工已将近结束，可将代码倒置后，再行切割(反向切割)。

4. 线切割机床绘图式自动编程系统

1）CNC-10A 绘图式自动编程系统界面示意图

在控制屏幕中单击左上角的[YH]窗口切换标志（或按“Esc”键），系统将转入 CNC-10A 编程屏幕。图 11-10 为绘图式自动编程系统主界面。

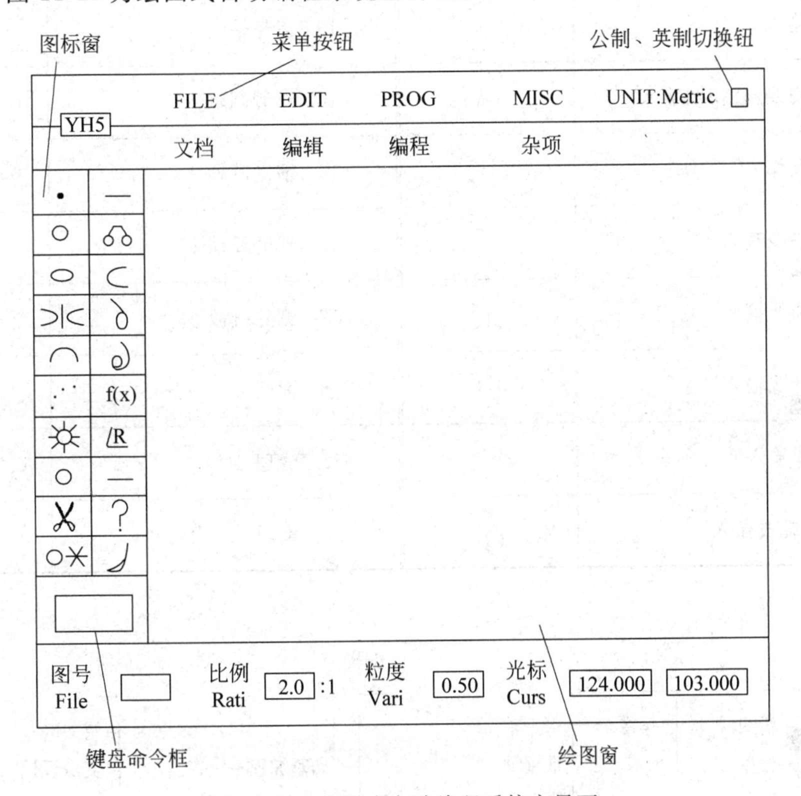

图 11-10 绘图式自动编程系统主界面

2）CNC-10A 绘图式自动编程系统图标命令和菜单命令简介

CNC-10A 绘图式自动编程系统的操作集中在 20 个命令图标和 4 个弹出式菜单内。它们构成了系统的基本工作平台。在此平台上，可进行绘图和自动编程。表 11-2 为 20 个命令图标功能简介，图 11-11 为菜单功能。

5. 电极丝的绕装

如图 11-12、图 11-13 所示，具体绕装过程如下：

（1）机床操纵面板 SA1 旋钮左旋；

（2）上丝起始位置在储丝筒右侧，用摇手手动将储丝筒右侧停在线架中心位置；

（3）将右边撞块压住换向行程开关触点，左边撞块尽量拉远；

（4）松开上丝器上螺母 5，装上钼丝盘 6 后拧上螺母 5；

（5）调节螺母 5，将钼丝盘压力调节适中；

（6）将钼丝一端通过图中件 3 上丝轮后固定在储丝筒 1 右侧螺钉上；

（7）空手逆时针转动储丝筒几圈，转动时撞块不能脱开换向行程开关触点；

表 11-2　绘图命令图标功能简介

1. 点输入	·	11. 列表点输入	
2. 直线输入	—	12. 任意函数方程输入	$f(x)$
3. 圆输入		13. 齿轮输入	
4. 公切线/公切圆输入		14. 过渡圆输入	∠R
5. 椭圆输入		15. 辅助圆输入	
6. 抛物线输入		16. 辅助线输入	--------
7. 双曲线输入		17. 删除线段	
8. 渐开线输入		18. 询问	?
9. 摆线输入		19. 清理	
10. 螺旋线输入		20. 重画	

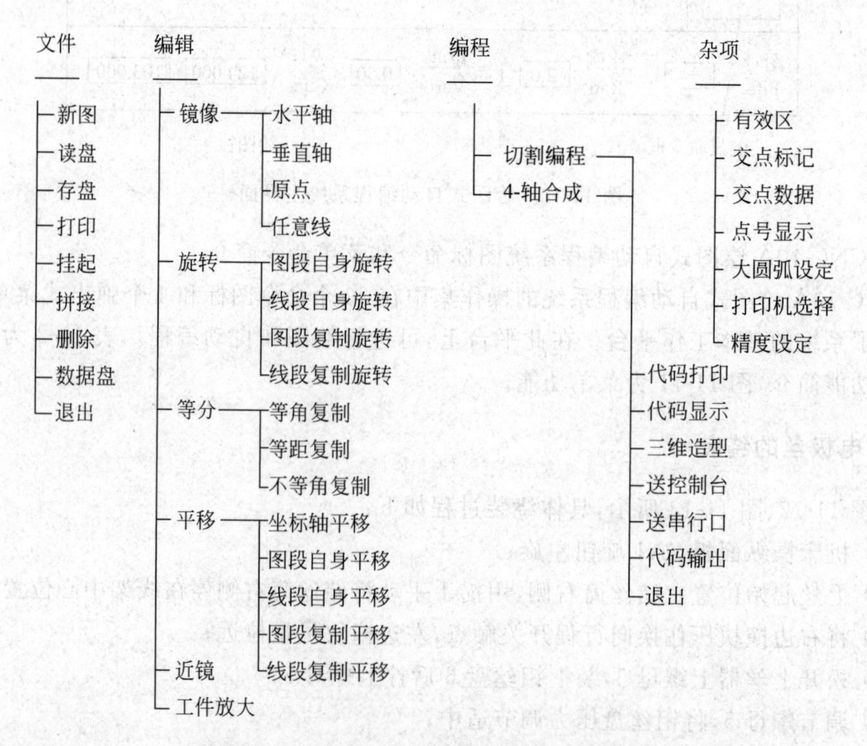

图 11-11　CNC-10A 自动编程系统的菜单功能

(8) 按操纵面板上 SB2 旋钮(运丝开关),储丝筒转动,钼丝自动缠绕在储丝筒上,到要求后,按操纵面板上 SB1 急停旋钮,即可将电极丝装至储丝筒上(如图 11-12);

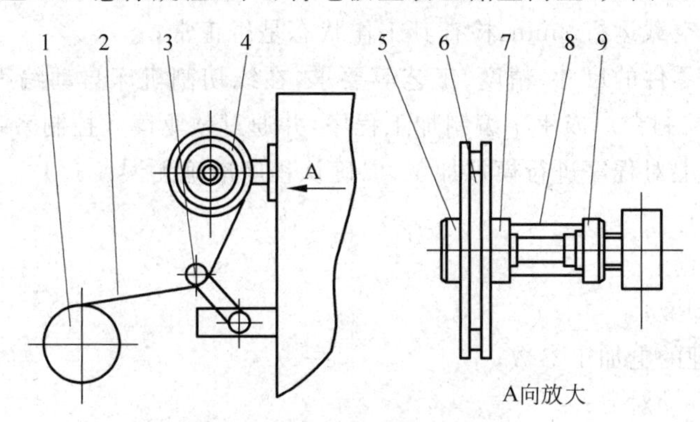

图 11-12 电极丝绕至储丝筒上

1—储丝筒;2—钼丝;3—排丝轮;4—上丝架;5—螺母;6—钼丝盘;7—挡圈;8—弹簧;9—调节螺母

(9) 按图 11-13 方式,将电极丝绕至丝架上。

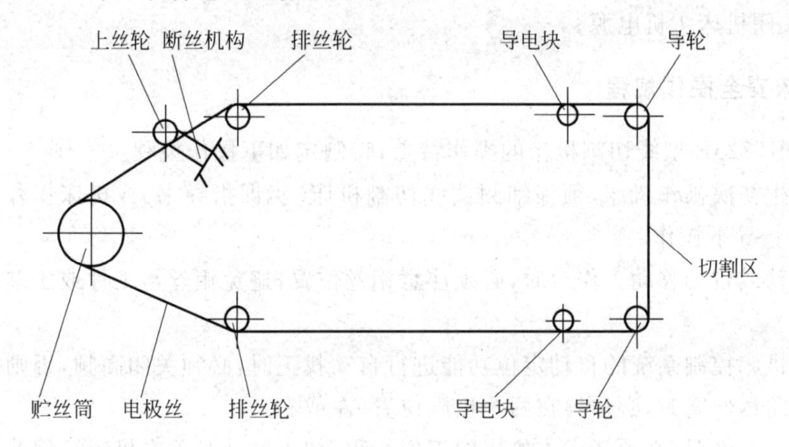

图 11-13 电极丝绕至丝架上

6. 工件的装夹与找正

(1) 装夹工件前先校正电极丝与工作台的垂直度;

(2) 选择合适的夹具将工件固定在工作台上;

(3) 按工件图纸要求用百分表或其他量具找正基准面,使之与工作台的 X 向或 Y 向平行;

(4) 工件装夹位置应使工件切割区在机床行程范围之内;

(5) 调整好机床线架高度,切割时,保证工件和夹具不会碰到线架的任何部分。

7. 机床操作步骤

(1) 合上机床主机上电源开关;

(2) 合上机床控制柜上电源开关,启动计算机,双击计算机桌面上 YH 图标,进入线切割控制系统;

(3) 解除机床主机上的急停按钮；

(4) 按机床润滑要求加注润滑油；

(5) 开启机床空载运行 2min，检查其工作状态是否正常；

(6) 按所加工零件的尺寸、精度、工艺等要求，在线切割机床自动编程系统中编制线切割加工程序，并送控制台。或手工编制加工程序，并通过软驱读入控制系统；

(7) 在控制台上对程序进行模拟加工，以确认程序准确无误；

(8) 工件装夹；

(9) 开启运丝筒；

(10) 开启冷却液；

(11) 选择合理的电加工参数；

(12) 手动或自动对刀；

(13) 按控制台上的"加工"键，开始自动加工；

(14) 加工完毕后，按"Ctrl＋Q"键退出控制系统，并关闭控制柜电源；

(15) 拆下工件，清理机床；

(16) 关闭机床主机电源。

8. 机床安全操作规程

根据 DK7725E 型线切割机床的操作特点，特制定如下操作规程：

(1) 学生初次操作机床，须仔细阅读线切割机床《实训指导书》或机床操作说明书。并在实训教师指导下操作。

(2) 手动或自动移动工作台时，必须注意钼丝位置，避免钼丝与工件或工装产生干涉而造成断丝。

(3) 用机床控制系统的自动定位功能进行自动找正时，必须关闭高频，否则会烧丝。

(4) 关闭运丝筒时，必须停在两个极限位置(左或右)。

(5) 装夹工件时，必须考虑本机床的工作行程，加工区域必须在机床行程范围之内。

(6) 工件及装夹工件的夹具高度必须低于机床线架高度，否则，加工过程中会发生工件或夹具撞上线架而损坏机床。

(7) 支撑工件的工装位置必须在工件加工区域之外，否则，加工时会连同工件一起割掉。

(8) 工件加工完毕，必须随时关闭高频。

(9) 经常检查导轮、排丝轮、轴承、钼丝、切割液等易损、易耗件(品)，发现损坏，及时更换。

11.1.4 数控快走丝电火花线切割加工实例

1. 手工编程加工实习

1) 实习目的

(1) 掌握简单零件的线切割加工程序的手工编制技能；

(2) 熟悉 ISO 代码编程及 3B 格式编程；

(3) 熟悉线切割机床的基本操作。

2) 实习要求

通过实习,学生能够根据零件的尺寸、精度、工艺等要求,应用ISO代码或3B格式手工编制出线切割加工程序,并且使用线切割机床加工出符合图纸要求的合格零件。

3) 实习设备

DK7725E型线切割机床。

4) 常用ISO编程代码

G92 X-Y-:以相对坐标方式设定加工坐标起点。

G27 :设定XY/UV平面联动方式。

G01 X- Y-(U- V-):直线插补。

X Y:表示在XY平面中以直线起点为坐标原点的终点坐标。

U V:表示在UV平面中以直线起点为坐标原点的终点坐标。

G02 U- V- I- J-:顺圆插补指令。

G03 X- Y- I- J-:逆圆插补指令。

以上G02、G03中是以圆弧起点为坐标原点,X、Y(U、V)表示终点坐标,I、J表示圆心坐标。

M00:暂停。

M02:程序结束。

5) 3B程序格式

B X B Y B J G Z

B:分隔符号;X:X坐标值;Y:Y坐标值;

J:计数长度;G:计数方向;Z:加工指令。

6) 加工实例

(1) 工艺分析

加工如图11-14所示零件外形,毛坯尺寸为60mm×60mm,对刀位置必须设在毛坯之外,以图中G点坐标(−20,−10)作为起刀点,A点坐标(−10,−10)作为起割点。为了便于计算,编程时不考虑钼丝半径补偿值。逆时针方向走刀。

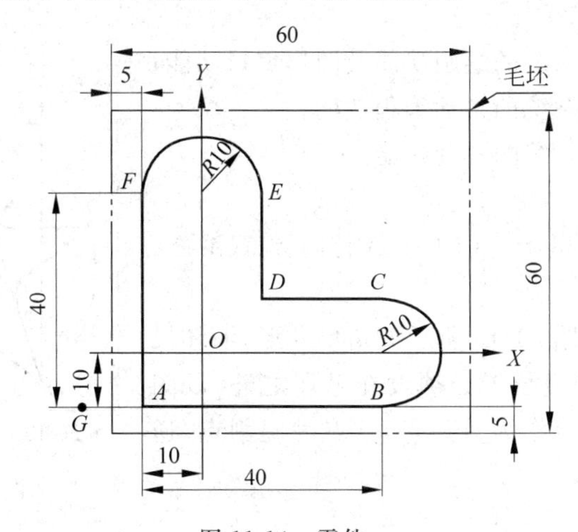

图11-14　零件一

(2) ISO 程序

程序	注解
G92 X-20000 Y-10000	以 O 点为原点建立工件坐标系，起刀点坐标为(−20,−10)；
G01 X10000 Y0	从 G 点走到 A 点，A 点为起割点；
G01 X40000 Y0	从 A 点到 B 点；
G03 X0 Y20000 I0 J10000	从 B 点到 C 点；
G01 X-20000 Y0	从 C 点到 D 点；
G01 X0 Y20000	从 D 点到 E 点；
G03 X-20000 Y0 I-10000 J0	从 E 点到 F 点；
G01 X0 Y-40000	从 F 点到 A 点；
G01 X-10000 Y0	从 A 点回到起刀点 G；
M02	程序结束。

(3) 3B 格式程序

程序	注解
B10000 B0 B10000 GX L1	从 G 点走到 A 点，A 点为起割点；
B40000 B0 B40000 GX L1	从 A 点到 B 点；
B0 B10000 B20000 GX NR4	从 B 点到 C 点；
B20000 B0 B20000 GX L3	从 C 点到 D 点；
B0 B20000 B20000 GY L2	从 D 点到 E 点；
B10000 B0 B20000 GY NR4	从 E 点到 F 点；
B0 B40000 B40000 GY L4	从 F 点到 A 点；
B10000 B0 B10000 GX L3	从 A 点回到起刀点 G；
D	程序结束。

(4) 加工

按 11.1.3 节中所述的机床操作步骤进行。

2. 自动编程加工实习

1) 实习目的及要求

(1) 熟悉 HF 编程系统的绘画功能及图形编辑功能；

(2) 熟悉 HF 编程系统的自动编程功能；

(3) 掌握 HF 控制系统的各种功能。

2) 实习设备

DK7725E 型线切割机床及 CNC-10A 控制、编程系统。

3) 加工实例

工艺分析：加工如图 11-15 所示五角星外形，毛坯尺寸为 60mm×60mm，对刀位置必须设在毛坯之外，以图中 E 点坐标(−10,−10)作为对刀点，O 点为起割点，逆时针方向走刀。

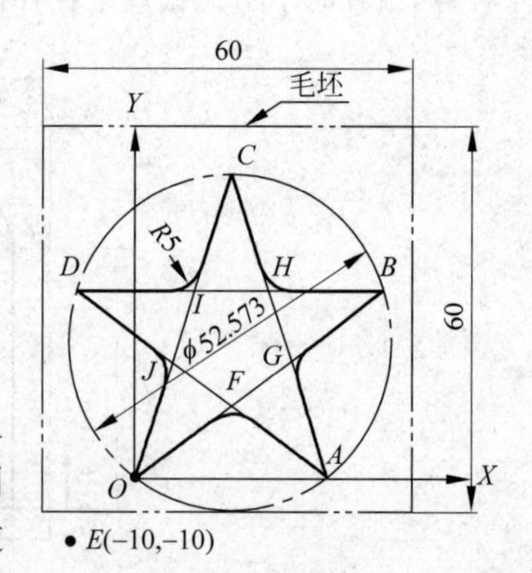

图 11-15　零件二

11.2 电火花成形加工

11.2.1 电火花成形加工的原理

电火花成形加工是在一定的介质中通过工具电极和工件电极之间的脉冲放电的电蚀作用，对工件进行加工的方法。电火花成形加工的原理如图 11-16 所示。工件 1 与工具 4 分别与脉冲电源 2 的两输出端相连接。自动进给调节装置 3(此处为液压油缸和活塞)使工具和工件间经常保持一很小的放电间隙，当脉冲电压加到两极之间，便在当时条件下相对某一间隙最小处或绝缘强度最弱处击穿介质，在该局部产生火花放电，瞬时高温使工具和工件表面局部熔化，甚至汽化蒸发而电蚀掉一小部分金属，各自形成一个小凹坑。图 11-17(a)表示单个脉冲放电后的电蚀坑；图 11-17(b)表示多次脉冲放电后的电极表面。脉冲放电结束后，经过脉冲间隔时间，使工作液恢复绝缘后，第二个脉冲电压又加到两极上，又会在当时极间距离相对最近或绝缘强度最弱处击穿放电，又电蚀出一个小凹坑。整个加工表面将由无数小凹坑组成。这种放电循环每秒钟重复数千次到数万次，使工件表面形成许许多多非常小的凹坑，称为电蚀现象。随着工具电极不断进给，工具电极的轮廓尺寸就被精确地“复印”在工件上，达到成形加工的目的。

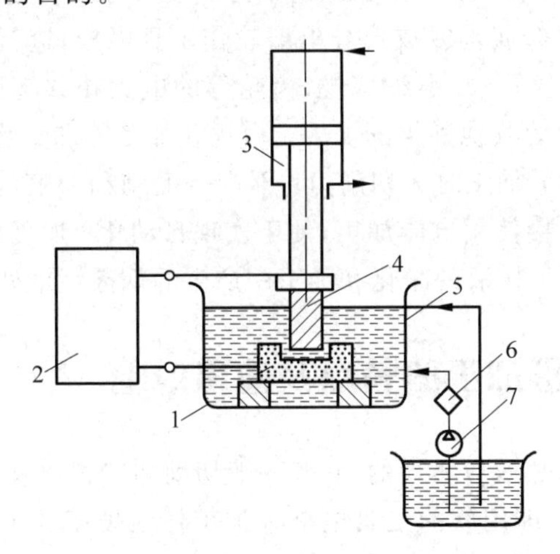

图 11-16 电火花加工原理示意图

1—工件；2—脉冲电源；3—自动进给调节装置；4—工具；5—工作液；6—过滤器；7—工作液泵

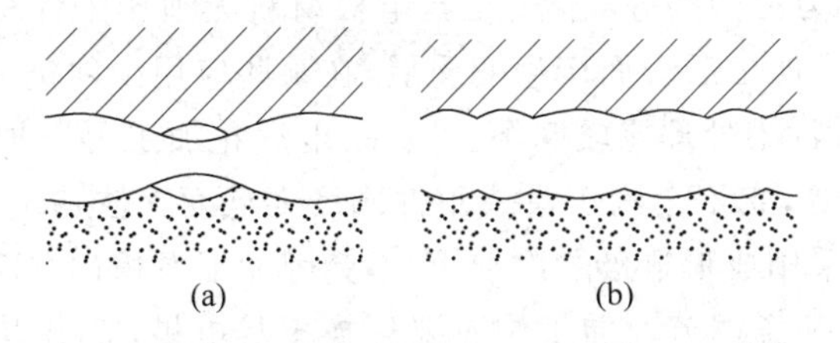

图 11-17 电火花加工表面局部放大

进行电火花加工时，工具电极和工件分别接脉冲电源的两极，并浸入工作液中，或将工作液充入放电间隙。通过间隙自动控制系统控制工具电极向工件进给，当两电极间的间隙达到一定距离时，两电极上施加的脉冲电压将工作液击穿，产生火花放电。在放电的微细通道中瞬时集中大量的热能，温度可高达一万摄氏度以上，压力也有急剧变化，从而使这一点工作表面局部微量的金属材料立刻熔化、汽化，并爆炸式地飞溅到工作液中，迅速冷凝，形成固体的金属微粒，被工作液带走。这时在工件表面上便留下一个微小的凹坑痕迹，放电短暂停歇，两电极间工作液恢复绝缘状态。紧接着，下一个脉冲电压又在两电极相对接近的另一点处击穿，产生火花放电，重复上述过程。这样，虽然每个脉冲放电蚀除的金属量极少，但因每秒有成千上万次脉冲放电作用，就能蚀除较多的金属，具有一定的生产率。在保持工具电极与工件之间恒定放电间隙的条件下，一边蚀除工件金属，一边使工具电极不断地向工件进给，最后便加工出与工具电极形状相对应的形状来。因此，只要改变工具电极的形状和工具电极与工件之间的相对运动方式，就能加工出各种复杂的型面。工具电极常用导电性良好、熔点较高、易加工的耐电蚀材料，如铜、石墨、铜钨合金和钼等。在加工过程中，工具电极也有损耗，但小于工件金属的蚀除量，甚至接近于无损耗。工作液作为放电介质，在加工过程中还起着冷却、排屑等作用。常用的工作液是黏度较低、闪点较高、性能稳定的介质，如煤油、去离子水和乳化液等。按照工具电极的形式及其与工件之间相对运动的特征，可将电火花加工方式分为五类：利用成形工具电极，相对工件作简单进给运动的电火花成形加工；利用轴向移动的金属丝作工具电极，工件按所需形状和尺寸作轨迹运动，以切割导电材料的电火花线切割加工；利用金属丝或成形导电磨轮作工具电极，进行小孔磨削或成形磨削的电火花磨削；用于加工螺纹环规、螺纹塞规、齿轮等的电火花共轭回转加工；小孔加工、刻印、表面合金化、表面强化等其他种类的加工。电火花加工能加工普通切削加工方法难以切削的材料和复杂形状工件；加工时无切削力；不产生毛刺和刀痕沟纹等缺陷；工具电极材料无须比工件材料硬；直接使用电能加工，便于实现自动化；加工后表面产生变质层，在某些应用中须进一步去除；工作液的净化和加工中产生的烟雾污染处理比较麻烦。

11.2.2 电火花成形加工的特点及应用范围

电火花加工是靠局部热效应实现的，它和一般切削加工相比有如下特点：

(1) 它能“以柔克刚”，即用软的工具电极来加工任何硬度的工件材料，如淬火钢、不锈钢、耐热合金和硬质合金等导电材料。

(2) 电火花加工能加工普通切削加工方法难以切削的材料和复杂形状工件；加工时无切削力；不产生毛刺和刀痕沟纹等缺陷；工具电极材料无须比工件材料硬；直接使用电能加工，便于实现自动化；加工后表面产生变质层，在某些应用中须进一步去除；工作液的净化和加工中产生的烟雾污染处理比较麻烦。因而，电火花加工可以加工一切小孔、深孔、弯孔、窄缝和薄壁弹性件等，它不会因工具或工件刚度太低而无法加工；各种复杂的型孔、型腔和立体曲面，都可以采用成形电极一次加工，不会因加工面积过大而引起切削变形。

(3) 脉冲参数可以任意调节。加工中不要更换工具电极，就可以在同一台机床上通过改变电规准(指脉冲宽度、电流、电压)连续进行粗加工、半精加工和精加工。精加工的尺寸精度可达 0.01mm，表面粗糙度 $Ra0.8\mu m$，微精加工的尺寸精度可达 0.002～0.004mm，表

面粗糙度 $Ra0.1 \sim 0.05\mu m$。

(4) 电火花加工工艺指标,可归纳为生产率(指蚀除速度),表面粗糙度和尺寸精度。影响这些的工艺因素,可归纳为电极对、电参数和工作液等。当电极对及工作液已确定后,电参数成为工艺指标的重要参数。一般随着脉冲宽度和电流幅值的增加,放电间隙、生产率和表面粗糙度值均增大,由于提高生产率和降低表面粗糙度值有矛盾,因此,在加工时要根据工件的工艺要求进行综合考虑,以合理选择电参数

11.2.3 电火花加工的局限性

1. 二次硬化带问题

二次硬化带(又称再硬化带、再硬化层),指电火花加工过程中,由于火花放电产生热量,在工具、模具被加工表面形成的硬化层。在显微镜下可以观察到,二次硬化带为浅白色、厚度为 0.003~0.12mm。由于硬化层未经回火处理,处于高应力状态,使模具在使用中容易出现刃口破裂,尤其在硬化层厚度较大情况下。根据研究报道,电火花加工二次硬化带形成与被加工件材料性质、介质液选择和电规准选择有关系。例如:在高频率小火花放电情况下的电火花加工容易产生二次硬化带,相应减小二次硬化带形成的办法为:选择合适的模具零件材料;选择合适的电火花加工介质液;在加工中选用较低脉冲频率进行一次或几次精加工。另外,可以采用后续加工办法减少或消除二次硬化带影响,如:后续低温回火,后续电抛光、电解、研磨、磨削等。

2. 电极损耗问题

在加工中,电火花在烧蚀工件材料同时,也在工具电极上烧蚀电极材料。在多次重复加工中,工具电极逐步失去原有形状,使加工结果变形(精度超差)。解决办法是:根据具体加工选择合适的工具电极材料以减小电极材料的烧蚀速度,同时,根据工件材料和电极材料选择合适的电规准(电规准选择见机床使用说明书)。另外,可采用阶梯电极或使用多个铸造电极依次安装进行加工的办法解决。如前所述,电火花加工通过工具电极与工件被加工面之间火花放电蚀除金属材料;在粗加工中,电火花加工金属蚀除率可达到 $100 \sim 200mm^3/min$,甚至于更高;但是,这一蚀除率数值仍远低于使用车刀、铣刀等金属切削刀具进行切削加工时可达到的金属切除率。因此,提高电火花加工生产效率应充分发挥切削刀具高效切削功能,以车、铣、刨等方法切除尽可能多的金属材料余量,让电火花加工蚀除尽可能少的金属材料余量。此外,为提高电火花加工生产效率,应在满足加工要求(精度、粗糙度)的前提下,尽可能采用粗规准进行加工,尽可能不用中规准和精规准进行加工。

3. 局限性讨论

未经后处理的二次硬化带对模具使用寿命是一个不利的影响因素,经后处理的二次硬化带对模具使用寿命起延长作用。电火花加工工程技术人员利用火花放电表面硬化特点,开发了用于机械零件磨损修复和强化的电火花强化机。据报道,由脉冲电源和振动器组成的电火花强化机通过火花放电,可在工件表面行成一层高硬度、高耐磨的强化层,在反复振

动、放电作用下,强化层微量增厚,达到修复磨损机械零件和强化机械零件目的,强化层粗糙度可达到 $Ra1.6$,硬度可达到 70HRC,一般不经后处理即可应用。

11.2.4 电火花成形加工在模具制造业中的应用

由于电火花加工结果所得到的被加工件形状与加工中使用的电极凸模形状对应,因此,电火花加工适合于制造各种压印模具,包括压痕、压花、压筋和其他变形模具。

由于电火花加工结果凹模型腔形状取决于工具电极凸模形状,并且可通过简化安装,依次加工出模具凹模、卸料板、凸模固定板的对应型腔,因此,电火花加工适用于制造各种下料模具、冲孔模具,包括多凸模下料、冲孔模具。

由于电火花加工不忌被加工件材料的硬度状况,因此,很适合于加工各种高硬度、难加工材料模具(如硬质合金模具)。各种金属模具型腔件可以在热处理后进行电火花精加工。电火花加工主要用于加工具有复杂形状的型孔和型腔的模具和零件;加工各种硬、脆材料,如硬质合金和淬火钢等;加工深细孔、异形孔、深槽、窄缝和切割薄片等;加工各种成形刀具、样板和螺纹环规等工具和量具。

电火花加工可以在硬质材料上同时加工多个不规则型腔而不需要熟练的钳工加工技术,也不须考虑模具热处理变形问题、剖切加工问题(传统模具加工中,一些模具型腔需要剖切后加工),模具加工所需时间相对较少。

用电火花加工锻模、压铸模、挤压模等型腔以及叶轮、叶片等曲面,比穿孔困难得多。原因是:

(1) 型腔属盲孔,所需蚀除的金属量多,工作液难以有效地循环,以致电蚀产物排除不净而影响电加工的稳定性。

(2) 型腔各处深浅不一和圆角不等,使工具电极各处损耗不一致,影响尺寸仿形加工的精度。

(3) 不能用阶梯电极来实现粗、精规准的转换加工,影响生产率的提高。

针对上述原因,电火花加工型腔时,采取如下措施:

(1) 在工具电极上开冲油孔,利用压力油将电蚀物强迫排除。

(2) 合理地选择脉冲电源和极性,一般采用电参数调节范围较大的晶体管脉冲电源,用紫铜或石墨作电极,粗加工时(宽脉冲)负极性,精加工时正极性,以减少工具电极的损耗。

(3) 采用多规准加工方法,即先用宽脉冲,大电流和低损耗的粗规准加工成形,然后逐级电火花加工,以实现模具制造的转精整形。该方法可以有效实现粗、精规准的转换加工,以提高生产率。

11.3 电解加工

电解加工是电化学加工中的一种重要方法。我国于 20 世纪 50 年代末首先在军工领域进行电解加工炮管腔线的工艺研究很快取得成功并用于生产。不久便迅速推广到航空发动机叶片型面及锻模型面的加工。到60年代后期，电解加工已成为航空发动机叶片生产的定型工艺。

在我国科技人员的长期努力下，电解加工在许多方面获得突破性的进展。例如，用锻造毛坯叶片直接电解加工出复杂的叶片型面，当时达到世界先进水平。今天，无论是我国还是其他工业发达国家，电解加工已成为国防航空和机械制造业中不可缺少的重要工艺手段。

电解加工是利用金属在电解液中产生阳极溶解的电化学原理对工件进行成形加工的一种工艺方法。电解加工原理如图11-18所示。加工时，工件接直流稳压电源正极，工具接负极，两极间保持0.1～1mm的间隙，具有一定压力(0.5～2.5MPa)的电解液从两极间隙中高速(5～60m/s)流过。加工过程中，工具阴极的凸出部分与工件阳极的电极间隙最小，此处的电流密度最大，单位时间内消耗的电量最多。根据法拉第定律，金属阳极的溶解量与通过的电量成正比。因此，工件上与工具阴极凸起部位的对应处比其他部位溶解更快。随着工具阴极不断缓慢地向工件进给，工件不断地按工具端部的型面溶解，电解产物不断被高速流动的电解液带走，最终工具电极的形状就“复制”在工件上。

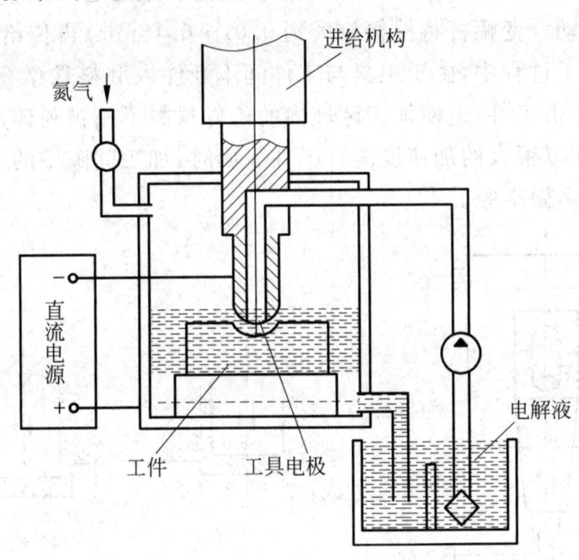

图11-18 电解加工原理

电解加工具有如下特点：

(1) 不受材料本身强度、硬度和韧性限制，可以加工淬火钢、硬质合金、不锈钢和耐热合金等高强度、高硬度和高韧性的导电材料。

(2) 加工中不存在机械切削力，工件不会产生残余应力和变形，也没有飞边毛刺。

(3) 可达到0.1mm的平均加工精度和0.01mm的最高加工精度；平均表面粗糙度 Ra 值可达0.8μm，最小表面粗糙度 Ra 值可达0.1μm。

(4) 加工过程中，工具电极理论上不会损耗，可长期使用。

(5) 生产率较高，约为电火花加工的5～10倍，某些情况下甚至高于切削加工。

(6) 能以简单的进给运动一次加工出形状复杂的型面与型腔。

(7) 电解加工大附加设备多，造价高，占地面积大，加工稳定性尚不够高。与此同时，电解液易腐蚀机床和污染环境，也必须引起重视。

电解加工首先在国防工业中成功地用于加工炮膛线，20 世纪 60 年代发展较快。但因加工精度不够高等因素一度发展缓慢，近年来对电解加工工艺规律的研究有所突破，终于使这项工艺获得较为广泛的应用。

11.4 超声波加工

人耳能感受到的声波频率在 16～16000Hz 范围内。当声波频率超过 16000Hz 时，就是超声波。前两节所介绍的电火花加工和电解加工，一般只能加工导电材料，而利用超声波振动，则不但能够加工像淬火钢、硬质合金等硬脆的导电材料，而且更适合加工像玻璃、陶瓷、宝石和金刚石等脆硬的非金属材料。

超声波加工是利用工具端面的超声频振动，或借助于磨料悬浮液加工硬脆材料的一种工艺方法。其加工原理如图 11-19 所示，超声波发生器产生的超声频电振荡，通过换能器转变为超声频的机械振动。变幅杆将振幅放大到 0.01～0.15mm，再传给工具，并驱动工具端面作超声振动。在加工过程中，由于工具与工件间不断注入磨料悬浮液，当工具端面以超声频冲击磨料时，磨料冲击工件，迫使加工区域内的工件材料不断被粉碎成很细的微粒脱落下来。此外，当工具端面以很大的加速度离开工件表面时，加工间隙中的工作液内可能由于负压和局部真空形成许多微空腔。

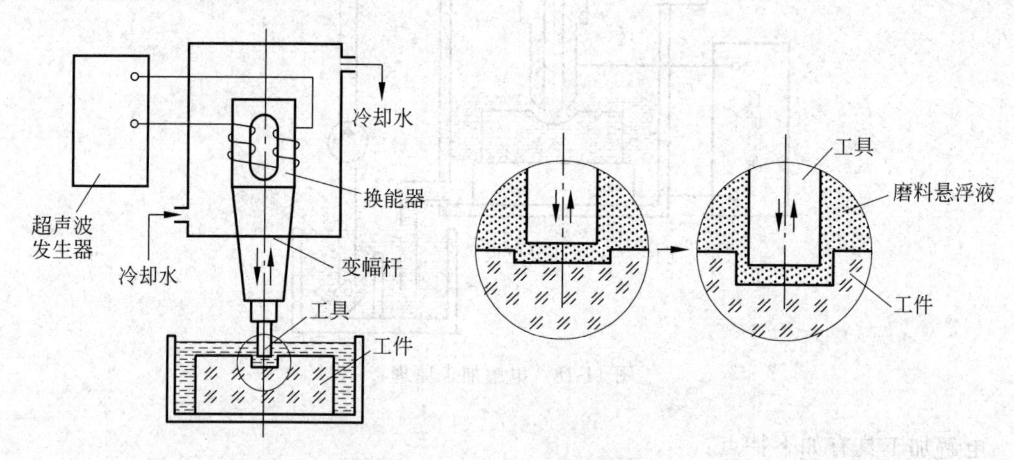

图 11-19 超声波加工原理

当工具端面在很大的加速度接近工件表面时，空腔闭合，从而形成可以强化加工过程的液压冲击波，这种现象，称为“超声空化”。因此，超声波加工过程是磨粒在工具端面的超声振动下，以机械锤击和研抛为主，以超声空化为辅的综合作用过程。超声波加工的特点如下：

(1) 超声波加工适用于加工各种硬脆材料，尤其是利用电火花加工、电解加工难以加工的不导电材料和半导体材料，如玻璃、陶瓷、玛瑙、宝石、金刚石以及锗和硅等。对于韧性好的材料，由于它对冲击有缓冲作用而难以加工，因此可用作工具材料，如 45 钢常用作工具材料。

(2) 由于超声波加工的宏观机械力小,因此可获得良好的加工精度和表面粗糙度。尺寸精度可达 0.02～0.01mm；表面粗糙度 Ra 值可达 0.1～0.8μm。

(3) 采用的工具材料硬度较低,容易制成复杂形状,工具和工件无需作复杂的相对运动,因此,普通的超声波加工设备结构较简单。但若需加工复杂精密的三维结构,可以预见,仍需设计制造三坐标数控超声波加工机床。

超声波加工的生产率一般低于电火花加工和电解加工,但加工精度和表面质量都优于前两者。更重要的是,它能加工前两者所难以加工的半导体材料和非导体材料。目前超声波加工主要用于加工硬脆材料的圆孔、异形孔和各种型腔,以及进行套料、雕刻和研抛等。

由于超声波在液体介质中会产生交变冲击波和超声空化现象,这两种作用的强度达到定值时,产生的微冲击就可以使被清洗物表面的污渍遭到破坏而脱落下来。此外,超声作用无处不入,即使是小孔和窄缝中的污物也容易被清洗干净。目前,超声波清洗不但用于机械零件或电子器件的清洗,也用于医疗器皿(如生理盐水瓶、葡萄糖水瓶)的清洗。利用超声振动去污原理,国外已生产出超声波洗衣机。

12 快速成形技术

基本要求

(1) 了解快速成形技术的原理、特点；
(2) 了解快速成形技术的应用范围。

12.1 快速成形技术简介

快速成形技术(rapid prototyping,RP)也称为快速原型制造技术,是一种直接根据CAD模型,不使用机械加工设备就可快速制造形状复杂的零件的方法。综合了CAD、数控、激光和材料等技术,是先进制造技术的重要组成部分。

激光扫描器在计算机控制下按加工零件各分解层面的形状对成形材料有选择性地扫描,从而形成一层片,随后再进行下一层的扫描,新层粘结在上一层上,直至整个零件制造完成,如图12-1所示。

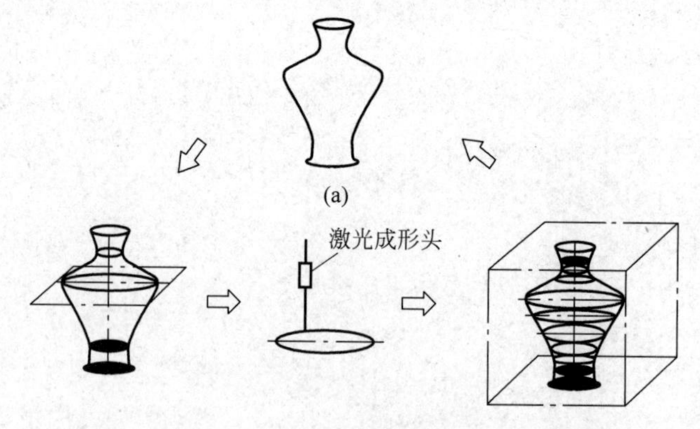

图12-1　快速成形技术原理

快速成形工艺种类很多,可按照材料的不同分类。快速成形工艺材料包括液态材料、离散颗粒和实体薄片。液态材料的快速成形方法有液态树脂固化成形和熔融材料凝结成形,而液态树脂固化又包括逐点固化和逐面固化；熔融材料凝结成形又包括逐点凝结和逐面凝结。离散颗粒材料快速成形方法包括激光熔融颗粒成形和粘结剂粘结颗粒成形两种方法；实体薄片材料快速成形方法有薄片粘结堆积成形和采用光堆积成形两种。

按成形方法可分为基于激光或其他光源的成形技术、基于喷射的成形技术两大类。前者包括光固化快速成形、叠层制造成形、选择性激光烧结成形等方法；后者包括熔融堆积成形工艺、三维印刷成形等。

快速成形方法与其他传统方法相比较，具有以下特点：

(1) 高度柔性，非接触式加工，不使用刀具、夹具等专用工具，在计算机控制下制造出任意复杂形状的零件，从而摆脱了传统加工方法的局限性。

(2) 方便地实现了设计制造一体化，通过离散分层模型工艺，将 CAD、CAM 技术和制造技术有效地结合在一起。

(3) 不需要传统的刀具或工装等生产准备工作，任何复杂零件的加工均可在一台设备上完成，很大程度上缩短了产品的开发周期，降低了开发成本。

(4) 成形过程中无振动、噪声和废料。

12.2 快速成形工艺应用

快速成形技术的主要应用就是开发新产品，也就是产品的概念原型与功能原型的制造。目前，快速成形技术已参与产品开发的几乎所有环节，其主要作用表现在以下几个方面。

1)为决策层提供决策直观性

快速成形技术能够迅速地将设计师的设计思想变成三维的实体模型，与手工制作相比，不仅节省了大量的时间，而且精确地体现了设计师的设计理念，为决策层产品评审的决策工作提供了直接准确的模型，减少了决策工作中的不正确因素。

2) 减少人为缺陷，提高设计质量

在产品的开发设计过程中，及早地发现并改正设计缺陷十分重要，使用快速成形技术可以将这种人为的影响减少到最低限度。快速成形技术由于成形时间短，精确度高，可以在设计的同时制造高精度的模型，使设计师能够在设计阶段对产品的整机或局部进行装配和综合评价，从而发现设计上的缺陷与不合理因素，不断地改进设计。快速成形技术的应用可把产品的设计缺陷消灭在设计阶段，最终提高产品整体的设计质量。

3) 缩短设计周期，加快开发进度

快速成形技术的应用，可以做到产品的设计和模具生产并行。应用快速成形技术可以充分利用模具制造的时间，利用快速成形的制件进行整机装配和各种试验，随时与模具中心进行信息交流，力争做到模具一次性通过验收，这样模具制造与整机的试验评价并行工作，大大加快了产品的开发进度，迅速完成从设计到投产的转换。

快速成形技术形成的模型对于模具的设计与制造过程有着明显的指导作用。对于具体产品来说，模具制造时间可以大大缩短，模具制造的质量可以得到提高，相应地对产品质量得到最终保证起到了积极的影响。

4) 提供样件

由于应用快速成形技术制作出的样品比二维效果图更加直观，比工作站中的三维图像更加真实，而且具有手工制作的模型所无法比拟的精度，因而在样件制作方面有比较大的优势。利用快速成形技术制作出的样件能够使用户非常直观地了解尚未投入批量生产的产品的外观及其性能并及时做出评价，使生产方能够根据用户的需求及时改进产品，为产品的销售创造了有利条件,同时避免了由于盲目生产可能造成的损失。在工程投标中投标方常常被要求提供样品,可为招标方直观全面地进行评价提供依据,设计更加完善,为中标创造有利条件。

模具是现代工业生产最重要的工艺装备,而且模具形状复杂又属单件生产,由于传统模具制作方法工艺复杂、时间长、费用高,而快速成形技术与传统工艺相结合,可以扬长避短,起到事半功倍的效果,因此推动了快速成形制造快速经济模具技术的发展,也取得了很多成果。目前,多以快速成形技术制作的非金属原型件为母模,结合传统的制造方法来间接快速制作模具。快速成形技术与精密铸造相结合,是快速生产单件小批量金属零件的有效方法。

快速成形和精密铸造是互补的,这两种方法都适用于复杂形状零件的制造。如果没有快速自动成形,铸模的生产就是精密铸造的瓶颈;然而没有精密铸造,快速自动成形的应用也会存在很大的局限性。快速成形技术在精密铸造中的应用可以分为三种:一是消失成形件(模)过程,用于小批量件生产;二是直接型壳法,用于小量生产;三是快速蜡模模具制造,用于大批量生产。最常见的是快速成形技术与熔模精铸相结合,即用快速成形制作的原型件作母模,或者由原型件翻制的软质模具所生产的蜡模作母模,再借助传统的熔模铸造工艺来生产金属零件。

选择性激光烧结成形法可将金属粉末直接烧结成模具,烧结出的制件精度和表面质量都较好,现已实际用于制造注塑模和压铸模等模具,经过短时间的微粒喷丸处理便可使用。基于快速成形技术的快速制模法,可以根据所要求模具寿命的不同,结合不同的传统制造方法来实现。对于寿命要求不超过500件的模具,可使用以快速原型作母模、再浇注液态环氧树脂与其他材料(如金属粉)的复合物而快速制成的环氧树脂模。

若是仅仅生产20～50件的注塑模,还可以使用由硅胶铸模法(以快速原型件为母模)制作的硅橡胶模具。对于寿命要求在几百件至几千件(上限为3000～5000件)的模具,则常使用由金属喷涂法或电铸法制成的金属模壳。对于快速成形技术工艺制作的零件原型,还可以与陶瓷模法、研磨法等转换技术相结合来制造金属模具或金属零件。

快速成形技术在医学方面的应用日益增多。根据CT扫描或MRI核磁共振的数据,采用快速成形方法可以快速制造人体骨骼和软组织的实体模型,这些技术可帮助医生进行诊断和确定治疗方案,具有临床价值和学术价值。由于其独特和高度柔性的制造原理及其在产品开发过程中所发挥的作用,快速成形技术已越来越受到制造厂商和科技界的重视,其应用也正从原型制造向最终产品制造方向发展。

机械工程创新实训

综合与创新训练

基本要求

(1) 了解创新训练的内容、方法和意义,熟悉毛坯的选择方法;

(2) 掌握各类表面加工方法的选择,学会典型零件综合工艺过程分析。

13.1 综合与创新训练概述

随着市场经济的高速发展,我们进入了知识经济、技术经济的新时期。为了迎接新的挑战,我国高等工科教育思想和培训目标由以获取知识和技能的应试教育向培养具有创新能力的素质教育转型。在高等教育教学改革的新形势下,机械工程创新实训课程的教学改革势在必行。综合与创新训练,就是在教育改革过程中进行机械工程创新实训课程改革的重要内容之一。

13.1.1 综合与创新训练简介

传统的机械工程创新实训模式都是围绕各个实习工种展开的,在学生大脑中形成的是孤立和分散的机械加工工艺知识。他们无法对机械加工工艺过程形成系统的和整体的深刻印象,也就难以将工艺知识灵活地运用到生产实践中去解决实际问题。机械工程创新实训是一门涉及面很广的复杂的教学过程,具有实践性强、与工程实际联系紧密等特点,因此在机械工程创新实训中非常适宜对学生进行创新能力的培养。

创新是一个创造性过程,是开发一种新事物的过程。创新包括技术创新、工艺创新和组织管理上的创新。创新并非一定是全新的东西,旧的东西以新的形式出现是创新,模仿提高也是创新,总之,能够提高资源配置效率的新活动都是创新。

综合与创新训练是一个全方位培养和提高学生工程素质和创新意识的教学环节,它是将所学知识应用于工艺综合分析、工艺设计和制造过程的一个重要的实践环节,是学生获取分析问题和解决问题能力、创新思维能力、工程指挥和组织能力的重要途径。

综合与创新训练和传统的机械工程创新实训不同。传统的机械工程创新实训中学生是被动的,他们要按照别人设计零件和工艺进行加工,而综合与创新训练则使学生变被动为主动,按照自己的意愿设计产品,制定加工工艺,通过教师的指导与提示,完成一件产品的整个设计与制造过程。

综合与创新训练的过程主要有：进行市场调研、设计产品方案、设计产品图样、设计加工工艺、加工产品零件和组装成品等环节。

13.1.2 综合与创新训练的意义

综合与创新训练是高等教育教学改革的一种新方法，它加强了实践环节，普及和提高了工程技术教育，最重要的是落实了素质教育。实践证明，通过综合与创新训练可取得良好的教学效果，主要体现在以下几个方面：

(1) 能培养学生创造性地解决实际问题的能力。由于学生所掌握的工艺基础知识和操作技能有限，开展综合与创新训练对学生来说无疑是一个很大的挑战。尽管这种训练并不是严格意义上的科学创新，但要解决综合性的实际问题，学生需要进行创新思维，从各个视角考虑问题，把所学到的零散的知识加以综合并灵活的运用。

(2) 可以激发学生的学习兴趣和创造热情，提高实习的积极性和主动性，进一步巩固和强化所学知识。

(3) 可以锻炼学生的工程实践能力，提高质量、成本、效益、安全等工程素质，培养学生刻苦钻研、一丝不苟、团结协作等优良品质和工作作风，有利于培养高素质的工程技术人才。在《机械工程创新实训》教学过程中，除了传授给学生知识外，更重要的是培养学生在实践中获取知识的能力、创新精神、创新能力和全面的工程素质。综合与创新训练环节在培养高素质的工程技术人才的过程中具有重要地位和作用。

13.2 毛坯种类与选择

机械零件多数是通过铸、锻、焊、冲压等方法把原材料制成毛坯，然后再切削加工制成合格零件，装配成机器。毛坯是指根据零件(或产品)所需要的形状、工艺尺寸等要素，制造出的为进一步加工做准备的加工对象。毛坯的选择主要是根据零件的形状、使用要求和生产批量而定。毛坯种类的选择不仅影响制造毛坯的工艺、设备和费用，而且对零件机械加工工艺、设备、刀具以及加工工时都有很大影响。

13.2.1 毛坯的种类

目前，在机械加工中，毛坯的种类很多，有型材、铸件、锻件、焊接件以及冷冲压件和粉末冶金件等。

1. 型材

机械制造用的型材按截面形状可分为圆钢、方钢、六角钢、扁钢、角钢、工字钢、槽钢和其他特殊截面的型材。按型材的成形方法又可分为热轧型材和冷拉型材两类。轧制的型材组织致密、力学性能较好。热轧型材尺寸较大，精度较低，多用于一般零件的毛坯；冷拉型材尺寸较小，精度较高，易实现自动送料，适用于毛坯精度要求较高的中小型零件。

2. 铸件

受力不大或以承受压应力为主的形状复杂的零件毛坯，宜采用铸造方法制造。目前生产中的铸件大多数是用砂型铸造的，少数尺寸较小和精度较高的铸件可以采用特种铸造。砂型铸造的铸件精度较低，加工余量相应也比较大。砂型铸造铸件对金属材料的选择没有限制，应用最多的是铸铁。

3. 锻件

受重载、动载及复杂载荷的重要零件毛坯，宜采用锻件。锻件有自由锻锻件和模锻锻件两种。自由锻锻件精度低，加工余量大，多用于形状简单的毛坯。模锻锻件的精度及表面质量比自由锻锻件好，锻件的形状也复杂一些，加工余量也比较小。

4. 焊接件

焊接件是将型材或经过局部加工后的半成品用焊接的方法联结成一个整体，也称组合毛坯。焊接件的尺寸、形状一般不受限制，制造周期也比锻件和铸件要短得多。

13.2.2 毛坯的选择

选择毛坯应在满足使用要求的前提下，尽量降低生产成本。因此，在选择毛坯过程中，应全面考虑下列因素。

1）零件的类别、用途和工作条件

凡受力较简单、以承压为主、形状较复杂的零件毛坯选择铸件；凡受力较大、载荷较复杂、工况条件较差、形状较简单的重要零件选择锻件；凡联结成形的零件毛坯选择焊接件。例如，采用脆性材料铸铁、铸造青铜等的零件，无法锻造只能铸造；承受交变的弯曲和冲击载荷的轴类零件，应该选用锻件，因为金属坯料经过锻压加工后，可使金属组织致密，从而可提高金属材料的力学性能。

从零件的工作条件找出对材料力学性能的要求，这是选择毛坯的基本出发点。零件实际工作条件包括零件工作空间、与其他零件之间的位置关系、工作时的受力情况、工作温度和接触介质等。

2）零件的结构和外形尺寸

零件的结构和外型尺寸是影响毛坯种类的重要因素。例如，对于阶梯轴，若各台阶直径相差不大，可直接选用型材（圆棒料）；若各台阶直径相差较大，为了节约材料和减少切削加工工作量，宜选用锻造毛坯；大型零件一般采用砂型铸件、自由锻件或焊接件的毛坯；

中小型零件则可考虑用模锻件或特种铸造件；形状简单的一般零件宜选用型材以节约费用；套筒类零件如油缸，可选用无缝钢管；结构复杂的箱体类零件，多选用铸件。

3）零件的生产类型和生产条件

生产类型的不同，毛坯的制造方法也不同。在大批或大量生产中，应选择毛坯精度及生产率和自动化程度比较高的生产形式，此时毛坯的制造费用会高一些，但可以降低原材料消耗和切削加工费用，整体的生产成本低。如金属模机器造型铸件、模锻件、冷冲压件等；对于单件小批生产，宜选用成本低、制造方法简单的毛坯，如自由锻件、木模手工造型铸件、焊接件等。

选择毛坯时，还要考虑本企业毛坯制造的实际能力及外部协作条件，即根据现有生产条件、实际工艺水平及设备情况综合分析，从整体上取得较好的经济效益，选择最合理的毛坯种类。

13.3 加工方法选择及经济性分析

选择加工方法时，应在保证产品质量的前提下，选择生产率高加工成本低的加工方法，即做出合理的经济性分析。

13.3.1 零件加工方法的选择

机械零件的表面通常是由外圆、内孔和平面等一些基本的几何表面组成，并且每种几何表面的加工成形方法也不是唯一的。

1. 外圆表面加工方案选择

1）外圆表面的种类

根据外圆表面在零件上的组合方式，它可分为如下两大类：

（1）单一轴线的外圆表面组合　轴类、套筒类、盘环类零件大都具有外圆表面组合。这类零件按长径比（长度与直径比）的大小分为刚性轴（$0<L/D\leqslant 12$）和柔性轴（$10<L/D\leqslant 12$）。加工柔性轴时，由于刚度差，易产生变形，车削时应采用中心架或跟刀架。大批量的光轴还可采用冷拔成形。

（2）多轴线的外圆表面组合　根据轴线之间的相互位置关系，可分为轴线相互平行的外圆表面组合（如曲轴、偏心轮等）和轴线互相垂直的外圆表面组合（如十字轴等），这类零件的刚度一般都较差。

2）外圆表面的技术要求

外圆表面的技术要求包括：尺寸精度（直径和长度的尺寸精度）、形状精度（外圆面的圆度、圆柱度）、位置精度（与其他外圆表面或孔的同轴度、与端面的垂直度等）和表面质量（表面粗糙度、表层硬度、残留应力和显微组织等）。

3）外圆表面加工方案分析

外圆表面是轴、套、盘类等零件的主要表面，往往具有不同的技术要求，这就需要结合具体的生产条件，拟定合理的加工方案。外圆表面常见的加工方案如图 13-1 所示。

外圆表面加工方案的选择还与零件的材料、热处理要求以及零件的结构等密切相关。有色金属硬度低、韧性大，磨削时切屑易堵塞砂轮，不适于选择磨削，常采用粗车—半精车—

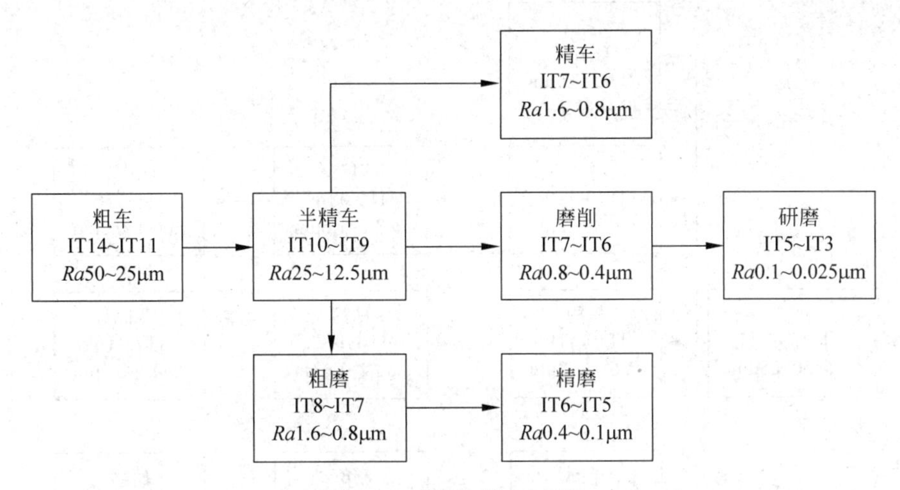

图 13-1 外圆面加工方案

精车的加工方案；钢件有表面硬度要求时，可采用粗车—半精车—淬火—磨削的加工方案；零件各表面之间有较高位置精度要求时，应在一次装夹中按顺序车削各表面，以保证各表面之间的位置精度要求。

为了使加工工艺合理从而提高生产率，外圆表面加工时，应合理选择机床。对精度要求较高的试制产品，可选用数控机床；对一般精度的小尺寸零件，可选用仪表车床；对直径大、长度短的大型零件，可选用立式车床；对单件小批量生产轴、套及盘类零件，选用卧式车床；对成批生产套及盘类零件，一般选用回轮、转塔车床；对成批生产轴类零件则选用仿形及多刀车床；对大量生产轴、套及盘类零件，常选用自动或半自动车床或无心磨床。

2. 孔加工方案的选择

1）孔的种类及技术要求

孔是组成零件的基本表面之一，零件上有多种多样的孔，常见的有：

（1）紧固孔，如螺钉孔，其他非配合的油孔等。

（2）回转体零件上的孔，如套筒、法兰盘及齿轮上的孔。

（3）箱体类零件的孔系，如床头箱箱体上的主轴孔和传动轴承孔等。

（4）深孔，即长径比 $5<L/D<10$ 的孔，如车床主轴上的轴向通孔等。

（5）圆锥孔，如车床主轴前端的锥孔以及装配用的定位销孔等。

孔的技术要求与外圆表面相似。

2）孔加工方案分析

与外圆表面相似，孔加工时也应合理选择机床。对于轴类零件中间部位的孔，通常在车床上加工较为方便；支架、箱体类零件上的轴承孔，可根据零件结构形状、尺寸大小等采用车床、铣床、卧式镗床或者加工中心；盘套类或支架、箱体类零件上的螺纹底孔、螺栓孔等可在钻床上加工；对盘形零件中间轴线上的孔，为保证其与外圆、端面的位置精度，一般在车床上与外圆和端面一次装夹中同时加工出来；在大量生产时，可以采用拉床进行加工。常用的加工方案如图 13-2 所示（注意，有色金属不适于选择磨削）。

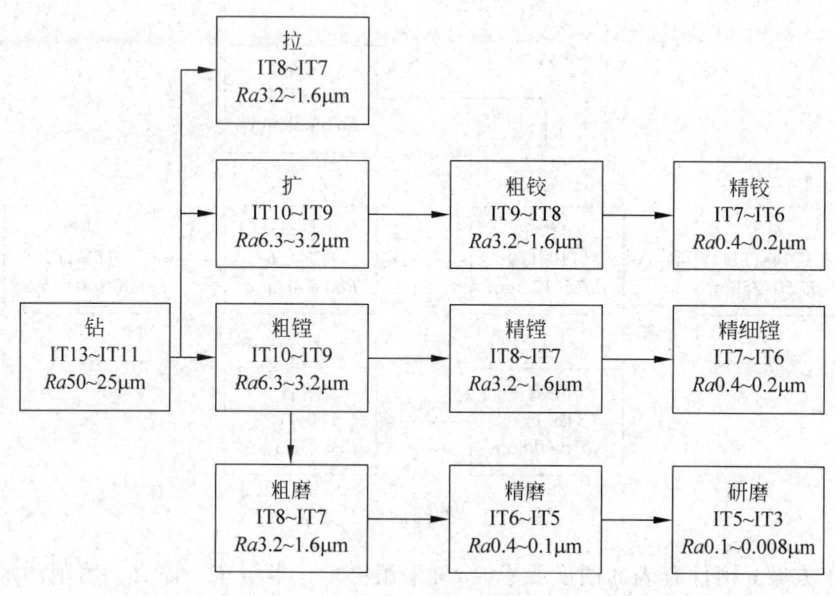

图 13-2　孔加工方案

3. 平面加工方案的选择

1）平面的种类及技术要求

平面是盘、板形和箱体类零件的主要表面。根据所起作用的不同，大致可以将平面分为：

（1）非结合面　属低精度平面，只是在外观或防腐蚀需要时才进行加工。

（2）结合面和重要结合面　属中等精度平面，如零部件的固定连接平面等。

（3）导向平面　属精密平面，如机床的导轨面等。

（4）精密测量工具的工作面等　属精密平面。

平面的技术要求与外圆表面相似。

2）平面加工方案分析

平面的作用不同，其技术要求也不相同，故应采用的加工方案也不相同。除回转体零件上的端面常用车削加工之外，铣削、刨削和磨削是平面加工的主要方法。板类零件的平面常采用铣（刨）——磨方案。不论零件是否需要淬火，精加工都采用磨削，这比单一采用铣（刨）方案更经济。但有色金属及其合金以及其他纯金属不能采用磨削，常采用粗铣——精铣方案。常用的平面加工方案如图 13-3 所示，图中公差等级是指平行平面间的距离尺寸。

13.3.2 加工经济性分析

在生产中，人们总是希望以较低的成本生产出更多更好的产品，满足社会需求。技术经济分析就是从经济的角度来研究技术问题，对生产中实施的各种技术方案的经济效果进行分析、比较，以达到先进技术与合理经济的最佳结合，取得好的经济效益和优化的资源配置。在机械制造业，也有同样的问题需要考虑和解决。

技术经济分析的主要参数是成本。零件的实际生产成本是制造它所支出的总费用。工艺成本是指与加工工艺过程有关的那一部分费用，占零件生产成本的 70%～75%，因此，对机械制造工艺过程而言，技术经济分析只对加工工艺成本进行分析、比较。技术经济分析涉

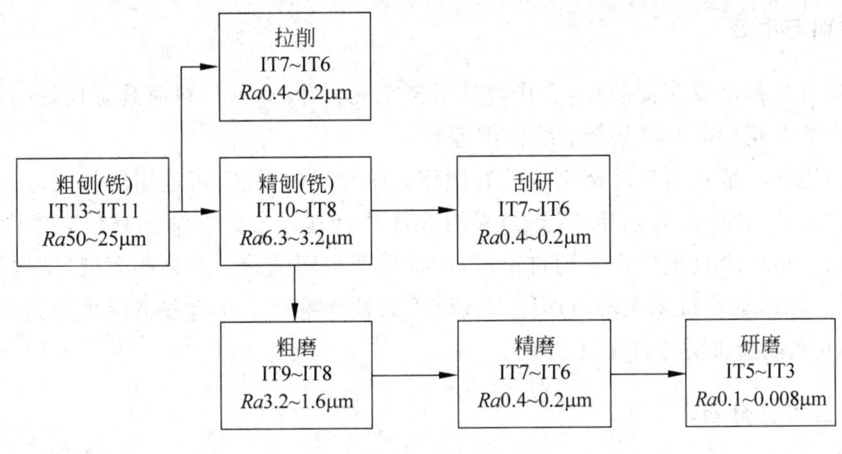

图 13-3 平面加工方案

及的因素较多，具有明显的综合性，不同生产类型适宜的加工工艺方法见表 13-1。

表 13-1 不同生产类型适宜的加工工艺方法

单件小批生产	成 批 生 产	大量(连续)生产
型材锯割、热切割下料	型材下料(锯、剪)	型材剪切
木模手工砂型铸造	砂型机械造型	机器造型生产线
自由锻	模锻	热模锻生产线
弧焊(手工、通用焊机)	弧焊(专机)、钎焊	压焊、弧焊自动线
冷作(旋压等)	冲压	多工位冲压、冲压生产线
	压制(粉末冶金)	压铸

例如，生产小套筒零件，可用铸造、锻造、型材切削加工或粉末冶金方法来制造，这就需要根据零件的结构、性能、生产批量和企业生产条件来制定成形工艺方案。但是，不同的加工工艺方案取得的经济效果是不相同的，它应该是现有生产条件下最优技术方案和最佳经济效果的结合。

13.4 典型零件的综合工艺过程分析

常见机械零件按形状和用途不同，可分为轴类、盘套类、机架箱体类等。零件的结构特征、工作条件和受力状态不同，它们的加工方法也不相同。本节将分别对它们的工作条件、性能要求、材料、毛坯和工艺路线进行分析，以达到提高学生综合运用所学知识，分析和解决实际问题的能力。

13.4.1 轴类零件

轴类零件是旋转体零件，主要用来支承传动零件和传递转矩。轴类零件的结构特点是其轴向尺寸远大于径向尺寸。轴类零件的轴颈、安装传动件的外圆、装配定位用的轴肩等。

1. 材料与毛坯

轴类零件大都承受交变载荷，工作时处于复杂应力状态，其材料应具有良好的综合力学性能，常选用45钢、40Cr和低合金结构钢等。

光轴的毛坯一般选用热轧圆钢或冷轧圆钢。阶梯轴的毛坯，可选用热轧或冷轧圆钢，也可选用锻件。产量越大，直径相差越大，采用锻件越有利。当要求轴具有较高力学性能时，应采用锻件。单件小批量生产采用自由锻，成批生产采用模锻。对某些大型、结构复杂的轴可采用铸件，如曲轴及机床主轴可用铸钢或球墨铸铁作毛坯。在有些情况下可选用铸-焊或锻-焊结合方式制造轴类零件毛坯。

2. 加工工艺分析

轴类零件加工时常以两端中心孔或外圆面定位，以顶尖或卡盘装夹。在加工过程中应体现基准先行的原则和粗精分开的原则。

轴类零件的主要组成表面有外圆面、轴肩、螺纹和沟槽等。外圆面用以安装轴承、齿轮和带轮等；轴肩用于轴本身或轴上安装零件时定位；螺纹用以安装各种锁紧螺母或调整螺母；沟槽是指键槽或退刀槽等；轴的两端一般要钻出中心孔；轴肩及端面一般要倒角。阶梯轴是轴类零件中用得最多的一种。它一般由外圆、轴肩、螺纹、螺纹退刀槽、砂轮越程槽和键槽等组成。下面以减速箱中的传动轴（如图13-4所示）为例，介绍阶梯轴的典型加工工艺过程。

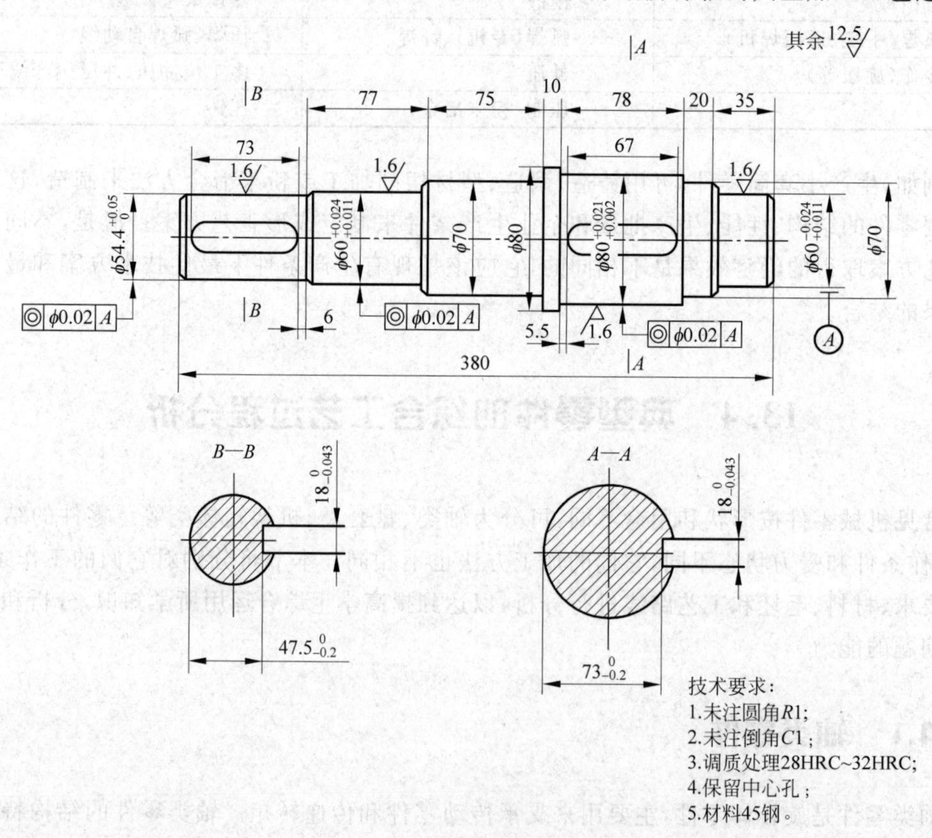

图 13-4 传动轴

1）加工工艺过程

输出轴加工工艺过程见表 13-2。

表 13-2 输出轴加工工艺过程 mm

工序号	工序名称	工序内容	设备
1	下料	下料 $\phi90\times400$	锯床
2	热处理	调质处理 28～32HRC	
3	车	夹左端，车右端面见平。钻 B2.5 中心孔，粗车右端各外圆，除 $\phi88$ 外圆车至尺寸外，其余均留精加工余量 3 调头装夹零件，车左端面保证总长 380，钻 B2.5 中心孔，粗车左端各外圆，留精加工余量 3	CA6140
4	精车	夹左端，顶右端，精车右端各部，其中 $\phi60^{+0.024}_{+0.011}\times35$、$\phi80^{+0.021}_{+0.002}\times78$ 处分别留磨削余量 0.8 调头，一夹一顶精车左端各外圆，其中 $\phi54.4^{+0.05}_{0}\times85$、$\phi60^{+0.024}_{+0.011}\times77$ 处分别留磨削余量 0.8	CA6140
5	车	修整顶尖孔	CA6140
6	磨	用两顶尖装夹零件，磨削 $\phi60^{+0.024}_{+0.011}$，$\phi80^{+0.021}_{+0.002}$ 至尺寸 调头，用两顶尖装夹零件，磨削 $\phi54.4^{+0.05}_{0}\times85$ 至尺寸	M1432
7	划线	划键槽线	
8	铣	铣键槽 $18^{\ 0}_{-0.043}$ 至尺寸	X5032、组合夹具
9	检验	按图样要求检验	

2）工艺分析

（1）该轴的结构比较典型，代表了一般传动的结构形式，其加工工艺过程具有普遍性。在加工工艺流程中，也可以采用粗车加工后进行调质处理。

图样中键槽未标注对称度要求，但在实际加工中应保证±0.025mm 的对称度，这样便于与齿轮装配。键槽对称度的检查，可采用偏摆仪及量块配合完成，也可采用专用对称度检具检查。

（2）输出轴各部分同轴度的检查，可采用偏摆仪和百分表结合进行检查。

13.4.2 盘套类零件

盘套类零件的结构特点是纵向尺寸与横向尺寸差别不大(零件的长度一般大于直径)、形状各异，主要用于配合轴类零件传递运动和转矩。这类零件在各种机械中的工作条件和使用要求差异很大。其主要组成表面有内圆面、外圆面、端面和沟槽等。

盘套类零件的重要表面为内、外旋转表面，零件壁厚较薄易变形。盘套类零件的内孔和外圆表面有尺寸精度要求，对于长一些的套还有圆度和圆柱度的要求，而且外表面与孔还有同轴度要求。若长度作为定位基准时，孔轴线与端面有垂直度要求。

1. 材料与毛坯

盘套类零件一般选用钢、青铜或黄铜等材料。有些滑动轴承采用双金属结构，即用离心铸造法在钢或铸铁套的内壁上浇注巴氏合金等轴承材料，这样既可节省贵重的有色金属，又能提高轴承的寿命。

盘套类零件毛坯的选择与所用材料、零件结构和尺寸等有关。孔径小于 ϕ20mm 时，一般选用热轧或冷拉棒料，也可用实心铸件。孔径较大时，常采用无缝钢管或带孔的铸件及锻件。大量生产时，可采用冷挤压和粉末冶金等先进的毛坯制造工艺，以提高生产率，节约金属材料。

2. 加工工艺分析

下面以活塞(如图 13-5 所示)为例，介绍盘套类零件的典型工艺过程。

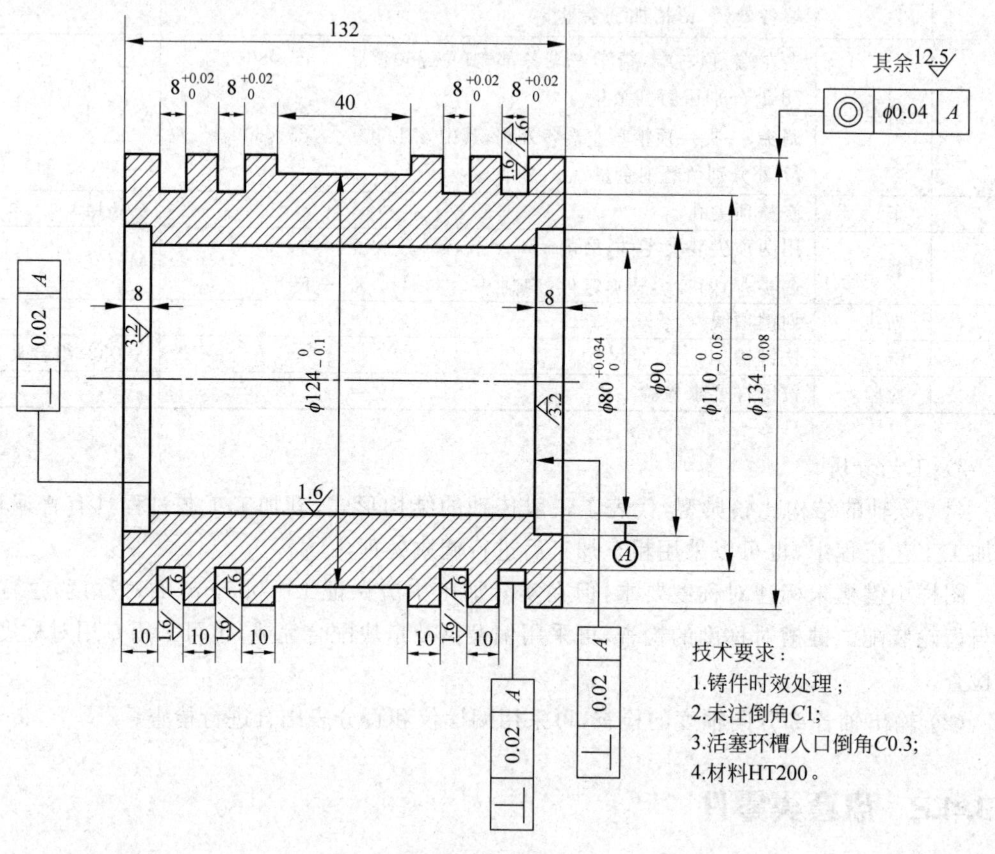

图 13-5 活塞

1）工艺过程

活塞的加工工艺过程见表 13-3。

2）工艺分析

(1) 时效处理是为了消除铸件的内应力，第二次时效处理是为了消除粗加工和铸件残余应力，以保证加工质量。

(2) 活塞环槽的加工，分粗加工和精加工，这样可以减少切削力对环槽尺寸的影响，以保证加工质量。

(3) 在批量生产时，活塞环槽的加工装夹方法可采用心轴，以便提高效率，保证质量。

表 13-3 活塞加工工艺过程 mm

工序号	工序名称	工序内容	设备
1	铸造	铸造,清理	
2	热处理	时效处理	
3	车	夹 $\phi134_{-0.08}^{0}$ 毛坯外圆,粗车右端外圆至尺寸 $\phi138$,长度大于 80 车右端面见平,粗车 $\phi80_{0}^{+0.034}$ 内孔至 $\phi76$ 调头装夹右端外圆,粗车左端外圆至尺寸 $\phi138$,车左端面,保证总长尺寸为 135	C6140
4	热处理	二次时效处理	
5	车	撑 $\phi80_{0}^{+0.034}$ 右端内孔,半精车外圆,留精加工余量 1.5,车槽 $8_{0}^{+0.02}$ 至尺寸 6,车左端面,保证左端第一个尺寸 10 为 10.5,车左端 $\phi90\times8$ 凹台至尺寸 $\phi89\times8.5$,端面倒角 $C1.5$	C6140
6	车	装夹左端外圆并找正,精车孔 $\phi80_{0}^{+0.034}$ 至尺寸,车右端面,保证总长尺寸为 132.5,车右端凹槽 $\phi90\times8$,倒角 $C1$ 以内孔定位,调头装夹,精车左端面,保证总长尺寸为 132,精车左端凹槽 $\phi90\times8$,倒角 $C1$,精车外圆 $\phi134_{-0.08}^{0}$ 至尺寸,切各槽 $8_{0}^{+0.02}$ 至尺寸,内径 $\phi110_{-0.05}^{0}$,保证内径尺寸 $\phi110_{-0.05}^{0}$,保证各槽间距 10 及各槽入口处倒角 $C0.3$,车中间环槽 $\phi124_{-0.1}^{0}\times40$	C6140
7	检验	按图样要求检验	

(4) 活塞环槽(8+0.02)mm 尺寸检验可采用片塞规进行检查,片塞规分为通端和止端两种。片塞规具有综合检测功能,即能检查尺寸精度,同时也可以检查环槽两面是否平行,如不平行,片塞规在环槽内不能平滑移动。

(5) 活塞环槽侧面与 $\phi(80+0.034)$mm 轴心线的垂直度检验,可采用心轴装夹零件,再将心轴装夹在两顶尖之间(或偏摆仪上),这时转动心轴,用杠杆百分表测每一环槽的两个侧面,所测最大读数与最小读数的差值,即为垂直度误差。

左、右两端 $\phi90$mm 内端面与 $\phi(80+0.034)$mm 轴心线的垂直度检验方法与活塞环槽侧面垂直度检验方法基本相同。

(6) 活塞外圆 $\phi(134-0.08)$mm 与 $\phi(80+0.034)$mm 轴心线的同轴度检验,可采用心轴装夹零件,再将心轴装夹在两顶尖之间(或偏摆仪上),这时转动心轴,用百分表测出活塞外圆跳动的最大与最小读数差值,即为同轴度误差。

13.5 创 新

创新包括技术创新,工艺创新和组织管理上的创新。在机械工程创新实训训练中,利用所掌握的工艺知识,对一件产品进行创新训练是至关重要的环节,这一过程主要包括以下几个方面。

(1) 分析部件的结构和技术要求。对所选部件,应分析结构工艺性,如外形和内腔结构的复杂程度、装配和定位的难度、各零件的尺寸精度和表面粗糙度的高低、生产批量的大小等。

(2) 选择材料和制造工艺。根据零件的结构工艺性和性能要求,选择合适的材料和制造方法。要分析材料的铸造性、锻造性、焊接性和切削加工性,以便确定合适的材料成形和加工制造方法。

(3) 编制工艺卡片。

(4) 进行加工、制造和装配。按照相关工艺的工艺卡片进行材料的成形和加工,测量各零件的尺寸精度、位置精度和表面粗糙度,选购相关标准件,进行部件的装配和调试。

(5) 零件和部件的质量分析及创新方案。对零件和部件的内部质量、外观质量、尺寸精度、位置精度和表面粗糙度进行综合分析,总结优缺点,对不足之处提出创新方案。

(6) 收获与体会。说明自己通过训练在创新思想、动手能力、实习技术、分析问题和解决问题的能力等方面有哪些收获与体会,并对训练作出评价,提出建议。

13.6 创新设计与加工工艺实例

13.6.1 活塞高精度磨削加工的弹性套式夹具

压缩机是一种压缩气体提高气体压力或输送气体的机器,在社会建设的许多部门中应用极广。在采矿业、冶金业、机械制造业、土木工程、制冷与气体分离工程以及国防工业中,压缩机是必不可少的关键设备之一。此外,医疗、食品、农业、交通等部门对压缩机的需求也与日俱增。因此,各产业对压缩机性能的要求越来越高。而缸套是压缩机的主要部件,缸套的性能及寿命直接决定着压缩机的使用寿命,从而间接影响着机器的正常使用。目前,我国对于压缩机缸套的制造工艺还不是很成熟,通常表现为使用加工效率低,精度不高,直接原因是夹具精度不高和制造很难实现自动化,针对此问题,研究人员设计了活塞高精度磨削加工的弹性套式夹具(见图 13-6)。

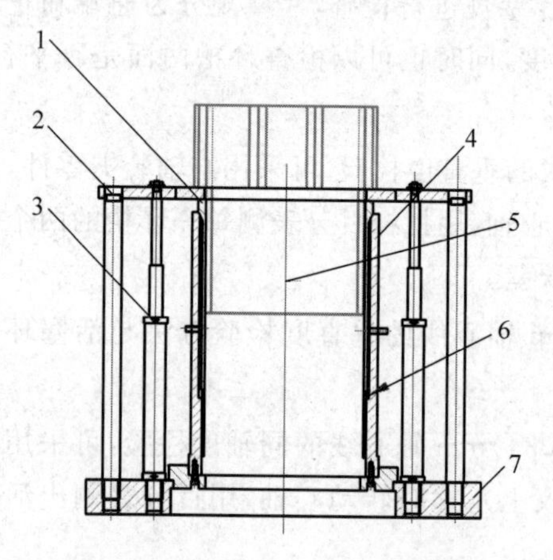

图 13-6 弹性套式夹具装配图

1—弹性套；2—导柱；3—压下装置；4—夹紧体；5—工件；6—调整锥环；7—底座

夹具包括弹性套、导柱、压下装置、夹紧体、工件、调整锥环和底座。在作为定位、夹紧元件的弹性套上有两个相同方向的锥面,与之对应,在调整锥环上也设置了相同的内锥面(为方便加工和调整,调整锥环中的下锥面分拆出一件锥环)。当弹性套配入缸套之后,在弹性套上端的压力作用下,弹性套会从调整锥环的内锥面向下移动,使开缝弹性套收缩而持紧缸套,从而夹紧和定位。本夹具操作较为方便,制造也相对容易可行。在实际工作中,压下装置向下压紧带动弹性套沿夹紧体锥面下移从而抱紧工件,由此达到夹紧的要求。在作为定位、夹紧元件的弹性套上有两个相同方向的锥面,与之对应,在调整锥环上也设置了相同的内锥面(为方便加工和调整,调整锥环中的下锥面分拆出一件锥环)。

13.6.2 超声作用下双曲盘研磨凸度滚子加工装置及加工方法

轴承是精密机械、仪器设备中的关键基础件,是发展精密机床、精密仪器、国防等领域高科技装备的重要基础,其精度对装备的总体性能有着重大影响。圆柱滚子轴承是轴承中重要一类,主要用于高刚度和重负荷的工程中。圆柱滚子作为圆柱滚子轴承的关键零件,对圆柱滚子轴承的性能和寿命起到至关重要的作用。国内圆柱滚子大多数都不带凸度,致使轴承在运转过程中滚子两端边缘压力奇异分布(即边缘效应),使滚子两端过早疲劳磨损而失效。研究带凸度的圆柱滚子(简称凸度滚子)对提高轴承的使用寿命、动态性能、额定动负荷和静负荷具有重要意义。

目前,凸度滚子的加工在国内外普遍采用贯穿磨削法和贯穿超精研法。这两种方法的主要局限性:一是每次只能加工出一个凸度滚子,因此加工效率低和一致性差;二是凸度滚子精度和表面粗糙度靠导辊精度保证,而导辊的修磨操作难度大,因此加工出的凸度滚子精度不高和表面粗糙值较大。目前,高精度轴承、导轨等部件对滚动体的精度和一致性都有很高的要求,因此,迫切需要研究一种适合高精度凸度滚子的高效、低成本的批量加工方法。超声作用下双曲盘研磨凸度滚子加工装置(见图 13-7)解决了现有的凸度滚子加工过程中存在的加工效率低、一致性差、精度不高和表面粗糙值较大的问题。

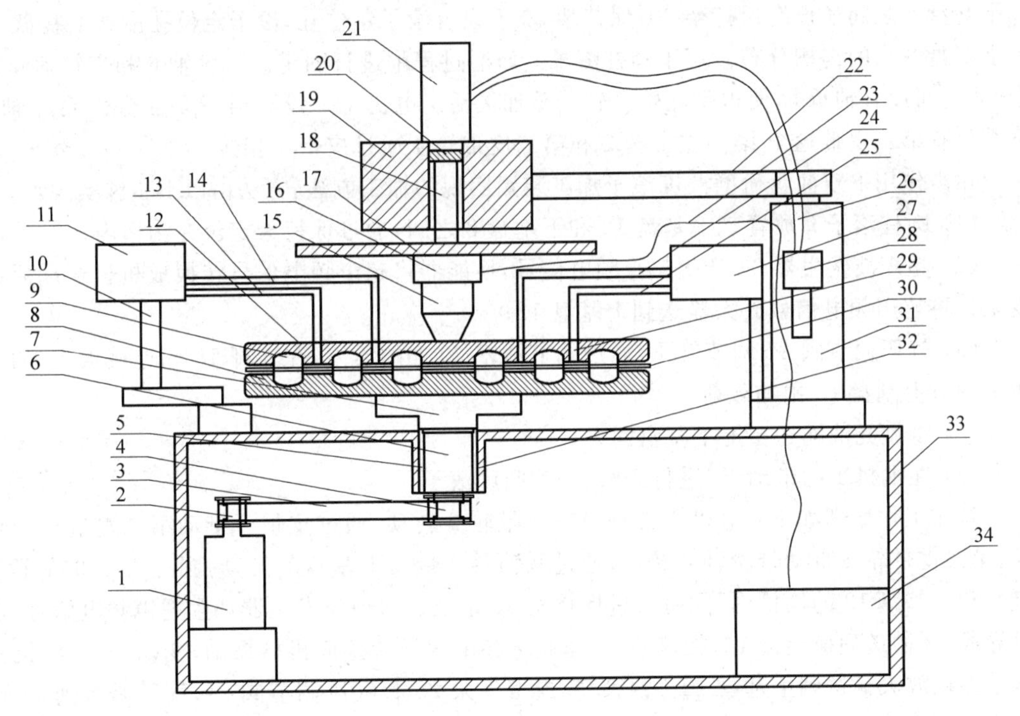

图 13-7 超声作用下双曲盘研磨凸度滚子加工装置

超声作用下双曲盘研磨凸度滚子加工装置包括箱体 33、驱动装置、研磨装置、超声发生装置、气压调节装置和抛光液输送装置,驱动装置包括电机 1、联轴器 7 和皮带 3,箱体 33 上端的左中部设有带轮轴固定套 32，带轮轴 6 设于该带轮轴固定套 32 内其下方为联轴器 7；研磨装置包括上基盘 12 和下基盘 8，联轴器 7 连接下基盘 8 与带轮轴 6 连接；超声发生装置包括换能器 16、变幅杆 15、导线 23 和超声发生器 34，变幅杆 15 设于上基盘 12 的上方，并固定不转动，换能器 16 设于变幅杆 15 的上方；气压调节装置包括气泵 28、气压调节阀 21、气缸 19、活塞 20、连杆 18、连接板 17 和铜管 26，气压调节阀 21 设于气缸 19 的上方，活塞 20 设于气缸 19 内，且连杆 18 连接于活塞 20 的下方，连杆 18 和换能器 16 之间通过连接板 17 连接固定；抛光液输送装置包括第一抛光液容器 11、第二抛光液容器 27、第一抛光液输送管 11、第二抛光液输送管 14、第三抛光液输送管 24 和第四抛光液输送管 25，第一抛光液容器 11 和第二抛光液容器 27 分别设于上基盘 12 上方的左右两侧，第一抛光液容器 11 通过第一抛光液输送管 13 和第二抛光液输送管 14 与上基盘 12 的左部相接，第二抛光液容器 27 通过第三抛光液输送管 24 和第四抛光液输送管 25 与上基盘 12 的右部相接。

箱体 33 的右端上方设有立柱 31，气泵 28 设于立柱 31 中部，且通过铜管 26 与气压调节阀 21 连接；气缸 19 和所立柱 31 的上端通过摇臂 22 相连接；第一抛光液容器 11 和第二抛光液容器 27 分别通过支架 10 固定在箱体 33 上方；超声换能器 16 设于箱体 33 内，且通过导线 23 与换能器 16 相接。

上基盘 12 和下基盘 8 相互对应相同位置上都开设环状曲面沟槽，每道相邻的沟槽之间设有抛光液输送孔 29，第一抛光液输送管 13 的右端、第二抛光液输送管 14 的右端、第三抛光液输送管 24 的左端和第四抛光液输送管 25 的左端与抛光液输送孔 29 相接。上基盘 12 和下基盘 8 之间还设有保持架 30，保持架 30 上设有滚子定位孔，滚子定位孔沿着上基盘 12 和下基盘 8 上的沟槽分布。用于圆柱滚子 9 研磨过程中进行固定。带轮轴 6 和带轮轴固定套 32 之间设有轴承 5，使得带轮轴 6 转动更加灵活。电机 1 上设有第一皮带轮 2，带轮轴 6 下端设有第二皮带轮 4，第一皮带轮 2 和第二皮带轮 4 通过皮带 3 相接。

超声作用下双曲盘研磨凸度滚子加工装置实现的加工方法，方法由以下步骤实现：

(1) 圆柱滚子 9 放置于上基盘 12 和下基盘 8 之间，通过保持架定位在沟槽内；

(2) 超声波发生器 34 产生超声频电信号，换能器将超声频电信号转换成机械振动后由变幅杆将超声频电信号放大输送到上基盘 12；

(3) 气压调节阀 21 调节气压，通过调节活塞 20 上的压力，在连杆 18 和连接板 17 的作用下调节上基盘 12 预加载荷；

(4) 将抛光液输送至上下基盘间；

(5) 在电机 1 的带动下，进行研磨，得到凸度滚子。

具体工作原理如下：电机 1 带动第一皮带轮 2 转动，通过皮带 3 带动第二皮带轮 4 转动，第二皮带轮 4 带动带轮轴 6 转动，通过联轴器 7 带动下基盘 8 转动，圆柱滚子 9 在下基盘 8 和上基盘 12 的沟槽内，同时通过保持架 30 定位。超声波发生器产生超声频电信号，通过导线 23 输送到换能器 16，换能器 16 将超声频电信号转换成机械振动，变幅杆 15 将机械振动振幅放大输送到上基盘 12。铜管 26 连接气泵 28 和气压调节阀 21，气压调节阀 21 可以调节气压，从而调节活塞 20 上的压力，达到调节上基盘 12 预加载荷的目的。在上述作用力下圆柱滚子 9 在沟槽内进行研磨加工。第一抛光液容器 11 和第二抛光液容器 27 内装有抛光液，分别通过第一抛光液输送管 13、第二抛光液输送管 14、第三抛光液输送管 24 和第四抛光液输送管 25 上下基盘 8 间，参与凸度滚子的研磨。最终得到高精度、高表面质量的凸度滚子。

13.6.3 圆柱滚子超精磨削精度和表面质量在线监测装置及在线监测方法

目前，国内外普遍采用无心磨削的方式批量加工圆柱滚子。无心磨削机床由于砂轮、导轮等部件的安装条件以及加工过程中砂轮、导轮等部件的磨损，难以保证各个圆柱滚子的加工条件稳定性，从而很难获得高精度和高一致性的圆柱滚子。同时目前大部分圆柱滚子厂家采用人工目测法检查滚子表面缺陷，人眼的疲劳会导致误检率很高，并且对亚表面的缺陷也无能为力；少数圆柱滚子厂家进口国外检测设备，但是由于价格昂贵，一般只用于抽检，不能满足全部检测要求。在尺寸精度监测过程中，目前普遍采用千分表测量。但随着圆柱滚子产量的不断提高，传统的测量方式不再满足当今的生产需求，所以针对现有表面质量和尺寸精度监测和加工监控的局限性，提出新的监测和加工监控是迫切需要的。

为了解决现有的圆柱滚子加工过程中问题的局限性，研究人员设计了圆柱滚子超精磨削精度和表面质量在线监测装置(见图 13-8)。

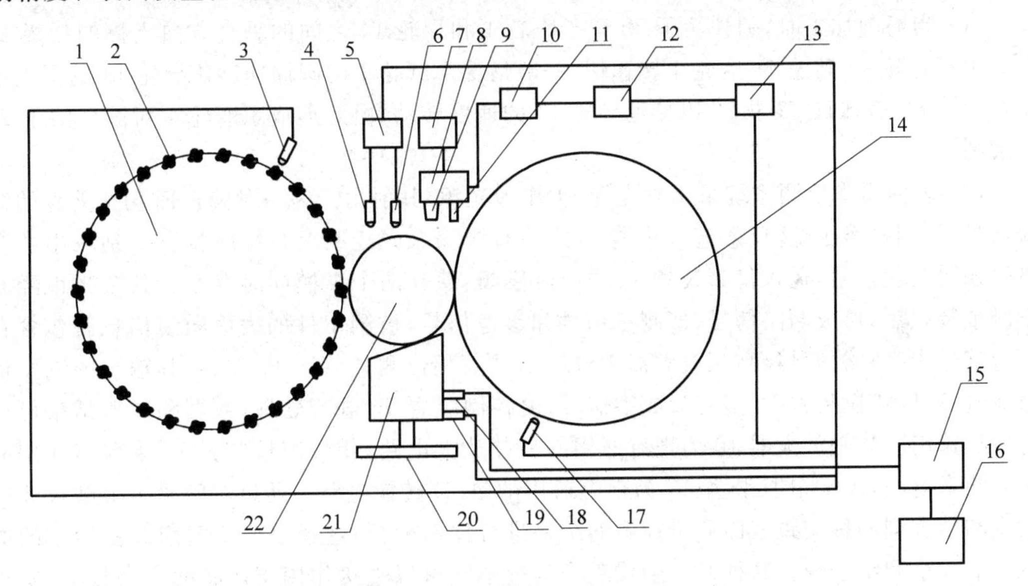

图 13-8 圆柱滚子超精磨削精度和表面质量在线监测装置

圆柱滚子超精磨削精度和表面质量在线监测装置包括圆柱滚子磨削系统、表面质量检测系统、尺寸精度在线测量系统、温度力学测试系统和数据库系统 16，圆柱滚子磨削系统包括磨轮 1、导轮 14、圆柱滚子 22、托板 21；表面质量检测系统包括激光管 11、物镜 9、光学装置 8、稳频装置 7、高频放大器 10、相位测量装置 12、A/D 转换装置 13、控制装置 15；尺寸精度在线测量系统包括线位移传感器 6、线位移和角度组合的混合传感器 4、线位移传感器和混合传感器处理器 5；温度力学测试系统包括磨轮位置传感器 3、导轮位置传感器 17、托板温度传感器 18、托板应力传感器 19。

托板 21 设于磨轮 1 和导轮 14 之间，圆柱滚子 22 设于托板 21 上方，且圆柱滚子 22 与导轮 14 相接触,线位移传感器 6、线位移和角度组合的混合传感器 4 设于圆柱滚子 22 的上方的一侧,线位移传感器和混合传感器处理器 5 的一端与线位移传感器 6、线位移和角度组合的混合传感器 4 相接,另一端与控制装置 15 的一端相接;光学装置 8 设于圆柱滚子 22 的上方的另一侧,稳频装置 7 设于光学装置 8 的上方并与之相接,物镜 9 设于光学装置 8 下方,激光管 11 设于光学装置 8 的下方,且设于物镜 9 的旁边,高频放大器 10 的一端与光学装置 8 相接,高频放大器 10 的另一端与相位测量装置 12 的一端相接,相位测量装置 12 的另一端与控制装置 15 的一端之间通过 A/D 转换装置 13 相接;磨轮位置传感器 3 设于磨轮 1 的上方的一侧,且靠近磨轮 1;导轮位置传感器 17 设于导轮 14 的下方的一侧,且靠近导轮 14;托板温度传感器 18 的一端与托板 21 的侧面相接,另一端与控制装置 15 的一端相接,且托板应力传感器 19 设于托板温度传感器 18 的下方;线位移传感器和混合传感器处理器 5、A/D 转换装置 13、导轮位置传感器 17、托板温度传感器 18、托板应力传感器 19 以及磨轮位置传感器 3 均接于控制装置 15 的同一端,数据库系统 16 接于控制装置 15 的另一端。磨轮 1 表面设有磨粒 2。托板 21 下方连接有托板进给机构 20。

圆柱滚子超精磨削精度和表面质量在线监测装置实现的在线监测方法,该方法由以下步骤实现:

(1) 当磨削加工时,圆柱滚子 22 置于磨轮 1 和导轮 14 之间的垂直方向支撑的托板 21 上。由于导轮 14 转速慢,磨轮 1 转速快,一般情况下磨轮 1 的圆周速度比导轮 14 的圆周速度快 50~80 倍,圆柱滚子 22 以接近导轮 14 的速度转动,由此形成了磨轮 1 对圆柱滚子 22 的磨削。

(2) 表面质量检测系统采用激光管 11 作为光源,其射出光为一对偏正面互相垂直的线偏振光,经圆柱滚子 22 反射进入物镜 9,这一对线偏振光经两个布儒斯特窗分别取出两个纵模强弱变化信号,送入稳频装置 7,进行热稳频,使其两个纵模同时存在。其余光束经光学测量装置后,形成两路信号,即测量信号和参考信号,被测工件的表面微观信息就包含在测量信号中,两路信号经高频放大器 10 以后,进入相位测量装置 12 比相,其输出的电压信号通过 A/D 转换装置 13 转变为数字信号,由控制装置 15 进行处理,数据和图形结果可由打印机输出。高频放大器 10 为现有通用的高频放大电路,相位测量装置 12 为现有通用的相位测量电路,A/D 转换装置 13 为现有通用的 A/D 转换电路。通过对磨轮 1 上磨粒 2 的大小和结合剂的种类跟表面质量检测的结果进行比对分析,选择出合适磨削圆柱滚子的磨粒 2 的大小和结合剂。这种非接触式激光测量系统可以直接作用于产品的生产线上,实现在线测量;同时可重复的产生测量结果和客观反映测量情况不受到操作者的影响。

13.6.4 四平面往复式圆柱滚子研磨方法与装置

轴承是装备制造业中重要的、关键的基础零部件,直接决定着重大装备和主机产品的性能、质量和可靠性,被誉为装备制造的“心脏”部件。精密圆柱滚子作为轴承的关键零件,其精度和一致性对轴承的工作性能和使用寿命起到至关重要的作用。目前,圆柱滚子的批量加工国内外普遍采用无心磨削的方式,它是一种工件不定中心的研磨加工,加工时不用对工件进行装夹定位,加工效率高,能很好地用于大批量的生产,但无心磨削最大的问题在于自身无法解决加工过程中零件运动轴线与主动轮和导轮的轴线时刻保持一致的问题,这就极大影响了加工件表面磨削的均匀性，从而无法保证加工一致性。为了克服技术的不足，设计了四平面往复式圆柱滚子研磨方法与装置(见图 13-9)，主要解决了目前在圆柱滚子的批量加工，加工件表面磨削的均匀性、一致性不高的问题。

四面往复式圆柱滚子研磨方法与装置，包括机架，机架内设有由动力源带动转动的安装架，安装架周向外壁上设有若干用于安装可旋转的圆柱滚子的安装槽；机架上与安装架对应设有用于圆柱滚子研磨的研磨板。这里的安装架为类似保持架的结构，将圆柱滚子安装在安装槽内；在安装架转动的时候，圆柱滚子随着安装架移动，并与研磨板接触贴合实现研磨，本发明提供四平面往复式圆柱滚子研磨方法与装置，包括机架，机架内设有由动力源带动转动的安装架，机架周向外壁上设有若干用于安装圆柱滚子的安装槽；机架上与安装架对应设有用于与圆柱滚子滑动配合的研磨板。使用的时候将圆柱滚子安装在安装架上，通过转动安装在使多个圆柱滚子同时与研磨板研磨，保证了加工的均匀性和一致性。安装架内还设有由第一电机带动转动的拨动齿轮，拨动齿轮通过拨动圆柱滚子带动安装架转动。拨动齿轮的各个齿之间的豁口可以容纳一个圆柱滚子，拨动齿轮转动的时候，可以通过齿推动圆柱滚子带动转动架转动。

如图 13-10 所示，安装架包括上下两端设有的平面端和左右两侧设有圆弧端，拨动齿轮上设有与圆柱滚子对应设置的豁口，拨动齿轮与圆弧端同轴设置。这里的安装架为类似 400m 跑道的形状，当然也可以设置成圆形的。在转动的时候，可以更好地带动圆柱滚子，作为优选，研磨板对应安装在平面端的外侧。此外，本装置还设有用于带动研磨板作直线往复运动的驱动机构。增强研磨效果，使用更加方便。驱动机构包括第二电机，第二电机通过丝杆传动机构带动研磨板作直线往复运动。此处也可以采用其他传动机构带动研磨板作直线运动，比如直线电机等，丝杆传动机构为优选，结构简单，使用方便。在本发明中，研磨板设有两个，两个研磨板对应设于安装架上下两侧。可以同时对两侧的圆柱滚子进行研磨，提高了工作效率。

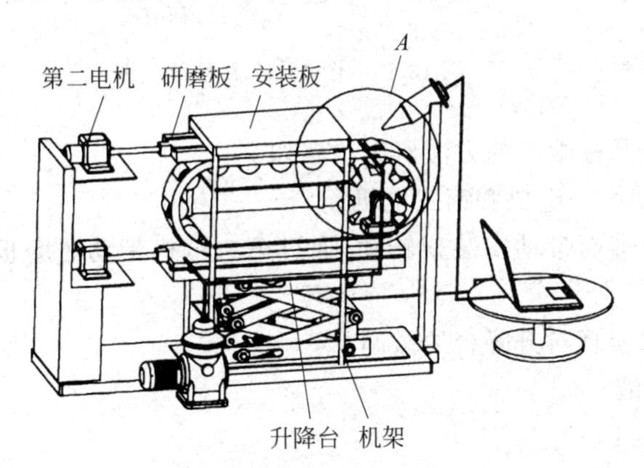

图 13-9　四平面往复式圆柱滚子研磨方法与装置立体示意图

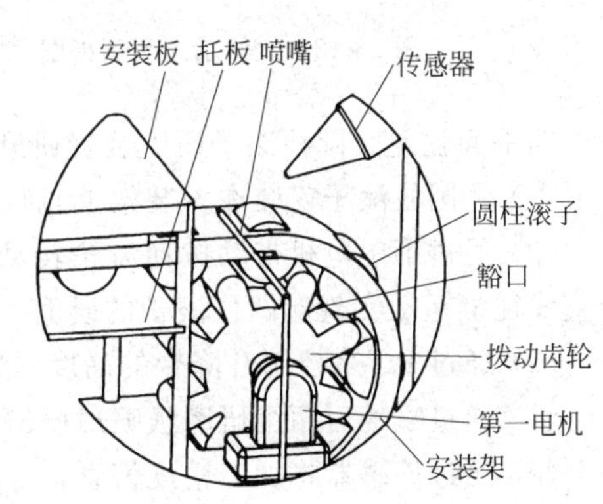

图 13-10　图 13-9 A 处放大图

在本发明中，如图 13-9 和图 13-13 所示，机架还设有安装板，安装板上设有滑块，研磨板与滑块对应设有滑动配合的滑槽。作为优选，该滑槽为 T 型结构，一方面可以实现滑动配合，另一方面安装更加稳固。

如图13-9～图13-12所示，安装架设于升降台上。升降台可以通过液压缸来实现升降，为现有技术，不再赘述，在使用的时候可以改变圆柱滚子和研磨板之间的相互作用力，达到需要的研磨效果。与安装架对应设置的用于收集圆柱滚子加工精度信息的传感器，传感器与PC连接。可以通过PC来对采集的数据进行分析，进而通过调控升降台来对加工效果进行微调。与研磨液容器连接的喷嘴与研磨板对应设置。可以实现对研磨板注射研磨液，达到最佳效果。机架上还设有托板，托板设于安装架内且用于与圆柱滚子滑动配合。一方面可以对安装架实现限位支撑的作用，另一方面在研磨的时候对圆柱滚子实现更好的着力，结构简单，使用方便。

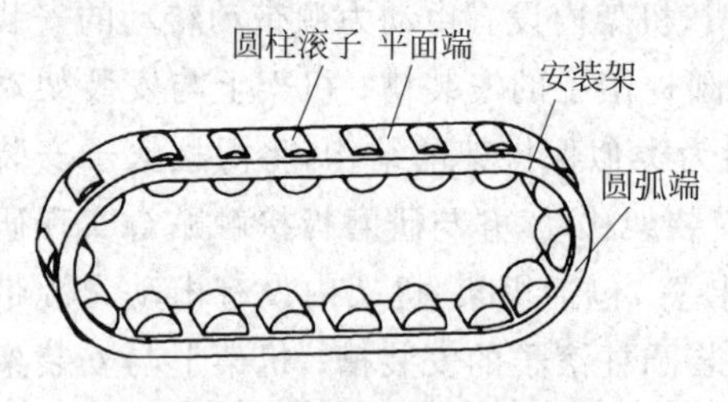

图13-11　安装架的立体示意图

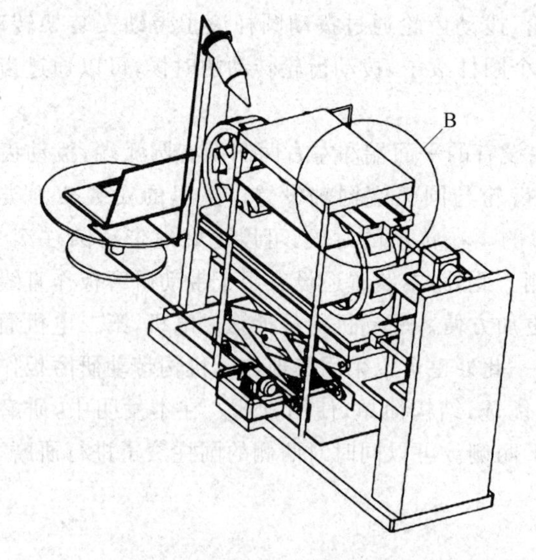

图13-12　立体示意图侧视图

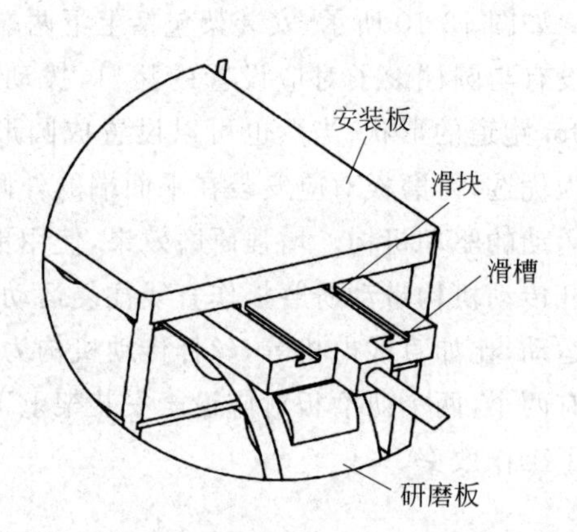

图13-13　图13-12 *B*处放大图

四平面往复式圆柱滚子研磨装置研磨圆柱滚子的方法研磨步骤如下：

(1) 将圆柱滚子安装在安装架上，启动第一电机和第二电机；

(2) 通过第一电机带动拨动齿轮转动进而带动安装架转动，通过第二电机带动研磨板作直线往复运动实现对圆柱滚子的研磨；

(3) 通过PC来控制升降台的高度，来实现对升降台的微调；

(4) 通过喷嘴对两个研磨板喷射研磨液；

(5) 通过传感器将加工精度信息传导到PC。

四平面往复式圆柱滚子研磨方法与装置，包括机架，机架内设有由动力源带动转动的安装架，机架周向外壁上设有若干用于安装圆柱滚子的安装槽；机架上与安装架对应设有用于与圆柱滚子滑动配合的研磨板。使用的时候将圆柱滚子安装在安装架上，通过转动安装在使多个圆柱滚子同时与研磨板研磨，保证了加工的均匀性和一致性。

案例汇总及实训总结

14.1 机械工程创新实训案例汇总

班级：________________

学号：________________

姓名：________________

日期：________________

1. 机械工程创新实训基本知识

(1) 机械工程创新实训的目的是________、________、________。

(2) 机械工程创新实训的基本内容分为________、________、________、________、________、________、________、________和________等工种。

(3) 常用量具有________、________、________、________和________。

2. 金属材料及热处理

1) 填空题

(1) 金属材料可分为________金属材料和________金属材料。

(2) 金属材料中使用最多的是________。

(3) 常用的机械性能包括:________、________、________、________、________和________等。

(4) 由于铸铁含有的________和________较多,其力学性能比钢差,不能锻造。

(5) 金属材料的性能分为________性能和________性能。

(6) 经过淬火的钢________、________较差,组织________,有较大的内应力。

(7) 常用的钢的表面热处理有________及________两大类。

2) 简述题

(1) 什么是热处理? 常用的热处理方法有哪些?

(2) 热处理保温的目的是什么?

(3) 比较退火和正火的异同点。

(4) 淬火的目的是什么?

(5) 淬火后为什么要回火?

(6) 什么是调质? 调质能达到什么目的?

(7) 表面淬火的目的是什么? 有几种表面淬火方法?

3. 铸造

1) 填空题

(1) 砂型铸造用的湿型砂主要由________、________、________和________等组成。

(2) 型(芯)砂应具备的性能是________、________、________、________和________等。

(3) 手工造型方法很多,有________造型、________造型、________造型、________造型和________造型等。

(4) 浇注系统一般由外浇口、________浇道、________浇道和________浇道四部分组成。

(5) 冲天炉炉料由________、________和________等组成。

2) 简述题

(1) 什么是铸造？砂型铸造有哪些主要工序？

(2) 铸造工艺有哪些特点？

(3) 砂型铸造包括哪些主要生产工序？

(4) 试举出几种特种铸造方法？相对于砂型铸造，它们有什么优点？

(5) 铸型由哪几部分组成？试说明各部分的作用。

(6) 涂料在铸件生产中有什么作用？在铸造工艺中有哪几种涂料应用？

(7) 铸造合金有哪些？常用铸铁有哪几种，其主要成分是什么？

(8) 请分别说明牌号 HT200、QT450—10 所代表的铸铁类型及力学性能参数。

(9) “铸铁熔炼即是将金属料熔化成铁水”，这种说法对吗？

(10) 型砂反复使用后,性能为何会降低?

4. 焊接

1) 填空题

(1) 焊接的基本方法分为三大类,即________焊、________焊和________焊。

(2) 焊条电弧焊有两种引弧方式:________法和________法。

(3) 根据焊接接头的构造形式不同,可分为对接接头、________接头、________接头、________接头和卷边接头等五种类型。

(4) 一般交流弧焊机的初级电压为单向________V,空载电压为________V,工作电压为________V,电流调节范围为________A。

(5) 交流弧焊机实际上是一种具有一定特性的降压________,称为弧焊变压器。它把网络电压________V或________V的交流电变成适合于电弧焊的________交流电。

2) 判断题

(1) 电弧焊应用广泛,可以焊接板厚从0.1mm以下到数百厘米的金属结构件,在焊接领域中占有十分重要的地位。 ( )

(2) 焊缝在空间的位置除平焊外,还有立焊、横焊和仰焊。 ( )

3) 选择题

以下几种材料中可以使用气割的是( )。

A. 纯铁 B. 铸铁 C. 低碳钢 D. 低合金钢 E. 铜

4) 简述题

(1) 焊接有何特点?

(2) 气割金属必须满足的条件是什么?

(3) 手工气割操作应注意哪些事项?

(4) 电弧焊机一般由哪几部分组成,各部分的功能是什么?

(5) 请说明焊条药皮的组成及其作用。

(6) 与其他焊接方法相比,电阻焊具有哪些优点?

(7) 焊条直径、焊接电流值的选取与焊接件的板厚之间有什么关系?

(8) 点焊和缝焊有何异同？为什么它们的电极与零件之间的接触面不会熔化而焊接起来？

(9) 请说明 BX3-300、ZX5-400 型电弧焊机的类型及用途。

5. 锻压

1) 填空题

(1) 各种材料在锻造时，________，称为该材料的始锻温度，________，称为该材料的终锻温度。

(2) 自由锻的基本工序有________、________、________、________和________等。

(3) 锻压生产中加热金属的目的是________。

(4) 板料冲压的基本工序有________、________、________、________和________等。

2) 简述题

(1) 锻件和铸件相比有哪些不同？

(2) 始锻温度和终锻温度过高或过低对锻件将会有什么影响？

(3) 常用的锻造加热炉有哪几种？各有何优缺点及适用范围？

(4) 氧化、脱碳、过热、过烧的实质是什么？它们对锻件质量有什么影响？应如何防止？

(5) 锻件锻造后有哪几种冷却方式？各自的适用范围如何？

6. 车削加工

1) 填空题

(1) 你使用的车床的型号为________，其后两位数字代表________。

(2) 车床的主运动是________，进给运动是________。

(3) 车削加工的尺寸公差等级一般为________，表面粗糙度 Ra 一般为________。

(4) 车削螺纹时，工件螺距大小要靠调整________和________来保证。

(5) 普通螺纹三要素为________、________及________。

(6) 中滑板(横刀架)向前移动，其手柄应按________方向摇动；向后移动，其手柄按________方向摇动。

(7) 在车床上加工零件孔的方法很多，分别有________、________、________和________等孔加工工作。

(8) 车床的主要组成部分有________，________，________，________，________，________，________和________等

(9) 精车的车刀在刃磨后，其前刀面和后刀面尚需用________磨光。

(10) 在车床上加工锥度有四种方法，分别为①________，②________，③________，④________。

2) 判断题

(1) 用硬质合金刀具加工时，因其耐热性好一般不用切削液。 ( )

(2) 如果车床丝杠的螺距不是零件螺距的整数倍，当闭合开合螺母时，不能随意打开。 ( )

3) 选择题

(1) 车削细长轴外圆时，应选用( )。

A. 90°偏刀　　B. 45°偏刀

(2) 主轴转速提高时，刀架运动速度加快，进给量( )。

A. 增加　　B. 不增加

4) 简述题

(1) 车削可以加工哪些表面？可以达到的尺寸精度和表面粗糙度值各为多少？

(2) 车削时为何开车对刀？

(3) 车削之前为什么要试切，试切的步骤有哪些？

(4) 粗车和精车的加工要求是什么？

(5) 请说出车床上安装工件的方法。

(6) 加工盘套类零件时，所谓“一刀活”的含义是什么？

(7) 试述切削加工的目的。

(8) 安装车刀时有哪些要求？

(9) 三爪自定心卡盘和四爪单动卡盘的结构用途有何异同？

(10) 简要说明车床进给箱和尾座、光杠、丝杠的作用。

(11) 切槽刀和切断刀的几何形状有何特点？

(12) 在车床上车削较大端面时，车刀由外向轴心进给切削速度是否有变化？为什么？

(13) 已知在车床上车削的坯件直径为 ϕ40mm 的轴，先用主轴转速 $n=600$r/min，如果选用相同的切削速度车削直径为 ϕ15mm 的轴，问这时主轴每分钟应几转？

(14) 在车床上车削 ϕ150mm 的工件，设粗加工的切削速度为 40m/min，精加工时的切削速度为 120m/min，忽略吃刀深度，试选定车床主轴转速。

(15) 有一车床，中拖板丝杠螺距为 5mm，刻度盘分 100 格，如工件毛坯直径为 ϕ42mm，要一次进刀切削到 ϕ38mm，则中拖板刻度应转过几格？

7. 铣削加工

1) 填空题

(1) 铣削加工的范围比较广，可加工________、________、________和________等。

(2) 铣床上零件的主要装夹方法有________、________和________等。

(3) 铣削加工的尺寸公差等级一般为________，表面粗糙度 Ra 为________。

(4) 铣床的主运动是________，进给运动是________。

(5) 根据铣刀安装方法的不同分为两大类：________和________。

(6) 用成形法铣齿采用________铣刀，根据________选择刀号。其加工精度为________，其表面粗糙度 Ra 值________。

(7) 铣床主要附件的名称分别为：①________，②________，③________，④________。

(8) 铣削时工件的安装方法有________，________，________和________。

(9) 铣床能加工沟槽的种类很多，如________、________、________、________、________、________和________等。

(10) 铣床铣削斜面的方法很多，常见的几种方法为：①________铣斜面，②________铣斜面，③________铣斜面，④________铣斜面。

(11) 根据加工需要，分度头主轴方向可处于________、________和________位置工作。

(12) 铣床可以进行孔加工的方法有：①________；②________；③________；④________。

2）简述题

（1）X6132 卧式万能升降台铣床主要由哪几部分组成，各部分的主要作用是什么？

（2）试叙述铣床的主要附件的名称和用途。

（3）拟铣一与水平面成 20°夹角的斜面，试叙述分别有哪几种方法？

（4）铣削加工有什么特点？

（5）拟铣一个 $z=15$ 的直圆柱齿轮，试用简单分度法计算出每铣一齿，分度头手柄应转过的圈数？并选择分度盘上的孔圈数及每次应转过的孔距数。（已知分度头的各孔圈数为 25，29，30，34，37）

(6) 某轴上需要沿轴向铣出两个槽，两个槽之间的夹角为 30°，试计算铣出第一个槽后分度头手柄应转过的圈数，并选择分度盘上的孔圈数及应转过的孔距数。（已知分度头的各孔圈数为 46，47，49，51，53，54）

8. 刨削加工

1）填空题

刨削主要用于加工各种________，各种________和________等。

2）选择题

(1) 弯头刨刀安装在刀夹上的伸出长度与直头刨刀安装在刀夹上的伸出长度相比可(　　)。

A. 稍长些　　　　B. 稍短些

(2) 牛头刨床滑枕往复运动速度为(　　)。

A. 慢进快回　　　　B. 快进慢回　　　　C. 往复相同

(3) 插床实际上是一种立式刨床，它的结构原理与牛头刨床属(　　)。

A. 不同类型　　　　B. 同一类型

3）简述题

(1) 简述牛头刨床的主要组成部分及作用。

(2) 刨刀和车刀的形状有何异同。

9. 磨削加工

1）判断题

（1）磨削是用高速钢刀具对零件表面进行切削加工的。 （ ）

（2）磨削不适宜加工较软的有色金属。 （ ）

2）简述题

（1）磨削加工的特点是什么？

（2）万能外圆磨床由哪几部分组成？

（3）磨削外圆和平面时，零件的安装各用什么方法？

10. 钳工

1）填空题

（1）钳工一般是手持工具对工件进行加工的方法。其基本操作有________、________、________、________、________、________、________、________、________及________等。

（2）钳工工具________，操作________，可以完成机械加工不方便或难于________的工作，有些工作也是其他工种________取代的。因此，尽管钳工大部分是________操作，劳动________大，对工人________要求也高，但在机械制造和________工作中，钳工仍是必不可少的________工种。

(3) 划线的作用是表示出就加工________、加工________或工件________时的找正线，作为工件加工安装的________。

(4) 借划线来检查________的________和尺寸，避免把________的毛坯投入机械加工而造成________。

2) 选择题

(1) 攻螺纹时造成螺孔攻歪的原因之一是丝锥(　　)。

A. 深度不够　　B. 强度不够　　C. 位置不正　　D. 方向不一致

(2) 锯削软材料和厚材料选用锯条的锯齿是(　　)。

A. 粗齿　　B. 细齿　　C. 硬齿　　D. 软齿

(3) 钻头直径大于13mm时，柄部一般做成(　　)。

A. 直柄　　B. 莫氏锥柄　　C. 方柄　　D. 直柄或锥柄

(4) 将零件的制造公差适当放宽，然后把尺寸相当的零件进行装配以保证装配精度称为(　　)。

A. 调整法　　B. 修配法　　C. 选配法　　D. 互换法

(5) 将两个以上的零件组合在一起，或将零件与几个组件结合在一起成为一个装配单元的装配工作叫(　　)。

A. 部件装配　　B. 总装配　　C. 零件装配　　D. 间隙调整

3) 判断题

(1) 台式钻床安装在工作台上，适合加工零件上的小孔。(　　)

(2) 一般机器都是由多个零件装配而成。(　　)

(3) 划线是机械加工的重要工序，广泛地用于成批生产和大量生产。(　　)

(4) 当孔快要钻通时，必须减小进给量，目的是不使最后一段孔壁粗糙。(　　)

(5) 锉削时，根据加工余量的大小，选择锉刀的长度。(　　)

(6) 锉削后工件表面的粗糙度，主要决定于锉齿的粗细。(　　)

(7) 用手锯锯割时，一般往复长度不应小于锯条长度的2/3。(　　)

(8) 安装手锯锯条时，锯齿应向后。(　　)

4) 简述题

(1) 有哪几种起锯方式？起锯时应注意哪些问题？

(2) 什么是锉削？其加工范围包括哪些？

(3) 怎样正确采用顺向锉法、交叉锉法和推锉法?

(4) 钻孔、扩孔与铰孔各有什么区别?

(5) 什么是攻螺纹? 什么是套螺纹?

(6) 什么是装配? 装配方法有几种?

11. 特种加工技术

1) 填空题

(1) 数控电火花线切割加工机床可分为________和________两大部分。

(2) 数控电火花线切割加工机床的分类可按________分,按________分,按________分。

2）简述题

（1）线切割加工前，应将电极丝调整到切割的起始坐标位置上，其调整方法有哪三种？

（2）工件装夹时，还必须配合找正进行调整，常用的找正方法有哪两种？

（3）简述电火花成形加工的原理。

12. 综合与创新训练

1）简述题

（1）在机械加工中，毛坯的种类很多，最常用的有哪四种？

（2）简述综合与创新训练的主要过程。

(3) 图 14-1 为车削工件端面的示意图，图上标注的主运动是图中哪个标号？前角是哪个标号？刀具后角是哪个标号？待加工表面是哪个标号？

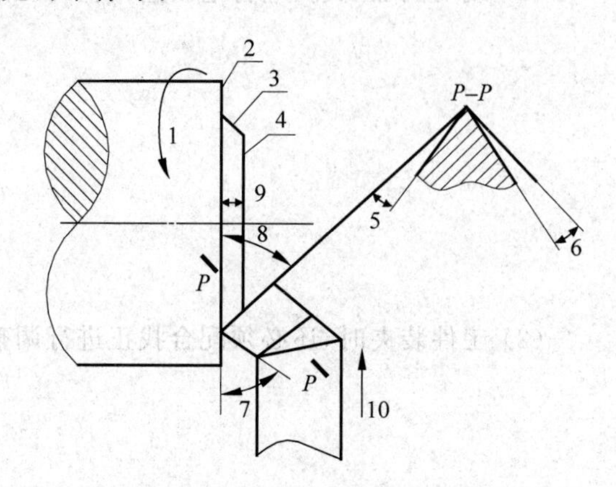

图 14-1　车削工件端面的示意图

(4) 45 钢制造齿轮的工艺为：毛坯→锻造→热处理 1→机械加工→热处理 2→精加工，请说明其中的热处理方法与目的。

2) 计算题

(1) 如图 14-2 所示轴套零件，其外圆、内孔及端面均已加工。试求：当以 A 面定位钻直径为 ϕ10mm 孔时的工序尺寸 A_1 及其偏差(要求画出尺寸链图，按步骤进行计算)。

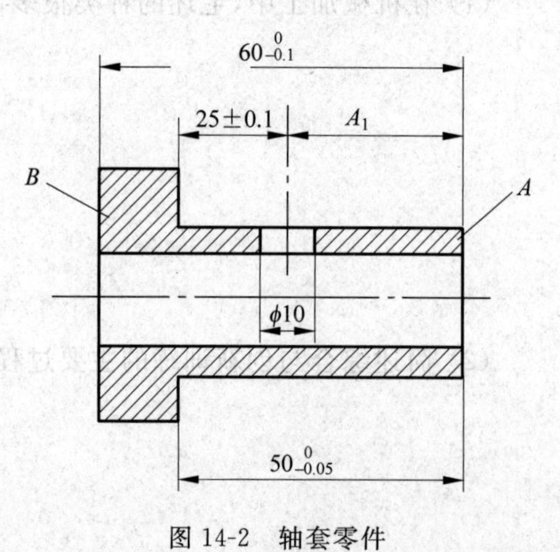

图 14-2　轴套零件

(2) 如图 14-3 所示零件加工时，图纸要求保证尺寸 6±0.1，因这一尺寸不便直接测量，只好通过度量尺寸 L 来间接保证，试求工序尺寸 $L^{+\delta L}$。

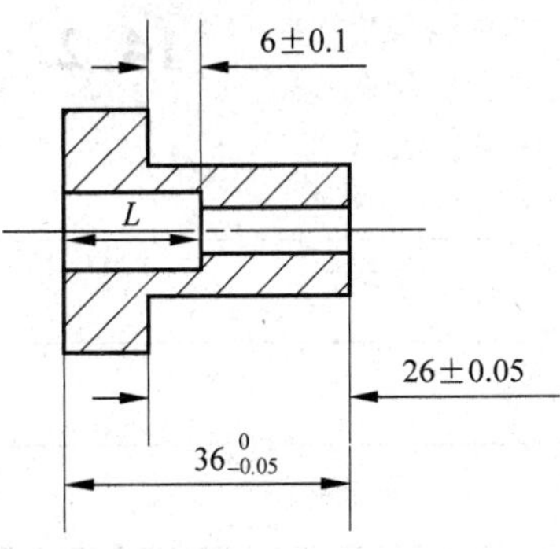

图 14-3 加工零件

(3) 在两台相同的自动车床上加工一批小轴的外圆，要求保证直径 $\phi11\pm0.02$mm，第一台加工 1000 件，其直径尺寸按正态分布，平均值 $\overline{X}_1=11.005$mm，均方差 $\sigma_1=0.004$mm。第二台加工 500 件，其直径尺寸也按正态分布，且 $\overline{X}_2=11.015$mm，均方差 $\sigma_2=0.0025$mm。试：

① 在同一图上画出两台机床加工的两批工件的尺寸分布图，并指出哪台机床的工序精度高。

② 计算并比较哪台机床的废品率高，并分析其产生的原因及提出改进的办法。

注：

$(x-\overline{x})/\sigma$	1	1.5	2	2.5	3
F	0.3431	0.4332	0.4772	0.4983	0.5

(4) 如图 14-4 所示加工齿轮上内孔及键槽的加工顺序如下：

工序 1：镗内孔至 $\phi39.6+0.062$；工序 2：插槽至尺寸 A_1；工序 3：热处理—淬火；工序 4：磨内孔至 $\phi40+0.039$；同时保证键槽深度 43.3+0.2。求 A_1(要求画出尺寸链图，按步骤进行计算)。

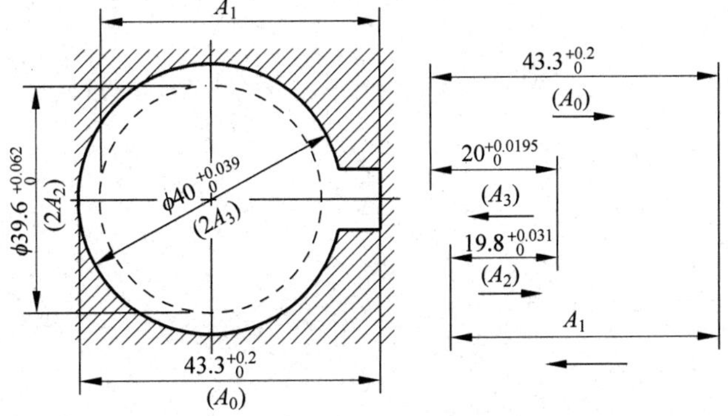

图 14-4 加工齿轮上内孔及键槽

14.2 机械工程创新实训总结

本人签名：

日　　期：